OCÉANO

DRAKONTOS

Director:
JOSÉ MANUEL SÁNCHEZ RON

OCÉANO

El último refugio salvaje de la Tierra

David Attenborough y Colin Butfield

Traducción castellana de
Tomás Fernández Aúz

CRÍTICA
BARCELONA

Primera edición: mayo de 2025

Océano. El último refugio salvaje de la Tierra
David Attenborough y Colin Butfield

La ilustración del capítulo El Océano Antártico está basada en la proyección Gott-Goldberg-Vanderbei, cortesía de Robert Vanderbei.

Av. Diagonal, 662-664,
08034 Barcelona (España)
Crítica es un sello editorial de Editorial Planeta, S. A.

editorial@ed-critica.es
www.ed-critica.es

ISBN: 978-84-9199-770-2
Depósito legal: B. 7.539-2025
Impresión y encuadernación: Rotoprint

Printed in Spain - Impreso en España

El papel de este libro procede de bosques gestionados de forma sostenible y de fuentes controladas.

Nota de los autores

Para redactar esta obra, nos hemos basado e inspirado en el trabajo de cientos de científicos pertenecientes a una amplísima gama de disciplinas. Las fuentes clave en las que hemos bebido aparecen enumeradas en la sección bibliográfica que figura al final del presente libro, pero es preciso señalar que también hemos contado con la ayuda de un puñado de especialistas de tan cautivadora amabilidad que no han dudado en dedicarnos su tiempo y sus conocimientos con generosa cortesía. Esto nos ha permitido tener la seguridad de que el texto de *Océano* es tan actual como correcto.

Queremos agradecer de manera muy particular la contribución de las siguientes personas y entidades: el doctor Mark Belchier, colaborador del gobierno de las islas subantárticas de San Pedro y Sandwich del Sur, así como miembro del Instituto de Prospección Antártica Británico; Madi Bowden-Parry, de la Universidad de Exeter; Rod Downie, jefe de la asesoría polar del Fondo Mundial para la Naturaleza; Nico Koedam, profesor emérito de la Universidad Libre de Bruselas, actualmente afiliado al Grupo de Investigación en Biología Marina de la Universidad de Gante; el doctor Tom Bech Letessier, de las universidades de Plymouth y Australia Occidental; el profesor Daniel Mayor, de la Universidad de Exeter; el profesor Michael Meredith, del Instituto de Prospección Antártica Británico; la profesora Pippa Moore, de la

Universidad de Newcastle; el profesor Callum Roberts, de la Universidad de Exeter, y, finalmente, el doctor Dan Smale, de la Asociación de Biología Marina del Reino Unido.

Hemos contraído también una especial deuda de gratitud con el doctor Casper van de Geer, de la Universidad de Exeter. A lo largo de la elaboración de este texto, Casper ha cooperado estrechamente con nosotros, y sus excelentes investigaciones y vastos conocimientos enriquecen sin excepción las páginas que siguen.

Gracias a todos.

DAVID ATTENBOROUGH Y COLIN BUTFIELD
Febrero de 2025

Prefacio

El primer recuerdo que conservo de los océanos me sitúa frente a una cálida laguna de las costas tropicales.

Los amonites subían y bajaban por la columna de agua templada,* impulsándose de vez en cuando en ese medio rico en sedimentos y aprovechando así las virtudes sorprendentemente hidrodinámicas de sus conchas, enroscadas como los cuernos de un carnero. En la vertical de los bancos de ostras, los belemnites, ahusados como balas de fusil, soltaban chorros de tinta para huir de algún depredador invisible a mis ojos. Tenía la certeza de que ese mar fecundo albergaba varios centenares de especies más, pese a que todavía no hubiera acertado a entrever siquiera su existencia. Aquello me empujó a seguir observando.

Lo que animaba esa albufera de los trópicos era en realidad mi imaginación, que iba enardeciéndose más y más a medida que exploraba una vieja cantera de piedra caliza de Leicestershire, situada prácticamente a cien kilómetros de la costa. Para un chiquillo de los años treinta del siglo pasado aquello era un escenario ideal para vivir maravillosas aventuras, y saber que varios millones de

* Concepto oceanográfico con el que se especifican las características fisicoquímicas que muestra el agua de mar en las diferentes profundidades de un punto geográfico dado (lo que condiciona y explica la motilidad de los seres marinos). No en vano, los océanos constituyen el mayor hábitat del planeta, y también uno de los menos explorados. *(N. del T.)*

años atrás aquel lugar había sido una laguna cálida y salvaje no hacía más que aumentar el hechizo. Podía pasarme días enteros enfrascado en la búsqueda de los tesoros enterrados en los roquedos que habían estado sumergidos bajo antiquísimos mares tropicales. Sostener entre las manos los fósiles de unas criaturas marítimas que llevaban largo tiempo muertas y que yo mismo acababa de arrancar de las paredes de piedra, consciente de que los míos eran los primeros ojos que jamás las hubieran contemplado, prendía el fuego de mi curiosidad. El resto de mi vida, de hecho, iba a dedicarlo en gran parte a preguntarme qué clase de vida bullía bajo la superficie del mar.

Los paleontólogos saben bien que el perfil del viejísimo océano que trazan reuniendo los raros fragmentos que han llegado hasta nosotros es incompleto. Podría ocurrir sencillamente que no hubiera forma de conocer qué aspecto tenían muchos de los prodigiosos animales que evolucionaron en los mares del Jurásico o el Cretácico, puesto que si no llegaron a fosilizarse nadie podría llegar a descubrirlos. Esto tiene ciertos paralelismos con la indagación que me lleva a intentar comprender el período oceánico que me ha tocado vivir.

En el transcurso de las primeras décadas de mi existencia, la vida que alcanzábamos a detectar en los mares de nuestra época tampoco pasaba de ser un mero vislumbre. ¡Era tanto lo que nos quedaba por entender! Estábamos descubriendo criaturas a grandes profundidades, pero lo que sabíamos de sus modos de supervivencia, o de las especies con las que compartían los abismos, superaba por muy poco lo que conocíamos de los mares en los que un día nadaran mis amonites fósiles. Cazábamos una ingente cantidad de ballenas, pero ignorábamos prácticamente por completo los efectos que esas capturas podían tener sobre el conjunto del ecosistema oceánico. Conseguíamos instantáneas de los arrecifes de coral, pero no lográbamos explicar por qué albergaban tan pasmosa diversidad.

He tenido la gran fortuna de vivir casi un siglo. En ese tiempo, los seres humanos hemos descubierto más cosas sobre nuestros océanos que en cualquier otro período de la historia. Las ciencias del mar han revelado maravillas naturales que un muchachito de la década de 1930 jamás habría imaginado. Las nuevas tecnologías nos han permitido filmar unos comportamientos de la vida salvaje que ni siquiera habría soñado grabar en las etapas tempranas de mi carrera. De hecho, hemos cambiado el océano tan a fondo que, en los próximos cien años, podríamos asistir tanto a una extinción masiva de la vida marina como a una espectacular recuperación de sus poblaciones.

No llegaré a ver el desenlace de este estado de cosas, pero, tras haber dedicado mi vida a explorar nuestro planeta, sigo convencido de que cuanto mayor sea el número de personas que disfruten del mundo natural y lo comprendan, más se ampliará también la esperanza de salvar tanto esa biosfera como nuestra propia viabilidad. Cuando Colin y yo decidimos escribir este libro, lo hicimos con el deseo de transmitir la emoción del descubrimiento, de exponer con claridad el peligro que acecha a nuestros océanos, y de compartir, sobre todo, los relatos que consideramos más apropiados para motivar a las nuevas generaciones, animándolas a mirar más allá de la orilla y bajo el rizo de las olas.

DAVID ATTENBOROUGH
Febrero de 2025

Primera parte

ACONTECIMIENTOS DE LA VIDA DE UNA PARTICULAR BALLENA AZUL

No hace mucho, todo cuanto sabíamos emanaba de una naturaleza muerta. Podían ser frascos con muestras de una vida marchita extraída de profundidades inimaginables, relatos transmitidos de generación en generación por exploradores y pescadores, o restos varados en las playas o atrapados en los escollos de la costa. Hace cien años, una gran parte de nuestros océanos se hallaba sumida en el misterio: era un vasto universo oculto, visible únicamente a la luz de la imaginación.

En esa época, el conocimiento de la biología terrestre estaba ya muy avanzado, pero sabíamos muy poco de las especies que ocupaban las restantes dos terceras partes de la superficie de nuestro planeta y el 99 % de su espacio habitable. Solo se tenían noticias fragmentarias, efímeros atisbos que nos animaban a indagar más y a ahondar mejor. Al principio, pocas cosas parecían tener sentido: en las aguas pobres en nutrientes prosperaba una diversidad deslumbrante; las distantes cordilleras submarinas que se elevan lejos de cualquier continente bullían de vida, y de cuando en cuando salían a la luz los restos de unos animales que desafiaban toda explicación. Poco a poco, sin embargo, fuimos encontrando pruebas que nos hicieron concebir ideas, y con ellas elaboramos hipótesis que, al fructificar, abrieron la puerta a descubrimientos reveladores. Los avances tecnológicos nos permitieron observar, estudiar y levantar una cartografía de la vida marina, y gradualmente el océano fue confiándonos sus secretos.

Océano Pacífico, 1941

Mar adentro, a doscientos kilómetros de las costas de California, una ballena azul emerge a poca distancia de un convoy de buques grises cuyas unidades, armadas hasta los dientes, se dirigen a altamar. Uno de los marineros que viajan a bordo de los acorazados, criado en estas mismas aguas del Pacífico y en las que ha faenado como pescador, reconoce al instante el característico surtidor del animal. Los potentes músculos en forma de «V» que posee este cetáceo en la parte superior de la cabeza enmarcan sus fosas nasales: un par de orificios presente en todas las ballenas barbadas. Cuando la musculatura se relaja, las aberturas se cierran para impedir la entrada de agua, pero cuando este formidable mamífero sale a la superficie, los músculos se contraen, los agujeros se dilatan y la ballena respira. Fácilmente distinguible de los rociones bajos y achatados que exhalan las ballenas jorobadas que frecuentan la zona, el chorro de agua que expulsan las azules se eleva a gran altura y sale prácticamente a seiscientos kilómetros por hora, impulsado por los inmensos pulmones del mayor animal que jamás haya poblado la Tierra.

Estamos ante una hembra de ocho años. Ha pasado un tiempo alimentándose en las frías aguas de Alaska, repletas de nutrientes, para emprender después el viaje en el que ahora la vemos y que la llevará a recorrer miles de kilómetros, superando altos bosques de algas marinas y dejando atrás deltas fluviales no menos fértiles que los mares septentrionales. Se detiene de cuando en cuando para descansar y alimentarse en los hervideros de vida que se concentran en los montes y afloramientos submarinos, donde las aguas ricas en nutrientes atraen a muchas de las formas de vida que prosperan mar adentro, pero nuestra ballena no tardará en cambiar de rumbo para regresar al talud continental y ceñir la costa, donde ahora los bosques de abetos han dado paso a las hileras de cactus, pues va en busca de aguas más templadas y tranquilas en las que poder traer al mundo a su primer ballenato.

Ni la ballena ni los marineros son conscientes de ello —dado que el universo de los seres humanos atraviesa el período más turbulento de la historia moderna—, pero una gran porción de la masa oceánica general está a punto de iniciar un período de relativa calma. Pese a las pruebas atómicas y las batallas navales, los horrores de la Segunda Guerra Mundial van a dar un respiro a ciertas zonas del océano. Habrá regiones —entre las que se encuentra el mar del Norte, en torno a las costas de la Europa septentrional— que pronto pasarán a encerrar demasiados peligros para que los pesqueros se atrevan a adentrarse en los caladeros, lo que permitirá que esas aguas asistan a una espectacular recuperación de la vida marina. Será un experimento accidental y debido a la más sórdida de las razones, pero arrojará la primera prueba a gran escala de que los mares pueden recuperarse más deprisa de lo que jamás nos habíamos llegado a imaginar.

Long Beach, California, 2024

Cerca ya del final de su vida, nuestra ballena efectúa por última vez ese mismo viaje. Sale a la superficie a un centenar de metros de un pequeño bote repleto de turistas. El biólogo que viaja a bordo de la embarcación comenta los hábitos migratorios y alimenticios de los cetáceos, mientras los aficionados a la observación de ballenas alimentan la esperanza de fotografiar una aleta caudal o un hermoso resoplido. Instantes después de que las grúas de carga del puerto de Long Beach se hayan difuminado a popa, el barco se interna en aguas más profundas. En ellas pueden avistarse ballenas azules junto con varios de sus parientes más próximos, los rorcuales comunes, ya que ambas especies siguen la ruta que separa el Parque Nacional de las Islas del Canal y las playas de surfistas ubicadas en los complejos de la industria naviera que jalonan la costa de Los Ángeles.

La existencia de nuestra amiga puede considerarse afortunada. No solo forma parte del escasísimo número de congéneres que ha logrado sobrevivir a la caza comercial de cetáceos, sino que ha recorrido decenas de veces el cordón litoral del poniente norteamericano, en un ciclo viajero de varias decenas de miles de kilómetros. Es probable que haya tenido una cría cada dos o tres años en su larga vida, en el transcurso de la cual su especie ha pasado de hallarse al borde de la extinción a cruzar los umbrales de la recuperación.

En los años transcurridos desde su nacimiento, los seres humanos también hemos vivido nuestra propia odisea. Hemos dejado de tener a las ballenas por una mera fuente de aceite y pasado a ver en ellas motivos de asombro e incluso rasgos de parentesco, ya que su honda inteligencia y la complejidad de sus interacciones sociales despiertan ecos de afinidad en nosotros. Gentes prudentes y apasionadas han puesto fin a la era de la cacería industrial de ballenas, y abrimos ahora los brazos a una relación nueva surgida de la comprensión científica, la cordura y la compasión. Sin embargo, a pesar de ese progreso todavía no hemos aplicado esa misma prevención a la hora de proteger el hábitat en el que se desenvuelven. Para muchos de nosotros, el mundo que se abre más allá de las playas es un ámbito oscuro, inquietante y espectral. La consecuencia es prácticamente inevitable: ojos que no ven, corazón que no siente.

Aun así, todo eso está cambiando poco a poco. Las décadas que hemos vivido, en las que se han producido esmerados estudios científicos, importantes avances tecnológicos y un renacer del respeto por los conocimientos tradicionales locales, han dado lugar a descubrimientos notables y revelado el papel fundamental que desempeña el océano en la vida de todos nosotros. Además de mostrarnos, con toda precisión, lo que debemos hacer para restaurar su buen estado de salud.

La ballena azul asciende una última vez a la superficie, para luego sumergirse a gran profundidad. Los que disfrutan con la observación de las ballenas probablemente no volverán a verla nunca más.

La esperanza de vida de una ballena azul, cifrada en unos noventa años, es un punto de referencia sumamente útil para el buen fin de nuestro moderno viaje de descubrimiento de los océanos. La perspectiva desde la que hoy contemplamos el universo de la ballena azul no tiene ni punto de comparación con la forma en que veíamos los mares en la época en que nació nuestra ballena, allá por la década de 1930.

Pese a que en esos años las culturas marineras, de entre las que destaca muy particularmente la de los polinesios, llevaran ya miles de años acumulando los conocimientos necesarios para cruzar con eficacia los mares, y a pesar también de que las naciones dedicadas a la pesquería comercial, como el Reino Unido y los Estados Unidos, supieran igualmente cómo detectar y atrapar enormes cantidades de peces, la ciencia todavía no había logrado explicar por qué las corrientes oceánicas seguían las pautas que seguían ni cuál era la razón de que se encontrara un determinado tipo de peces en un lugar y un momento concretos. Para entender la base de esos interrogantes, necesitábamos ver con ojos nuevos nuestro planeta.

De hecho, para describir nuestro mundo el término «Océano» resulta mucho más apropiado que el de «Tierra». En la actualidad, la superficie del globo cubierta de agua salada es ligeramente superior al 70%, y toda ella forma una masa ininterrumpida, por lo que es perfectamente pertinente decir que el planeta cuenta con un «único océano». El desplazamiento de las placas tectónicas y la sucesión de períodos glaciales e interglaciales ha determinado la cartografía de ese océano, pero en los últimos diez mil años, poco más o menos, los principales puntos de enlace de los grandes espacios marinos han venido siendo los que hoy conocemos. En la época en que nuestra ballena azul vino al mundo, solo podíamos percibir esas conexiones desde la perspectiva que nos ofrecían la superficie marina y las atalayas terrestres. Conocíamos la forma de los continentes que delimitan el océano y habíamos levantado mapas que señalaban la posición de los estrechos por los que se pasa del mar Rojo al Océano Índico, del Mediterráneo al Atlántico, y del Atlántico al Ártico, pero ese océano único solo cobra auténtico sentido en tres dimensiones, así que para comprenderlo de verdad es preciso ver el mundo con ojos de ballena.

En la Segunda Guerra Mundial, los avances del sónar fueron el factor que empezó a hacer realidad esa visión, de modo que fue en los años de adolescencia de nuestro cetáceo cuando comenzamos a «vislumbrar» realmente, y por primera vez, el lecho marino. Los datos proporcionados por el sónar revelaron que el suelo oceánico no era la lisa y desolada planicie que muchos habían imaginado, sino que contenía inmensos plegamientos montañosos, profundas fosas y grandes volcanes. Poseía rasgos característicos y regiones tan claramente definidas como cualquiera de las que puedan encontrarse en tierra, y empezamos a concebir los océanos sobre una nueva base, centrada en la presencia de cinco grandes cuencas interconectadas que formaban una gran masa oceánica: el Ártico, el Atlántico, el Índico, el Pacífico y el Antártico, aunque lo cierto es que hasta el año 2021 no se reconoció oficialmente la existencia del Océano Austral como tal cuenca oceánica diferenciada.

La del Pacífico es, con mucho, la mayor de esas cinco cuencas, ya que no solo abarca casi la mitad de la masa de ese «océano único», sino que es además lo suficientemente grande como para dar cabida a todas las tierras emergidas del planeta. Debe su denominación al explorador portugués del siglo XVI Fernando de Magallanes, que al surcarlo encontró aguas sumamente calmadas. Esto podría resultarle bastante improbable a cualquiera que esté familiarizado con los inviernos que depara el Pacífico frente a las costas de Hawái o el norte de California, pero no hay que olvidar que Magallanes se había internado en esta cuenca oceánica a través del estrecho que corta la punta inferior de Sudamérica —y que todavía lleva el nombre del navegante—, cuyas condiciones climáticas habían sido tan traicioneras como potencialmente letales, así que, comparativamente, un día de bonanza en el Pacífico muy bien pudo haberle parecido idílico. El Pacífico es tan inmenso que uno puede partir de Melbourne, en Australia, y llegar al extremo meridional de Chile, o acercarse al Ártico por el mar de Bering, sin llegar siquiera a abandonarlo.

Sabemos, pues, que las cinco cuencas oceánicas están interconectadas, pero para entender cómo se mueven las corrientes, los nutrientes y la vida salvaje por ese vasto océano lo más relevante es la forma y la ubicación de esos puentes que las conectan. La ruta que conduce desde el Pacífico a la cuenca de menor tamaño, la del Ártico, pasa por el estrecho de Bering, angosto y poco profundo. Los volúmenes de agua que transitan por esta abertura son relativamente reducidos, y lo mismo puede decirse de la fauna o la flora salvaje. En cambio, en el punto en que el Pacífico entra en contacto con la más joven de las cuencas oceánicas —la del Océano Antártico, o Austral— lo que uno encuentra es el equivalente marino de una batidora. Las aguas de las cuencas oceánicas del Pacífico, el Atlántico y el Índico confluyen en este Océano Austral y se mezclan gracias a la corriente circumpolar antártica, que da vueltas en el sentido de las agujas del reloj en torno al continente de la Antártida.

A mediados de la década de 1950, era muy común encontrar en el discurso político y científico determinados términos que aludían a las principales cuencas oceánicas, sus subdivisiones (el mar Báltico, el mar del Norte y el golfo de México, entre otras) y sus puntos de conexión. Esto resulta significativo porque, si bien sabíamos desde hace tiempo que en las diferentes partes del mundo prosperan hábitats oceánicos distintos (arrecifes de coral en los trópicos y bosques de quelpos o algas marinas en aguas más templadas), hoy empezamos a ver que el agua marina en sí misma forma parte de un sistema y que nuestros numerosos mares constituyen simplemente un océano único.

De hecho, cuanto más lo estudiamos más claras parecen las pruebas de que ciertas especies se encuentran en cualquier punto de ese océano singular. Buen ejemplo de ello es la ballena azul, cuya presencia se ha constatado en todas las cuencas oceánicas, y solo las regiones de los océanos Ártico y Antártico que permanecen cubiertas de hielo quedan fuera de su rango de acción (una situación que probablemente irá cambiando en años venideros, con el avance de la recuperación de las poblaciones de cetáceos y el retroceso de la banquisa).

En la década de 1950, nuestra ballena se había convertido ya en un individuo adulto plenamente desarrollado de más de veinticinco metros de largo y un peso superior a las ciento cincuenta toneladas. Y no era simplemente «grande», sino que formaba parte de la mayor especie animal del planeta, con una talla mucho más imponente que la de la mayoría de los dinosaurios. En aquellos años ya sabíamos por qué su especie podía crecer tanto (la flotabilidad del agua de mar permite que los animales que viven en el océano alcancen una masa corporal que la arquitectura ósea jamás lograría sostener en tierra), pero aún no sabíamos lo suficiente sobre la vida de las ballenas azules como para entender los beneficios evolutivos que podía conllevar semejante tamaño. Tendría que transcurrir gran parte la vida de nuestra ballena antes de que consiguiéramos descubrirlo.

Una de las pistas clave surgió de una revelación más profunda sobre las corrientes oceánicas. Hacía ya mucho tiempo que teníamos claro que en la superficie de los océanos había corrientes dominantes, pero no fue hasta los años sesenta que las décadas de investigaciones llevadas a cabo por decenas de científicos que estudiaban estos asuntos en todo el mundo terminaran convergiendo y proporcionándonos la descripción de un sistema global de corrientes al que llamamos «circulación termohalina», o cinta transportadora global, como se la conoce actualmente.

Este sistema, que recibe su nombre de los dos factores que influyen en la densidad del agua de mar —la temperatura (*thermos*) y la salinidad (de la voz griega *halos*, que hace referencia al contenido de sal)—, se inicia con la congelación del agua en los extremos norte y sur de nuestro planeta. A medida que el océano se congela en las regiones árticas, el agua se desembaraza de la sal, que no puede congelarse, lo que hace que el agua que permanece en la superficie se vuelva más salada y densa. Estas masas de aguas frías y densas se hunden, lo que determina que otros volúmenes de agua vengan a colmar el espacio desalojado, generándose así una corriente. El agua densa que baja a las profundidades empuja hacia el sur las masas de agua abisal preexistentes, y con el paso de los siglos esta lenta y profunda corriente recorre las cuencas oceánicas hasta llegar a la Antártida, donde se le unen nuevas masas de agua fría que se congela y de agua salada que se hunde. La corriente circumpolar antártica imprime al agua un movimiento circular de oeste a este en torno al continente antártico, hasta que finalmente es conducida de nuevo al norte formando ahora dos corrientes: una que se dirige al Océano Índico y otra que avanza rumbo al Pacífico. En su viaje al norte, las corrientes van calentándose y ascendiendo poco a poco a la superficie. Esas aguas caldeadas siguen circulando por el globo, y en último término regresan al Atlántico Norte hasta alcanzar el Ártico, donde se reinicia el ciclo.

Las corrientes llevan a la superficie los nutrientes de las profundidades, permitiendo con ello el crecimiento del plancton y proporcionando energía a casi toda la red trófica del océano. Además, los científicos también han descubierto que, al transportar el calor ecuatorial a los polos, y a la inversa, el frío de los polos a las zonas templadas, dichas corrientes tienen un profundo efecto en el clima de la Tierra. Un ejemplo de ello es el hecho de que las temperaturas de los países de la Europa noroccidental, como el Reino Unido, sean mucho más cálidas que las de otros lugares situados a la misma latitud, lo que se debe a las aguas templadas que circulan a través del Atlántico Norte.

Sean locales o globales, las corrientes oceánicas son un elemento crucial para toda la vida del planeta, no solo para la ballena azul. Aun así, se cree que el afloramiento o emersión de las corrientes ha ejercido un impacto particular en la evolución de las ballenas azules, puesto que los nutrientes que esas surgencias elevan a la superficie alimentan a las presas de estos grandes mamíferos, y, a su vez, la selección de capturas de los cetáceos explica su inmenso tamaño. La ballena azul sostiene su gigantesco corpachón ingiriendo enormes cantidades de algunos de los animales más pequeños del océano. Está claro que no es preciso tener unas dimensiones colosales para dominar a estas presas, pero en el transcurso de sus noventa años de vida nuestra ballena azul habrá engullido miles de millones de kriles (unos crustáceos parecidos a los camarones), y el método que emplea para deglutirlos ha exigido a su especie una transformación física extraordinaria.

En contraste con su enorme volumen, una de las características más notables de la ballena azul es su estilizada silueta. Moviéndose como una suerte de torpedo de baja velocidad, el animal consigue desplazar el agua a ambos lados de su cabeza y a lo largo de sus flancos, lo que le permite deslizarse a un ritmo de crucero de unos diez kilómetros por hora. Aun así, cuando encuentra un banco de kril puede abrir sus fenomenales fauces en un ángulo próximo a los noventa grados —dislocando la mandíbula y dilatando los pliegues cutáneos que tiene bajo la boca—, y es capaz de ingerir ochenta mil litros de agua repleta de kril de una sola tacada. Luego filtra todo el líquido a través de las barbas, o láminas de queratina, que cuelgan a ambos lados de su maxilar superior y permiten que el agua pase entre sus intersticios, atrapando el kril en sus bordes deshilachados. En comparación, pensemos que los seres humanos solo podemos ingerir de un trago unos míseros 0,07 litros, y sin kril. Cuando la ballena azul se alimenta, su boca puede hincharse hasta alcanzar una talla equivalente a la del resto de su cuerpo, lo que le confiere el perfil de un monumental renacuajo.

Este método se conoce con la expresión «alimentación por embestida» y, por lo que sabemos gracias a los registros fósiles y geológicos, parece tratarse de un comportamiento que las ballenas barbadas empezaron a desarrollar hace poco más de siete millones de años, aproximadamente por la misma época (o eso creen en la actualidad los científicos) en que se produjo un notable incremento de las surgencias oceánicas ricas en nutrientes. Estas emersiones habrían estimulado la proliferación de plancton, de peces pequeños y de crustáceos, un tipo de alimento que podía ser explotado por aquellas especies capaces de alimentarse por embestida y engullir grandes cantidades de presas en un abrir y cerrar de ojos. A diferencia de otras ballenas barbadas, las azules evolucionaron hasta convertirse en cazadoras especializadas, siendo el kril el componente casi exclusivo de su dieta. Y es esa especialización, precisamente, la que influyó en su aspecto y su conducta.

En el conjunto de las masas oceánicas pueden encontrarse al menos ochenta y cinco especies distintas de kril, y todas ellas se nutren de plancton. La voz «plancton», que procede del término griego con el que se indica aquello que «va a la deriva», se emplea para definir a cualquier planta (fitoplancton) o animal (zooplancton) microscópico que yerre a merced de las corrientes del océano. El kril forma inmensos bancos, pero estos, además de ser inestables, pueden encontrarse separados por distancias muy significativas. Por consiguiente, el depredador definitivo de este tipo de crustáceos ha de dotarse de la capacidad de viajar de manera eficiente durante un gran número de semanas en las que no tendrá ocasión de alimentarse, y cuando al fin encuentre la oportunidad de hacerlo tendrá que disponer de un medio para ingerir kril en inmensas cantidades. Las enormes ballenas, de boca igualmente formidable (esbeltas, pero capaces de vivir de sus reservas de grasa durante varios meses y de desplazarse grandes distancias a su lenta velocidad de crucero), son una solución evolutiva altamente eficaz para poder sobrevivir a base de kril.

No obstante, hay algo capaz de alcanzar longitudes superiores a las de la ballena azul y que también se alimenta de kril. Con casi doscientos metros de largo, este ser se cierne por las noches en la columna de agua. De fantasmal coloración blanca, brilla con luz propia, ya que emite una intensa bioluminiscencia azulada con el fin de atraer a las presas hacia el cortinaje de tentáculos urticantes que penden bajo él. Podría tomárselo por una criatura única, confundiéndola quizá con una delgada y longilínea medusa, pero se trata de un sifonóforo gigante, una colonia de individuos genéticamente idénticos conocidos con el nombre de «zooides», cada uno de ellos con una función especial dentro de la colonia: unos se ocupan de atrapar a las presas, otros las ingieren, algunos nadan para hacer avanzar al conjunto y otros más se afanan en la reproducción. Si el sifonóforo queda suspendido entre dos aguas por las noches se debe a que ese es el período del día en el que un inmenso número de animales asciende de las profundidades para alimentarse: se trata de la «migración vertical diaria», el mayor desplazamiento cotidiano de biomasa de todo el planeta.

Pese a que hace ya muchos años que sabemos de la existencia de una cierta migración vertical en los océanos, hubo que esperar aproximadamente a la época en que nuestra ballena alcanzó la mediana edad para que los científicos contaran con la suficiente

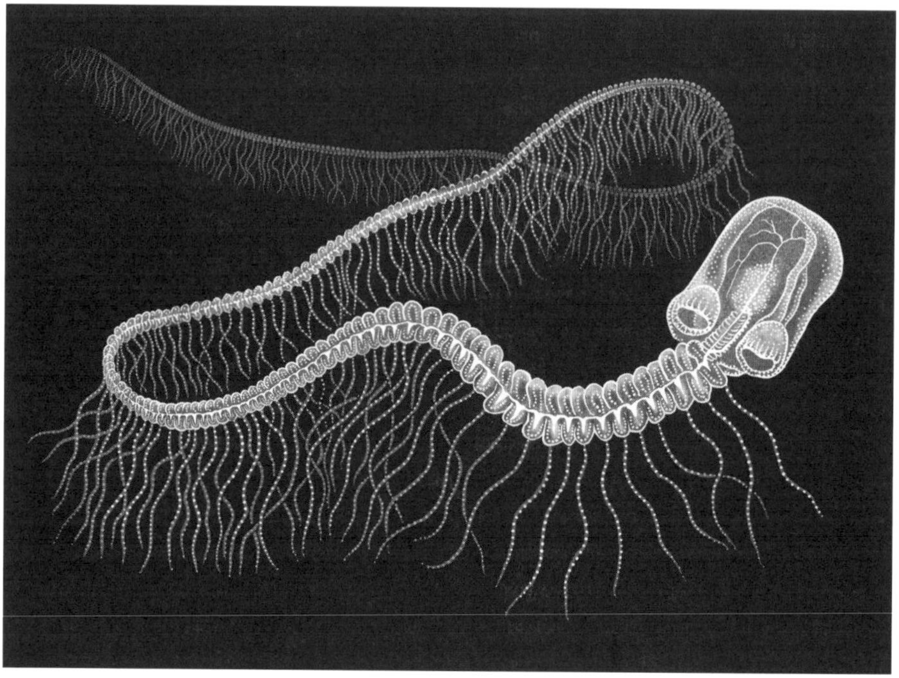

Capaz de alcanzar longitudes superiores a las de la ballena azul, el sifonóforo gigante es en realidad una colonia de organismos individuales conocidos con el nombre de «zooides».

tecnología y los medios de investigación adecuados para descubrir la imponente magnitud de la migración vertical que se verifica todos los días en el conjunto de la masa oceánica. Hasta entonces, la mayor parte de los estudiosos habíamos venido creyendo que las migraciones marinas se producían en sentido horizontal, y que obedecían a la necesidad de hallar nuevas zonas de alimentación o cría, tal como hacen muchos cetáceos, túnidos o aves marinas. Sin embargo, recientes investigaciones han revelado que hay un inmenso volumen de kriles, peces linterna, cefalópodos e individuos de otro sinfín de especies que descienden durante el día hasta llegar a zonas a las que no llega la luz del Sol, con el objetivo de evitar la acción de los depredadores que utilizan la vista para cazar, y en cuanto cae la noche, estos animales migrantes se dirigen de nuevo a la superficie en busca de aguas ricas en fitoplancton. Como ocurre con todas las demás migraciones, también sobre esta actúan depredadores específicos. Unos cuantos viajan con los propios componentes de la migración vertical y van abatiendo a los miembros de esa peregrinación a medida que ascienden. Otros, en cambio —y ese es el caso del sifonóforo gigante— permanecen al acecho y tienden su descomunal trampa en un espacio de longitud equivalente a dos campos de fútbol. Si tenemos en cuenta que son miles de millones los animales que intervienen cada noche en esa migración, entenderemos perfectamente que los depredadores tengan comida en abundancia.

En la segunda mitad de la vida de nuestra ballena se refleja el hecho de que ese período haya coincidido, en el mundo humano, con una increíble serie de descubrimientos. Estábamos empezando a ver el océano en tres dimensiones, y el desarrollo de nuestra tecnología hizo que no paráramos de realizar avances. Gracias a una sucesión de saltos tecnológicos, los oceanógrafos tuvieron la oportunidad de ofrecernos una perspectiva completamente inédita de las profundidades del océano. Los sumergibles y batiscafos revolucionaron la exploración marina, y en la década de 1970 sirvieron para descubrir una forma de vida totalmente desconocida en torno a las fuentes hidrotermales del suelo oceánico. Además, con la introducción de nuevas mejoras tecnológicas surgieron otras maravillas insólitas. Los robots submarinos a control remoto podían dedicar días enteros a explorar el fondo del mar, enviando constantemente imágenes y datos a la superficie. En la actualidad, toda persona que disponga de una conexión a internet puede ver vídeos en directo de las misiones de los vehículos no tripulados que operan en zonas situadas a miles de metros por debajo de la superficie.

El envío de esos nuevos portentos tecnológicos a las profundidades transformó la manera en que contemplábamos el océano, y lo mismo cabe decir de los que se llevaron al espacio. En 1957, el género humano lanzó el primer satélite artificial. En el transcurso de los sesenta años siguientes, la tecnología satelital avanzó hasta tal punto que pudo utilizarse no solo para descubrir miles de montes submarinos y zonas de fuentes hidrotermales (anteriormente ocultas bajo la superficie del océano), sino también para rastrear animales marcados con el fin de obtener datos de sus migraciones y para conseguir información sobre la biodiversidad submarina y sobre la existencia de «autopistas» por las que se desplaza la fauna marina. La suma de los avistamientos a ojo desnudo y del marcaje con transmisores acabó por ofrecernos una descripción de la situación de las ballenas azules en el conjunto del globo. La identificación de diferentes subespecies y poblaciones, junto con la documentación de una serie de migraciones verdaderamente masivas, puso al descubierto la existencia de conexiones previamente desconocidas entre diferentes partes de ese océano único: la investigación mostró, por ejemplo, que era muy probable que nuestra amiga, perteneciente a la subespecie denominada «ballena azul del norte», pasara toda su vida en el cuadrante nororiental del Pacífico y se desplazara hasta regiones tan septentrionales como Alaska y tan meridionales como Costa Rica.

No obstante, los satélites y los sumergibles solo podían proporcionarnos una parte de esa imagen de conjunto. La comprensión de los elementos que vinculan las características del océano con la migración de los animales marinos —lo que significa averiguar por qué ciertas especies siguen unas rutas y no otras— exige una cartografía detallada, y en este campo el sónar ha vuelto a resultar determinante.

Desde finales de la década de 1980, el sistema de ecosonda multihaz ha venido proporcionándonos imágenes extremadamente detalladas de una amplia región del suelo marino. Las versiones más recientes envían desde un buque más de mil quinientos impulsos acústicos por segundo. Los haces de este sónar forman un abanico que rastrea el fondo, generando con ello un mapa sonoro que un ordenador convierte después en una representación visual del lecho oceánico. De hecho, a finales de 2023, el 25% del total del suelo marino había sido ya cartografiado con una resolución de cien metros o más, y de hecho ya se está llevando a cabo un vasto proyecto destinado a levantar el mapa de todo el fondo oceánico en el año 2030. Esta imagen general se completa gracias a los sónares de haz dividido, que emiten pulsos sónicos en la columna de agua y reciben los ecos correspondientes, a fin de detectar y generar mapas sonoros de las especies que evolucionan en una región dada, aunque, como es obvio, solo pueden detectar a los especímenes que se encuentran en ese preciso momento y lugar.

Pero incluso esa limitación puede resolverse hoy gracias a los avances en el muestreo de ADN, que permite detectar a los científicos el tipo de animales o plantas que han pasado por una columna de agua dada. Las pruebas de ADN ambiental toman muestras de líquido para tratar de hallar el rastro de diferentes especies marinas —restos epiteliales, heces, mucosidades, etcétera—, y acto seguido analizan el ADN de las especies que han estado nadando por la zona en las horas previas, descubriendo así cuáles son sin tener siquiera que capturarlas o verlas.

Estos asombrosos avances tecnológicos, sumados al trabajo de un conjunto de barcos capaces de permanecer navegando durante meses y a los datos de los sistemas de boyas monitorizados a distancia (que suministran constantemente información acerca de las olas, la temperatura y la composición química del agua), han revolucionado nuestra comprensión del océano. En el transcurso de la vida de una sola ballena azul, hemos pasado de rozar apenas la superficie de nuestro océano a comprender profundamente su importancia. Pero hay un problema: a pesar de que en estos últimos noventa años esas nuevas tecnologías nos hayan ayudado a ver el océano con los ojos de un cetáceo, lo cierto es que también nos han colocado en situación de transformar el universo de las ballenas hasta el punto de dejarlo irreconocible.

No debe sorprendernos que, al superponer la carta del esfuerzo pesquero global (la que señala los puntos en que más intensa y frecuentemente se han realizado capturas) sobre el mapamundi, se observe una correlación entre los espacios en los que la ciencia ha registrado mayores concentraciones de nutrientes y una concentración de vida marina más significativa. Al igual que las ballenas, los pesqueros actuales pueden navegar durante meses, detectar los montes submarinos y utilizar el sónar para localizar a sus presas. Nos hemos vuelto tan eficaces capturando peces que, según se ha calculado, en el año 2024 los seres humanos habremos reducido la biomasa del océano en 2,7 gigatoneladas. Para dar contexto y perspectiva a esta cifra, valga la siguiente consideración: el total de la población humana en la Tierra representa en torno a 0,4 gigatoneladas de biomasa, así que no resulta difícil imaginar el desequilibrio que se genera al arrancar al ecosistema oceánico prácticamente siete veces ese volumen de vida.

En cualquier caso, la complejidad de los cambios ocurridos en el mundo de nuestra ballena tiene un alcance muy superior al de los meros efectos de la sobrepesca. La ballena azul, como muchas otras especies de mar abierto, ha ido modificando a lo largo de millones de años su dieta, su conducta y sus aptitudes para la navegación, a fin de explotar con eficacia el particular nicho ecológico que ocupa en el diverso y complejo océano de nuestro planeta (y, como ya hemos señalado, ese nicho es especialmente limitado, ya que estos mamíferos marinos se alimentan sobre todo de kril y su cuerpo es el resultado de una perfecta adaptación encaminada al aprovechamiento de esta fuente de alimento). Eso la convierte en un depredador extremadamente eficiente, pero también muy vulnerable a cualquier factor que modifique la disponibilidad de kril o su capacidad de encontrarlo.

Todavía no sabemos con exactitud cómo combinan las ballenas azules sus diferentes facultades sensoriales para cruzar el océano, pero sí sabemos que el sonido tiene una enorme importancia para ellas y que existen rutas de notable amplitud por las que migran en distintas épocas del año... Y también tenemos claro que nuestra intervención ha cambiado las características de esas vías migratorias y ha afectado negativamente y de muchas maneras (más de las que alcanzamos a comprender) a su aparato sensorial.

Las decenas de miles de grandes buques que transportan mercancías por todo el mundo no solo producen ruido, sino que, inevitablemente, chocan de manera accidental con los cetáceos migrantes. Además, el calentamiento y la acidificación del océano está alterando la distribución de la vida que alberga, lo que a su vez resta fiabilidad a unas pautas de alimentación y cría que hasta ahora habían superado sin dificultad la prueba del tiempo. Por otro lado, al eliminar deliberadamente las grandes especies del océano para procurarnos comida, nuestros aparejos de pesca, redes de arrastre y dragas de viga también destruyen o dañan hábitats enteros, alterando los intrincados ciclos alimenticios del océano sin que hayamos alcanzado a descubrir plenamente aún todos los mecanismos que lo animan.

A pesar de todo, con nuestra recién estrenada comprensión también hemos aprendido que el océano tiene una notable capacidad de regenerarse. Nuestro conocimiento de los lugares en los que florece la vida es muy superior al que teníamos antes, y también entendemos mejor cómo contribuir a esa prosperidad. No solo hemos documentado casos de restablecimiento y recuperación, también estamos en condiciones —si así lo decidimos— de supervisar y modificar nuestras prácticas pesqueras para alcanzar un equilibrio y lograr que el océano pueda atender nuestras necesidades sin menguar su desarrollo.

En el caso de que nuestra ballena azul tuviera hoy una cría, es muy posible que esta pudiera llegar al siglo XXII. Si actuáramos en el mundo con la misma prudencia y comprensión que nos permitió salvar y recuperar la especie de los cetáceos, y la aplicáramos ahora a proteger el hogar en el que se desenvuelven, esa ballenata tendría la oportunidad de asistir a una maravillosa transformación. Las zonas en que se alimenta, situadas en los mares fríos de las altas latitudes, se hallarán repletos de plancton, kril y un sinfín de especies piscícolas. Sus sucesoras nacerán en aguas seguras ceñidas por manglares y corales. Cuando cruce las áreas de mar abierto no encontrará redes que entorpezcan u obstaculicen sus rutas migratorias, y los montes submarinos por los que pase serán un hervidero de vida. Y al acercarse a la costa, las algas, corales, mejillones, langostas y ostras volverán a animar el lecho marino. En sus viajes, puede que también se cruce con nuestros descendientes, miembros de una sociedad en equilibrio con el mundo natural —que además de procurarles sustento les ofrecerá inspiración y formas de ganarse la vida—. Esos hombres y mujeres vivirán en una época en la que el género humano habrá dejado atrás la ambición de dominar los mares y logrado prosperar al fin en compañía del mayor animal salvaje de la Tierra.

En el período vital de una sola ballena azul hemos descubierto más cosas sobre nuestro océano de las que podríamos entresacar del conjunto de la historia humana. Pero la pregunta es esta: ¿hallaremos la sabiduría precisa para contribuir a que el océano se recobre y supere el daño que le hemos infligido en ese mismo lapso de tiempo? Para responder a este interrogante, debemos despedirnos de nuestra ballena y sumergirnos en los hábitats más importantes de nuestras cuencas oceánicas. Descubriremos las inmensidades del mar abierto y las misteriosas fuentes hidrotermales del suelo oceánico, las aguas congeladas del Ártico o el crudísimo Océano Austral, los montes submarinos aislados, los densos bosques subacuáticos, el deslumbrante esplendor de los jardines de coral o la arquitectura intrincada de los manglares, y lo que siempre veremos en cada uno de esos ámbitos es una específica combinación de prodigios evolutivos, capaces tanto de motivar a sus custodios humanos como de revelarnos las claves del futuro de la vida en el planeta.

Segunda parte

NUESTRO MUNDO ES UN OCÉANO

1

Los arrecifes de coral

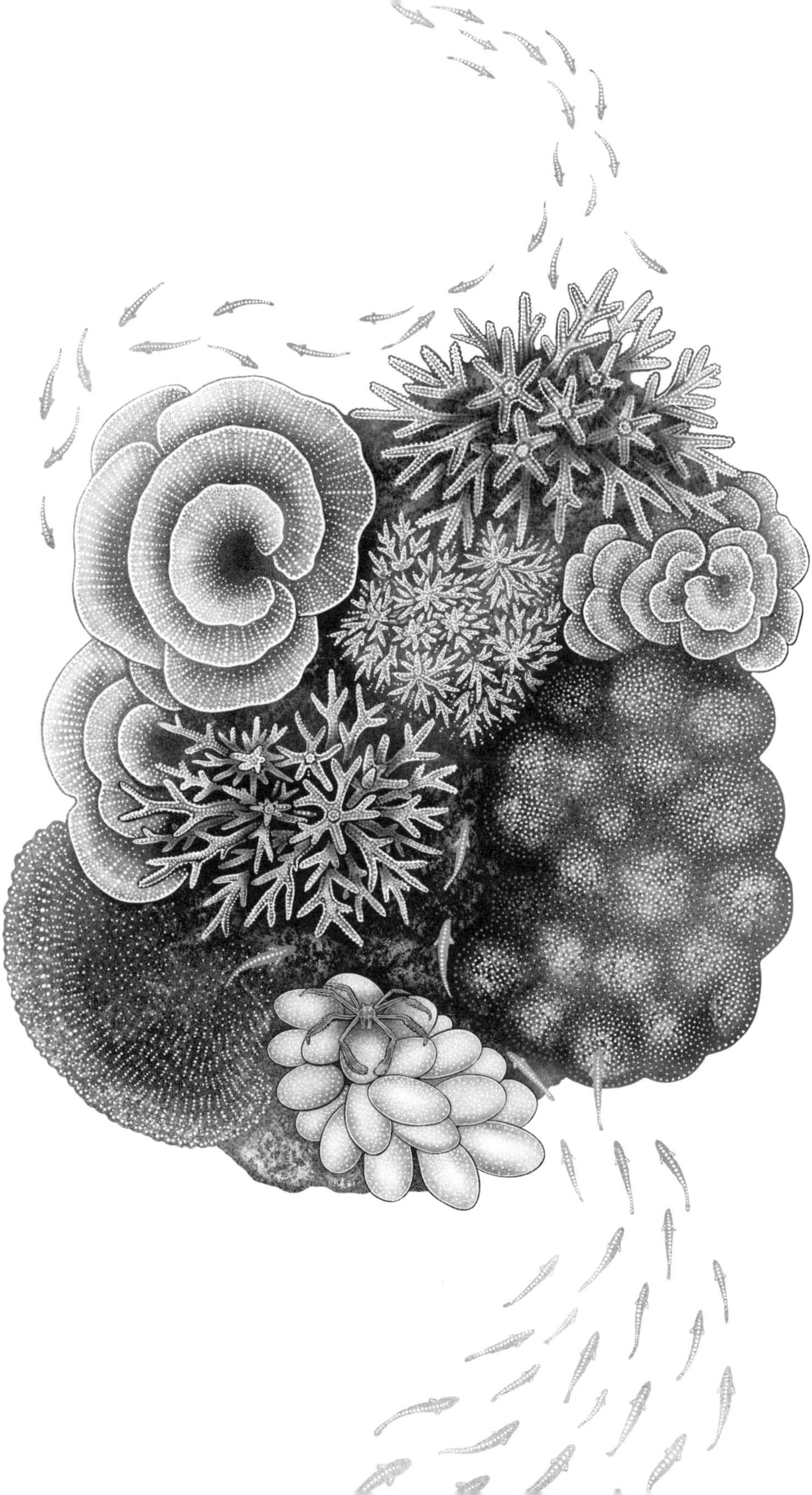

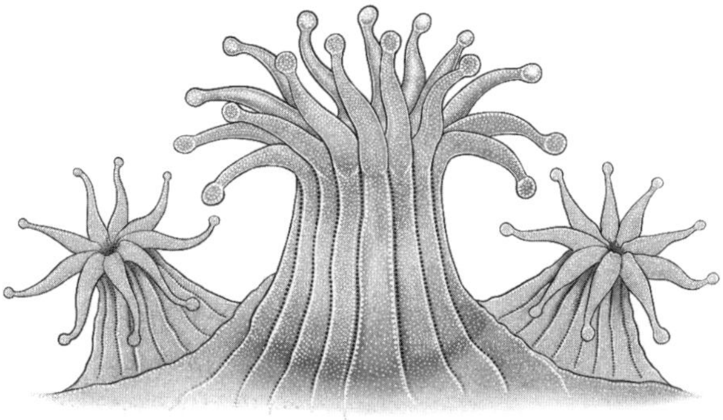

El pez payaso de la Gran Barrera de coral australiana

En los trópicos, la constante irradiación solar mantiene todo el año caldeadas las aguas costeras, y esa es la razón de que la zona exhiba la más deslumbrante variedad de vida que pueda encontrarse en todo el universo oceánico.

La primera vez que utilicé un equipo de buceo autónomo para sumergirme en un arrecife de coral fue en el año 1957, y el espectáculo que se abrió ante mis ojos me dejó tan atónito que por un momento olvidé tomar oxígeno. Nada de cuanto había alcanzado a ver en tierra podía compararse con el torbellino de sensaciones que despertaba en mí aquella profusión de vida y diversidad, justo delante de mis ojos. Podría haberme pasado días y días nadando entre todas aquellas maravillas sin que sus colores llegaran a cansarme, insaciablemente ávido de tan gráciles movimientos e interacciones. Aquello era la versión más hipnótica del mundo vivo.

Realicé la inmersión a poca profundidad, en un cayo coralino de agua templada de la Gran Barrera de arrecifes australiana. Los corales que prosperan y sobreviven en estas condiciones necesitan aguas templadas y una luz solar constante y regular, razones ambas por las que normalmente se los encuentra en las aguas someras de los mares tropicales. Esto explica a su vez que los corales más espectaculares se encuentren con frecuencia a escasos metros de la superficie. No es preciso ponerse un equipo de buceo completo para alcanzar su hábitat: basta con un tubo para respirar, unas gafas y un par de aletas. Sin embargo, el traje de neopreno le permite a uno permanecer cómodamente en un mismo punto y dedicar al arrecife el tiempo suficiente para empezar a distinguir los detalles de la vida que lo hace vibrar. Hay mil cosas en las que fijarse: una infinidad de pececillos nadan entre las ramas de los corales; las barracudas acechan bajo un saliente rocoso, atentas al plateado centelleo que indica el paso de una presa, y el pez león, con el vistoso abanico de sus aletas natatorias, que extiende para flotar con fingida indolencia cerca de una peña, se camufla a la perfección, hasta tal punto que resulta facilísimo confundirlo a primera vista con una planta.

En aquella época la Gran Barrera estaba prácticamente intacta. No hay duda de que debía de pescarse en la zona, aunque con reducida intensidad, y también estoy seguro de que la polución ya había causado algún daño en ciertas zonas del largo rosario de arrecifes que la forman, pero desde luego yo la vi básicamente indemne en esos años. Los naturalistas australianos suelen comentar que uno se podía zambullir, ya fuera con aletas o con bombonas de oxígeno y en cualquiera de los tres mil arrecifes que jalonan sus dos mil kilómetros de longitud, y asistir así a uno de los paisajes naturales más hermosos que hay sobre la faz de la Tierra.

Basta contemplarlos por primera vez para percibir de forma inequívoca que los arrecifes de coral albergan una asombrosa diversidad, y desde luego yo estaba al corriente de los relatos de los antiguos pobladores de Hawái y la Polinesia —transmitidos oralmente durante miles de años—, en los que se señala la enorme importancia de los arrecifes de coral y la riqueza biológica que florece en su entorno. También había leído, ya en época más reciente, los relatos de los exploradores y los científicos, pero las palabras son incapaces de prepararle a uno para la contemplación real de tantísimas especies diferentes. Y todas ellas, pese a estar provistas de su particular forma de superar los retos de la existencia, se revelan capaces de encajar armónicamente en un ecosistema tan vital y dinámico como el del arrecife. Jamás he visto en tierra un espectáculo que pueda rivalizar con este. Por más que sepamos que el bosque húmedo tropical cuenta con una fauna extraordinaria y variada, lo cierto es que un simple paseo no permite apreciar demasiadas cosas —al menos en términos relativos—. Sin embargo, en esa sola inmersión (cuya duración fue de unos treinta minutos, poco más o menos) vi más especies animales de las que hubiera podido contar, y desde luego muchas más de las que habría alcanzado a identificar.

En aquellos años, la escafandra autónoma era un invento relativamente reciente, así que no se habían podido realizar demasiados estudios detallados de los arrecifes. Algunas de las cosas que hoy consideramos de puro sentido común en el ámbito de la biología marina (ya se tratara de las interacciones entre las distintas especies o de la imbricación de las cadenas tróficas que dan vida a un arrecife de coral) se desconocían en aquella época. No obstante, en esa inmersión hubo una especie que captó mi atención de manera particular. Un pececito no más largo que mi dedo índice zigzagueaba entre los tentáculos de una anémona, entrando y saliendo con despreocupación de la movediza maraña que formaban aquellos apéndices urticantes. Era de un color naranja brillante, y las tres bandas blancas que cruzaban su cuerpo, destacadas por una suerte de perfilado en negro, lo convertían en una criatura extremadamente llamativa. En nuestros días, los niños de todo el mundo lo reconocerían al instante y hasta pronunciarían su nombre: Nemo, el pez payaso, pero en aquellos años yo no los había visto nunca, y de hecho tampoco había oído hablar de ellos. Lo primero que me vino a la mente fue una pregunta muy simple: ¿por qué no le picaban los tentáculos de la anémona? Al ver que había otros congéneres suyos comportándose de forma similar en otras anémonas de las inmediaciones, caí en la cuenta de que debía de existir una relación especial entre ellas y aquellos intrépidos pececillos. Ahora bien, no tenía ni idea de qué tipo de interacción les hacía convivir de esa forma, ni de cómo había llegado la evolución a producir semejante fenómeno.

Desde entonces, los científicos han logrado descubrir que, de las aproximadamente mil especies de anémonas que existen, solo diez han desarrollado esa simbiosis con el pez payaso. Sin embargo, para las que lo han conseguido, el vínculo es de importancia capital. De hecho, el pez payaso se las ha arreglado incluso para que su piel se vea recubierta por una capa de mucus particularmente gruesa, a fin de protegerse de las picaduras accidentales, y desde luego nunca trata de mordisquear los nutritivos tentáculos de la anémona, y no lo hace porque prefiere vivir rodeado de ellos. A cambio de la protección que le ofrece la anémona, el pez payaso limpia de impurezas sus tentáculos y expulsa a los depredadores que sí estarían dispuestos a comérsela. La anémona también se beneficia de los nutrientes que excretan estos peces, de modo que sus algas simbióticas no solo crecen a mayor velocidad, sino que producen más alimento que las de aquellas anémonas que no cuentan con la ayuda de estos curiosos pececillos.

La ciencia ha necesitado prácticamente un siglo —el que casi he alcanzado a cumplir yo mismo— para empezar a vislumbrar una explicación plausible del funcionamiento de una comunidad coralina y de los motivos que determinan que su inmensa diversidad nos incumba a todos. Esas largas décadas de investigación han revelado que los arrecifes de coral, pese a ocupar menos de un 0,5% del espacio marino, albergan nada menos que una tercera parte de las especies oceánicas. Pese a todo, lo cierto es que apenas hemos empezado a descubrir los secretos que esconden. Hasta ahora, hemos encontrado unas cuatro mil especies de peces en los arrecifes de coral, pero se cree que todavía hay varios centenares de miles de animales y plantas desconocidos que tienen su hábitat en ellos.

De hecho, solo en los últimos dos años hemos comprendido que el primer y más importante factor que atrae al pez payaso y le anima a instalarse en un arrecife es justamente el de la diversidad de la comunidad coralina.

Los investigadores han descubierto que, en su etapa juvenil, las crías de peces payaso —que viven en mar abierto— no se limitan a dirigirse al arrecife más cercano en cuanto alcanzan el tamaño que les permite hacerlo. Y tampoco regresan al arrecife en el que un día vivieran sus padres. Nada parecido: eligen de oído la morada de coral en la que habrán de instalarse. Detectan sonidos realmente diferentes y distinguen el bullicio de las gambas y las almejas del tamborileo de los peces provistos de vejiga natatoria. Cuanto más ruidoso sea el arrecife, mejor para ellos, dado que eso significa que se trata de un hervidero de vida. Y cuanto mayor sea la diversidad de la concentración de corales y más numerosa sea su población, tanto más sólida será su resistencia a las numerosas amenazas que se ciernen sobre ellos en el momento actual.

En mi primera inmersión en un arrecife de coral, lo que más me llamó la atención fue el colorido y el ajetreo, pero si hoy tuviera la oportunidad de regresar a él también me fijaría en los sonidos que emite, e intentaría percibir en la uniformidad del murmullo de fondo los golpeteos, los silbidos y los chasquidos, animado por la esperanza de que su volumen poseyera la intensidad suficiente para atraer nuevas formas de vida de las distantes regiones de alta mar que lo circundan.

D. A.

Imagine por un instante que jamás ha oído hablar de un arrecife de coral y que un día le ponen ante los ojos la fotografía aérea del más característico de los atolones coralinos. Los arrecifes en forma de anillo, en los que el azul oscuro del océano enmarca las tonalidades celestes de una laguna, vendrían a sugerir la eventual existencia de algún tipo de afloramiento capaz de hacer ascender a la superficie los nutrientes del fondo. Sin embargo, las islitas situadas prácticamente a flor de agua a cuyo alrededor crecen los arrecifes no poseen ríos susceptibles de transportar el nitrógeno y el fósforo de las grandes montañas rocosas (y carecen por tanto de los elementos necesarios para fertilizar el océano), y tampoco cuentan con deltas ricos en sedimentos ni con una plataforma continental. Por consiguiente, nos veríamos abocados a concluir, usando la razón, que nos encontramos ante unas aguas pobres en nutrientes, y que por eso mismo lo más probable es que alberguen muy pocas especies. Ciertamente, tendríamos muy pocos motivos para sospechar que se trata del hábitat con mayor biodiversidad de todo el océano.

Aun así, en los mares cálidos que circundan el ecuador, es decir, los situados entre el trópico de Capricornio y el de Cáncer, los arrecifes de coral prosperan hasta el punto de cubrir miles de metros cuadrados, y lo mismo ocurre con la fauna y la flora que reside en ellos. Los arrecifes se presentan en un gran número de formas. Algunos son relativamente pequeños y están aislados, como los que rodean las innumerables islas del Pacífico Sur y el Océano Índico. Otros, como los de la Gran Barrera de coral australiana o el arrecife Mesoamericano del Caribe, son vastas estructuras de más de mil kilómetros de longitud.

Es importante distinguir entre el «pólipo coralino», la «colonia de corales» y el «arrecife de coral», ya que normalmente se los confunde y se utiliza, de forma tan sencilla como equívoca, el simple y genérico término de «coral». Un arrecife es una estructura de piedra caliza, habitualmente levantada en varios miles de años, dado que las sucesivas generaciones de coral duro crecen sobre el esqueleto de sus predecesoras. Existen muchas especies de coral diferentes, pero por lo general se agrupan en corales «duros» (que son los que construyen esas estructuras calizas) y corales «blandos» (que también crecen sobre los arrecifes, pero no dejan esqueletos tras de sí). La parte viva del arrecife es la zona superior, en la que crecen las colonias de coral, cada una de las cuales está formada por un sinfín de pólipos coralinos.

Los pólipos de coral son unos animales estrechamente emparentados con las medusas. Un solo metro cuadrado de una colonia de coral sana puede contener más de diez mil pólipos. Cada uno de esos pólipos se asienta boca abajo sobre una minúscula base calcárea (hecha de carbonato cálcico) denominada «coralito», y proyecta hacia arriba los tentáculos, que, al mecerse en el agua, le permiten atrapar el plancton. No obstante, en estas aguas pobres en nutrientes el plancton que pueden capturar no bastaría, por sí solo, para proporcionar sustento suficiente al pólipo coralino.

Pero, siendo así, ¿cómo es posible que estas aguas aparentemente improductivas sean escenario de la más deslumbrante exhibición de vida de todo el océano? Dado que Charles Darwin se hizo en su día esa misma pregunta, el misterio ha acabado conociéndose como la «paradoja de Darwin». En 1842, el naturalista consiguió resolver parcialmente el enigma y publicó su hipótesis en una célebre obra —*La estructura y distribución de los arrecifes de coral*—, en la que señalaba que, en la mayor parte de los casos, el crecimiento de los diferentes tipos de coral exige la presencia de aguas poco profundas. En el libro, Darwin proponía asimismo que el desarrollo de los arrecifes de coral podía deberse a la actividad volcánica o geológica del fondo marino, pero en aquella época aún no podía explicarse cómo era posible que prosperara tanta vida en unas aguas que forzosamente debían de tener tan escasos nutrientes. Habría que esperar cerca de doscientos años para hallar la respuesta, pero hoy conocemos al fin el secreto de los arrecifes de coral, y desde luego es algo que le deja a uno maravillado.

En dicha solución, el elemento clave radica en una de las relaciones de intercambio mutuo más destacadas y exitosas de todo el universo natural: la que mantienen el pólipo coralino y un tipo de alga unicelular, la zooxantela. Las zooxantelas viven en los tejidos de los pólipos de coral y allí establecen una relación muy particular con su anfitrión. El pólipo proporciona a las algas el cobijo que precisan, junto con el dióxido de carbono y el agua con el que convierten la energía solar en alimento gracias a la fotosíntesis. En este proceso, las zooxantelas utilizan la abundante luz del Sol y la transforman en los nutrientes que necesita el pólipo de coral (y que no se hallan presentes en las aguas circundantes). De este modo, el pólipo obtiene los azúcares, las grasas y el oxígeno que generaran las zooxantelas, y logra así crecer y respirar según un proceso denominado «glucólisis», por el que la glucosa se convierte en energía. A su vez, este ingenioso mecanismo proporciona a las zooxantelas el dióxido de carbono y el agua que estas necesitan.

Es una verdadera producción en circuito cerrado. En esencia, las zooxantelas y los pólipos de coral se transfieren mutuamente los alimentos, y lo hacen además de un modo muy eficiente. De hecho, los pólipos de coral utilizan alrededor del 90 % del material orgánico que producen las zooxantelas. Y, por si fuera poco, cuentan con la ayuda de toda una comunidad de microbios que prosperan dentro de los pólipos o en la superficie de sus membranas, ya que les aportan nitrógeno y eliminan el amoníaco, además de realizar otras funciones beneficiosas. En tierra firme, una planta normal necesitaría un gran número de interacciones externas para lograr esos mismos fines: con los insectos, con los hongos y con otros seres vivos.

Esta es la fórmula que utilizan los arrecifes de coral para poder desarrollarse en unas aguas con escasos nutrientes. Pero es que, en realidad, ese medio pobre en nutrientes resulta vital, ya que limita el crecimiento de algas en la columna de agua, lo que hace que el mar conserve la claridad necesaria para que las zooxantelas alcancen a realizar la fotosíntesis con eficacia. Esta notabilísima relación de intercambio mutuo es lo que ha conseguido transformar una situación que de otro modo se habría convertido en una barrera para el desarrollo de la vida en la base misma de un hábitat extremadamente rico, solo comparable en términos de biodiversidad con una selva tropical en estado virgen.

En sí mismo, el esqueleto de los corales es de una blancura espectral (se parece mucho a la tiza), pero las zooxantelas producen una serie de pigmentos proteínicos que probablemente son los responsables de los magníficos colores que asociamos con los arrecifes de coral. Todavía no sabemos cuál es el motivo de que se generen tantos y tan variados tonos, pero hay estudios que han demostrado que algunos de ellos actúan como una suerte de filtro solar que protege al coral de los rayos ultravioletas, muy perjudiciales para los pólipos.

Los científicos también piensan que las hipnóticas irisaciones fluorescentes de algunos corales podrían tener una función evolutiva, puesto que servirían para filtrar las diferentes longitudes de onda del espectro luminoso —lo que permitiría que las zooxantelas efectuaran con más eficiencia la fotosíntesis—. La fluorescencia se produce mediante la absorción de la luz de una determinada frecuencia, es decir, de un color concreto (generalmente el azul) y su posterior emisión en otra longitud de onda (habitualmente la correspondiente al rojo). Es bien sabido que los tonos azules y rojos de la luz son los más eficaces para realizar la fotosíntesis, y desde luego las zooxantelas necesitan los dos. No obstante, y a pesar de que, debido a su mayor amplitud, las longitudes de onda de la luz azul viajen bien por el agua y sean por tanto muy abundantes en el océano, no ocurre lo mismo con las longitudes de onda de la luz roja, que son más cortas. Dado que las proteínas fluorescentes absorben la luz azul y emiten luz roja, los científicos han llegado a una pasmosa conclusión: ¡que los maravillosos y brillantes matices tornasolados de los corales podrían haber surgido con el fin de facilitar el crecimiento de las zooxantelas!

Los pólipos de coral prosperan en apretujadas formaciones y sus tejidos forman una capa ininterrumpida que cubre la totalidad de la colonia como una segunda piel. Además, con el crecimiento y maduración del asentamiento coralino, los diferentes pólipos se especializan en una función concreta. En las zonas más soleadas del arrecife, los pólipos se encuentran apiñados, pero en las zonas más sombrías puede darse la circunstancia de que un pólipo en particular alcance mayor envergadura, ya que de ese modo dispone de una mayor superficie y puede cubrir sus necesidades fotosintéticas. La colonia comparte y distribuye los nutrientes a fin de que toda ella se desarrolle de manera armónica. Este crecimiento es muy lento: puede que se limite a un solo centímetro al año en los grandes corales lobulados, cuya forma es semejante a una piedra, o que alcance incluso los veinte centímetros en ese mismo lapso de tiempo —como es el caso de los corales arborescentes, cuya silueta recuerda a la de un arbusto—. El primer grupo de larvas de coral de lo que más tarde será un arrecife puede tardar diez mil años en desarrollarse por completo, pero en condiciones idóneas los pólipos iniciales pueden alcanzar dimensiones inmensas. La Gran Barrera de coral australiana es la mayor estructura del planeta, ya que tiene una longitud próxima a los dos mil kilómetros y sus arrecifes cubren una superficie de más de cuarenta mil kilómetros cuadrados.

En nuestro planeta hay unos trescientos cincuenta mil kilómetros cuadrados de arrecifes de coral, poco más o menos. Podría tenerse la impresión de que se trata de una cifra muy grande, pero de hecho apenas cubre el 0,1 % del océano. Esta escasa presencia se debe a las exigentes condiciones que precisa el coral para instalarse en un determinado entorno. Los corales necesitan un equilibrio ideal, y para ello sus colonias han de encontrar aguas poco profundas y muy soleadas en las que la temperatura y el pH sean perfectos. Cualquier cambio que venga a modificar en un plazo de tiempo largo estas condiciones hace imposible su supervivencia.

Los corales crean estructuras tridimensionales extraordinariamente complejas en las que hay una variada gama de recovecos, escondrijos, huecos y grietas de todos los tamaños, lo que es perfecto, ya que los animales, sean grandes o pequeños, encuentran abrigo y refugio en ellos. En un arrecife sano, esto da pie a la asombrosa diversidad de especies que convierte a los arrecifes de coral en lugares fascinantes para la observación, aunque lo más importante, con mucho, es el hecho de que sea justamente la variedad y el número de especies instaladas en las inmediaciones del arrecife lo que lo mantiene saludable.

Uno de los peligros que se ciernen con mayor persistencia sobre los corales proviene de las algas marinas, que pueden crecer sobre sus colonias e impedir que les llegue la luz del Sol, lo que los condena a morir de inanición. Por fortuna, los corales cuentan con buenos aliados: las legiones de peces que se alimentan de plantas (como el barbo, el pez conejo y los peces loro), todos los cuales devoran las algas y mantienen limpio el arrecife. Aun así, no todos los peces son amigos de los corales, dado que algunos, como el pez mariposa, comen coral para obtener nutrientes. Si todo está bien equilibrado, ese estado de cosas nunca llegará a suponer una amenaza para el propio arrecife, ya que existen pequeños peces depredadores, como el mero del coral, que también buscan comida y que, sencillamente, adoran capturar a los peces mariposa. No obstante, si se les presenta la oportunidad, estos mismos meros engullirán también a las especies que se alimentan de algas, y si el número de meros crece por encima de un cierto umbral y se zampan a todos los herbívoros, las algas terminarían por asfixiar a los corales. Esta es la razón de que los arrecifes sanos también alberguen a depredadores de gran tamaño, ya que estos consiguen mantener a raya a los carnívoros de talla inferior.

En los últimos años se ha descubierto que, en un arrecife saludable, la biomasa de depredadores (grandes y pequeños) que puede encontrarse es sorprendentemente elevada, sobre todo si establecemos una correlación entre su número y el de sus presas potenciales. A decir verdad, hay en el globo varios lugares en los que es posible hallar tiburones en cantidades extraordinarias (aunque no es un fenómeno frecuente). Esto se debe a que los peces de rápido crecimiento, procedentes de un montón de arrecifes distintos, confluyen de forma masiva en un determinado punto con el fin de desovar. Sabemos que algunos peces que pasan la mayor parte de su existencia confinados en una misma parcela del océano son capaces de viajar hasta treinta kilómetros para participar en estos encuentros de desove generalizados, y que la abundancia resultante atrae a vastos ejércitos de tiburones y otros depredadores. De hecho, incluso en circunstancias normales es probable que un arrecife infestado de escualos sea un arrecife en buen estado.

En realidad, un arrecife sano y poblado de una amplia variedad de especies resulta tan seductor para las criaturas marinas que logra atraer savia nueva de regiones muy lejanas. Basta con meter la cabeza bajo el agua en un arrecife de coral para escuchar una suerte de crepitar constante, aproximadamente similar al que hace la lluvia al golpear un tejado de zinc. Para el oído humano resulta casi imposible disociar los distintos sonidos que forman ese murmullo de fondo, pero se consigue percibir que en ciertas zonas del arrecife el bisbiseo parece más alto o más intenso que en otras. Los científicos han grabado ese sonido y se las han ingeniado para separar e identificar los elementos que lo integran. Este proceso ha revelado que lo que a nosotros se nos antoja la estática de una radio es en realidad el susurro de una compleja comunidad cuyos componentes se afanan en sus tareas cotidianas, enviándose mensajes unos a otros: se oyen, entre otras cosas, los chasquidos de las quisquillas (que se comunican lanzando burbujas de aire), el cotorreo y resoplido de los peces y toda clase de silbidos y cuchicheos. ¡Se me ocurre que, en hora punta, Nueva York podría presentar resonancias parecidas a los seres de una civilización alienígena que escuchara la ciudad desde algún lejano confín del espacio! Estos sonidos difieren tanto unos de otros, y son tan característicos, que gracias a ellos los investigadores han conseguido distinguir los arrecifes de las diferentes regiones del globo —y detectar también los que están sanos, cuyos ecos no se parecen en nada a los degradados—. Sea como sea, quizá lo más importante de sus indagaciones es que este procedimiento les ha permitido averiguar que, en su etapa de alevines, los peces de los arrecifes de coral se valen de estos sonidos para orientarse y encontrar la ruta a una colonia de corales saludable en la que poder asentarse.

En las primeras fases de su existencia, muchos de los peces de arrecife llevan una vida similar a la del plancton, ya que vagan a la deriva por las cuencas oceánicas. Al alcanzar una determinada talla, comienzan a buscar un arrecife con el fin de instalarse en él. La serie de huesos que tienen en el cráneo —los «otolitos»— se mueven o vibran al recibir el estímulo de las ondas sonoras, lo que les permite oír. De este modo, los peces jóvenes se dejan atraer por la firma sonora que identifica a los arrecifes sanos y llenos de vida. Por consiguiente, un arrecife saludable y diverso posee la curiosa capacidad de encandilar a nuevas poblaciones, tanto de peces como de otras especies, y eso mismo hace que se mantenga en buenas condiciones. En cambio, un arrecife deteriorado o afectado por la sobrepesca no resultará atractivo para las especies marinas de su entorno que vayan en busca de cobijo, y de esa forma puede instaurarse un círculo vicioso que agrave el declive. Con la intención de contrarrestar esa espiral negativa, los científicos están experimentando una técnica consistente en emitir bajo el agua sonidos grabados, con el fin de atraer a los peces a los arrecifes deteriorados y contribuir así a su recuperación.

Hace unos doscientos millones de años que la Tierra alberga corales, aunque la deriva de los continentes, las fluctuaciones climáticas y el impacto de las extinciones masivas hayan hecho variar tanto los puntos en que se han asentado como el volumen de sus poblaciones. En la actualidad, pueden encontrarse restos fosilizados de coral en los prados de alta montaña de Inglaterra (por ejemplo, en la región de los Lagos, en Cumbria, que hoy en día no es precisamente un lugar de temperaturas tropicales), en la sierra de Santa Cruz, en Polonia, que actualmente se eleva a quinientos kilómetros de la costa más cercana, poco más o menos, e incluso en las Spring Mountains, a las afueras de Las Vegas. Sin embargo, en los últimos doce mil años los arrecifes de coral han florecido, en la mayor parte de los casos, entre los trópicos de Cáncer y Capricornio, y ello se debe a un cambio que transformó por completo el planeta.

Al término del Pleistoceno (un período geológico de unos dos millones de años, particularmente marcado por las enormes fluctuaciones del clima) sucedió algo realmente notable. Hace unos doce mil años, la Tierra se asentó y entró en una fase templada, fiable y predecible, conocida como «Holoceno». Con los dos casquetes polares cubiertos de hielo, estaciones regulares en las zonas templadas y temperaturas medias cálidas en los trópicos, se produjo una situación de equilibrio perfectamente apta para el florecimiento tanto del mundo natural como de la humanidad. Y en las cálidas y soleadas aguas de los trópicos los corales prosperaron hasta formar vastos arrecifes rebosantes de vida marina.

En nuestros días, sin embargo, la situación de esas mismas aguas está cambiando de nuevo. Hemos dejado atrás el período de seguridad y estabilidad del Holoceno (presidido por las únicas condiciones climáticas que ha conocido nuestra civilización), para entrar en el inexplorado y fluctuante ámbito del Antropoceno, es decir, la era marcada por la acción del *Homo sapiens*: un período en el que las repercusiones que nuestras actividades están teniendo en el planeta han pasado a ser la fuerza dominante. El equili-

En la imagen puede verse uno de los otolitos, o huesecillos del oído interno, del pez sapo del Atlántico. Estos otolitos no solo vibran al recibir un estímulo sonoro, también permiten que el animal perciba los efectos de la gravedad, el movimiento y la dirección.

brio que precisan los corales para edificar su maravilloso mundo ha dejado de existir, ya que no solo se tambalea, sino que, en ocasiones, experimenta vuelcos que lo hacen pasar de un extremo a otro. Muchas de las especies que viven en los arrecifes de coral son tan sensibles a las oscilaciones del entorno que, en su caso, un único impacto grave puede desencadenar una transformación extremadamente volátil, capaz de afectar al ecosistema en su conjunto.

El océano desempeña un papel vital en la moderación del clima global. Actúa un poco a la manera de una esponja gigantesca, capaz de absorber el dióxido de carbono (CO_2) y el exceso de calor. Se estima que entre 1800 y 1994 el océano absorbió la pasmosa cantidad de ciento dieciocho billones de kilos de CO_2 antropogénico, y que entre 1994 y 2007 la tercera parte de nuestras emisiones de CO_2 fueron absorbidas por las cuencas oceánicas del planeta. Pese a que esta circunstancia nos haya evitado, al menos por el momento, el completo descontrol del calentamiento global, lo cierto es que está teniendo graves consecuencias para la vida marina. El océano ha absorbido hasta tal punto nuestro exceso de CO_2 que su pH está cayendo, lo que significa que se está acidificando. Esta variación dificulta el crecimiento del coral, dado que la disminución del pH no solo puede llegar a disolver los esqueletos desprotegidos, también vuelve más quebradizo el coral consolidado. Además, el incremento de la acidez del agua del mar debilita la estructura del arrecife coralino en su conjunto, ya que en su composición predomina la caliza (es decir, el carbonato cálcico de los esqueletos de los corales muertos) y esta puede disolverse, lo que a su vez degrada todavía más el medio y termina convirtiéndose en una amenaza para el sustrato mismo del arrecife.

Y por si esto fuera poco, también podría suceder que el aumento de la acidez del océano distorsionara la técnica de atracción natural del arrecife, dado que sus sonidos quedarían modificados. Las conchas de los caracoles marinos (o caracolas), los crustáceos y las almejas pierden consistencia a causa del bajo pH, lo que disminuye sus poblaciones. Al menguar el chasquido de las conchas y el rechinar de los camarones el arrecife se vuelve más silencioso, por lo que los peces no consiguen oír bien los disminuidos murmullos de este particular ecosistema y apenas pueden localizar la existencia de un arrecife viable en el que establecerse, de modo que los alevines flotan sin rumbo en alta mar y tienen muchas más probabilidades de acabar en las fauces de un depredador. Al margen de la desgarradora imagen de Nemo y otras formas juveniles de peces obligados a vagar a la deriva en busca de un hogar, esta situación crea un bucle de retroalimentación negativa que puede resultar significativamente perjudicial para los arrecifes de coral, por la simple razón de que la siguiente generación de peces podría no llegar a repoblarlos nunca al no conseguir desovar y traer al mundo a sus futuros sucesores, lo que a su vez incrementaría la afonía de los arrecifes.

Ya está produciéndose, de hecho, un resultado similar por una vía diferente: la pesca. En muchos sentidos, los seres humanos somos animales de costumbres, y esto incluye la elección del pescado que consumimos. Entre las especies de arrecife en las que suelen centrar su atención los barcos de pesca se encuentran los grandes peces predadores, como el mero y el jurel, que desempeñan un papel importante en el mantenimiento del equilibrio del ecosistema en general. Si se eliminan demasiados ejemplares de una misma especie se generan importantes efectos secundarios, sobre todo en un entorno como el del arrecife de coral, tan marcadamente dependiente de la interrelación de sus distintos integrantes. Se han registrado casos de este tipo de impactos en todo el mundo. En los últimos años se ha descubierto, por ejemplo, que los arrecifes de coral del Caribe que han sido objeto de mayores presiones pesqueras padecen igualmente el fuerte crecimiento de las algas marinas, dado que se ha provocado la desaparición de los peces herbívoros. En Kenia, los pescadores han centrado su acción durante mucho tiempo en los peces ballesta y esto ha dado pie al crecimiento explosivo de la población de sus presas naturales, los erizos de mar. Los arrecifes en los que se pesca con intensidad también sufren daños debidos a los aparejos, ya que estos golpean los corales o se enredan en ellos. El tejido que recubre los pólipos es muy fino y el esqueleto subyacente extremadamente frágil, así que resulta muy fácil deteriorarlos. Además, las heridas se infectan enseguida, lo que debilita la colonia, llegando incluso a devastarla por completo.

A pesar de todo, aunque las repercusiones negativas de la pesca sean muy acusadas, lo cierto es que existen una serie de soluciones tan simples como rápidas. Los países tienen la potestad de prohibir de forma muy sencilla e inmediata los métodos de pesca más destructivos —como la colocación indiscriminada de nasas o el uso de dinamita y veneno para pescar en sus aguas—, y al mismo tiempo también pueden dar licencias solo para los métodos más inocuos. En esta misma línea de actuación, también están en disposición de crear áreas protegidas en los alrededores de los hábitats más productivos o sensibles. Con ello, los pescadores furtivos sin duda verán mermada su actividad, y en cambio las comunidades pesqueras de pequeñas dimensiones capturarán un mayor número de peces, ya que dispondrán de mares más saludables (eso por no mencionar el hecho de que los arrecifes protegidos tienen la capacidad potencial de atraer lucrativas iniciativas turísticas). Cuando las islas de Palaos, en pleno Pacífico, optaron por introducir unos estrictos controles de pesca en los arrecifes costeros y más tarde en gran parte de sus aguas litorales de mayor calado, los pescadores locales vieron aumentar sus capturas a medida que las poblaciones piscícolas se recuperaban, y al correrse la voz de la increíble recuperación del mundo submarino creció el número de turistas aficionados al buceo, tanto a pulmón libre como con botellas de oxígeno, lo que a su vez generó un buen número de empleos y llenó de clientes los hoteles y los restaurantes.

Sea como sea, la tarea de contrarrestar o revertir el blanqueamiento de los corales no tiene nada de sencilla.

El blanqueamiento de los corales se produce cuando los pólipos coralinos sufren estrés debido a la aparición de cambios en las condiciones de su medio (ya sea en cuanto a la temperatura, la contaminación, el pH o la salinidad). Hasta donde sabemos, el blanqueamiento del coral ha sido siempre un suceso ocasional. La irrupción de períodos cálidos en una determinada zona o las fluctuaciones naturales debidas al ciclo de El Niño o La Niña aumentan o disminuyen la temperatura del agua durante un corto período de tiempo en las inmediaciones de un arrecife o un sistema de arrecifes. Esto representa una amenaza para los corales, dado que el margen de variación de temperatura que pueden tolerar es relativamente reducido. Si se superan los límites de la variación térmica que el coral es capaz de soportar, el proceso fotosintético comienza a fallar y las zooxantelas pueden empezar a producir sustancias dañinas para los pólipos. En esos casos, el coral reacciona y expulsa a las zooxantelas. Esto se aprecia con facilidad, dado que, sin las zooxantelas, el tejido del pólipo recupera su aspecto translúcido, lo que vuelve visible el blanco esqueleto subyacente: por eso decimos que se ha «blanqueado» o «decolorado». Si la temperatura se estabiliza rápidamente y vuelve a caer dentro del rango normal, las zooxantelas regresan al coral y el arrecife recupera su régimen de alimentación normal. Sin embargo, cuando la temperatura se mantiene por encima de los niveles adecuados durante más tiempo del que puede afrontar el coral —algo que ahora es mucho más probable debido al cambio climático—, los pólipos mueren de hambre. Esa situación no tiene vuelta atrás, así que el fin del coral será inevitable.

Pese a que se han registrado algunos casos de blanqueamiento debidos a la contaminación o a mareas extremadamente bajas —que dejan al coral expuesto a la luz solar y al calor—, lo cierto es que la causa más importante de esos episodios de decoloración es el impacto de unas olas de calor marinas excesivamente prolongadas. Esos incrementos de la temperatura del agua pueden prolongarse por espacio de semanas y hasta meses, y llegan a calentar incluso zonas oceánicas situadas a varios cientos de metros de profundidad. El cambio climático ha hecho que estas olas de calor marinas sean cada vez más acusadas y frecuentes.

En los últimos años, hemos oído muchas veces que el futuro de los arrecifes de coral es muy sombrío, y desde luego hay serios motivos de preocupación. El episodio de blanqueamiento global del año 1998, que eliminó el 8% de los corales del planeta, se ha estudiado a conciencia, y aunque los resultados de esas investigaciones hayan arrojado muchas advertencias, hay también margen para algunas esperanzas. En las Seychelles se perdió alrededor del 90% del coral duro. En esta zona, la recuperación se ha analizado minuciosamente, y los científicos han logrado descubrir que la restauración del coral se ralentizó cuando las algas empezaron a invadir el arrecife. En todos aquellos puntos en que el problema radicaba en la sobrepesca de especies herbívoras, la reactivación de los arrecifes dañados topó con muchas dificultades. En muchas zonas, sin embargo, los corales consiguieron recobrarse enseguida, dando muestras de una gran energía, con lo que en 2010 —según las estimaciones— la cobertura coralina global, ya regenerada, había vuelto a alcanzar los niveles que tenía antes de 1998. Aun así, no hay que olvidar que esa recuperación tardó más de una década en materializarse, y dado que los casos de blanqueamiento se producen con frecuencia creciente, se da muchas veces la circunstancia de que la recuperación de una región afectada no alcanza a completarse antes de que surja un nuevo desastre. Desde el año 2011 se ha venido constatando que los corales retroceden de forma constante y que la cobertura de algas está experimentando un aumento sin precedentes, directamente proporcional al incesante proceso de calentamiento en que se halla inmerso el planeta.

Se han producido episodios de blanqueamiento global en 1998 y 2010, así como en el período que va de 2014 a 2017. Y en 2024 (momento en el que escribo estas líneas) los arrecifes de coral de todo el mundo se hallan nuevamente sometidos al trance de la decoloración. Si la atmósfera sigue teniendo que absorber al ritmo actual nuestras emisiones de gases de efecto invernadero, serán muy pocos los arrecifes de coral que consigan sobrevivir. No obstante, aunque lográramos reducir con rapidez nuestras emisiones, la triste verdad es que el calentamiento y la acidificación generados hasta ahora son ya inevitables, puesto que han quedado acoplados al sistema climático del planeta. Y esa es una situación que va a tener graves consecuencias para los arrecifes de coral.

Sin embargo, hay signos de que al menos podemos minimizar los daños.

El Triángulo de coral, que es la región que cuenta con los arrecifes más diversos del mundo, nos proporciona una pista de los pasos que deberíamos dar para conseguirlo. Situada entre Indonesia, Malasia, Filipinas, Papúa Nueva Guinea, Timor Oriental y las Islas Salomón, esta área del Pacífico Occidental cubre seis millones de kilómetros cuadrados. En ella vive el 76% de las especies de coral del mundo, lo que no deja de resultar asombroso, y los científicos han constatado que en sus aguas nadan más de dos mil especies de peces de arrecife. Por otra parte, en el Triángulo de coral hay más de ciento cuarenta millones de personas que dependen del pescado y los mariscos (tanto por ser esa su forma de ganarse la vida como por encontrar en el pescado su principal fuente de proteínas). Los científicos han descubierto que en las últimas décadas se ha producido en esta zona un aumento de la superficie de coral duro, y en paralelo, una menor profusión de algas. Se cree que la densidad y la diversidad que presenta el coral en esta región contribuye a reforzar su resistencia a los picos de temperatura.

Podemos deducir, por tanto, que cuando un arrecife tiene un ecosistema sano y una buena población de peces las probabilidades de que sobreviva a uno o más episodios de decoloración aumentan de manera muy significativa.

En pleno Océano Pacífico puede verse un ejemplo increíble de lo que acabo de señalar. En 2009, la expedición «Pristine Seas», de la National Geographic, descubrió algunos de los arrecifes más impresionantes que existen en los alrededores de las remotas Espóradas Ecuatoriales, un pequeño archipiélago formado por islas deshabitadas. Sus hallazgos contribuyeron a garantizar la protección de los arrecifes mediante el establecimiento de una especie de coto vedado que permitió impedir toda actividad pesquera. Más tarde, durante El Niño de 2016, el desastre pareció abatirse sobre la región. Las Espóradas Ecuatoriales sufrieron el peor episodio de blanqueamiento jamás registrado y se perdió más de la mitad del coral. Los científicos quedaron a la expectativa, convencidos de que los demás arrecifes iban a tener, en todo el mundo, el mismo destino, y que terminarían por desaparecer. Pero entonces sucedió algo asombroso. Los corales volvieron a cobrar vida, en algunos lugares ganaron incluso densidad y se volvieron más espectaculares que antes. ¿La razón? Los peces. Sin ellos, las algas cubren rápidamente los blancos esqueletos del coral y el arrecife entero se tambalea. Sin embargo, gracias a la estricta protección de las Espóradas Ecuatoriales, los peces herbívoros sobrevivieron en enormes cantidades y devoraron las algas, permitiendo con ello la restauración del coral.

La lucha contra el cambio climático es un problema global, pero requiere un liderazgo doble, es decir, simultáneamente nacional y local. Sea como fuere, las medidas capaces de conceder a los arrecifes el tiempo suficiente para reaccionar, ayudándolos a sobrevivir al calentamiento global y la acidificación de los océanos, hoy ya inevitables, han de adoptarse a nivel local. Ofrecer protección a un arrecife, evitándole tanto los perjuicios de la sobrepesca como los de la contaminación, entra dentro de las competencias de las comunidades y los gobiernos locales. De hecho, siempre que esas dos fuentes de autoridad, la nacional y la local, han adoptado disposiciones confluyentes, los arrecifes revelan estar más sanos, las comunidades de pescadores que faenan a pequeña escala en-

cuentran más nutridos los caladeros, y lo que es todavía más importante, aumentan las probabilidades de que esos beneficios se proyecten al futuro.

Cabo Pulmo, Baja California, México

Si uno observa un conjunto de imágenes de Cabo Pulmo tomadas desde un dron situado a unos doscientos metros del suelo entenderá sin esfuerzo los motivos de que sea un lugar tan especial. Desde esa altura, y con una lente decente, pueden distinguirse con claridad las líneas que marcan la convergencia de cuatro particulares reinos y los espacios de transición por los que se pasa de unos a otros. Por el este, las escarpadas colinas y sus peñas cubiertas de maleza dibujan una mancha de resecos tonos beige en los que se intercala el color caqui de un puñado de parches de vegetación, todos ellos ceñidos al valle y a los barrancos en los que el agua fluye periódicamente, dejando pozas de breve duración. Una delgada franja de arena refleja la luz del Sol, invadida cada pocos segundos por la espuma blanca de las olas. Inmediatamente después de esas guirnaldas que pinta el oleaje, se encuentra una laguna en cuyas aguas poco profundas vibran intensos matices verdeazulados. Pero hay que alejarse algo más de la costa para poder avistar la auténtica maravilla de Cabo Pulmo. Las crestas montañosas que corren de norte a sur separan la resplandeciente e invitadora laguna del oscuro mar abierto. Estos plegamientos de granito son los que proporcionan al coral el fondo duro que precisa para crecer.

Al caldearse el mundo tras la última glaciación, el hielo se derritió y retrocedió. Con ello, el nivel del mar aumentó, inundando las plataformas continentales. En las latitudes ecuatoriales, esta situación creó unas condiciones propicias para la aparición de mares cálidos y poco profundos: espacios perfectos para el establecimiento y la prosperidad de las colonias de coral. Cabo Pulmo se encuentra justo en el límite de esas latitudes. En el extremo meridional de la Baja California mexicana, cerca de la boca por la que el golfo de California permite penetrar en el mar de Cortés, el calor aprieta todavía lo suficiente para que medren los corales, y basta con avanzar un tanto en dirección norte para verlos desaparecer. Es un puesto avanzado tan infrecuente como inestimable.

Pese a que desde el aire pueda comprenderse por qué esta zona resulta tan interesante desde el punto de vista geográfico, es necesario sumergirse bajo las olas para entender las razones que determinan que este brazo de mar, relativamente pequeño pero integrado en una comunidad de dimensiones muy superiores, tenga algo increíble que contarnos. Lo primero que le llama a uno la atención es la diversidad y la densidad de los corales. La roca local se ramifica sobre el lecho marino y penetra como una especie de mano gigantesca en regiones dominadas por aguas cada vez más profundas, y eso es justamente lo que permite el surgimiento de un hábitat que se revela de lo más variado y que resulta muy favorable para las diferentes especies que se acogen a él.

Los colores, la complejidad y la magnífica belleza de este mundo submarino logra que muchos visitantes den por supuesto que se trata de un arrecife que siempre ha permanecido virgen e intacto. Las colonias de coral de la zona se cuentan entre las más densas del golfo de California, lo que contribuye a atraer a otras especies marinas y a múltiples y abundantes formas de vida. Los bancos de jureles de la región son tan grandes que se sabe que los vórtices que forman al nadar han engullido a más de un buceador. En estas aguas es frecuente observar la presencia de tiburones toro, ballenas jorobadas, mantarrayas, tortugas y leones marinos, y la enorme variedad de aves que se ven atraídas por esta abundancia convierten a este golfo en un paraíso de la ornitología. John Steinbeck, que visitó el mar de Cortés en la década de 1940, lo definió como un espacio que «palpitaba de vida», y es fácil comprender por qué.

Lo cierto, sin embargo, es que Cabo Pulmo no es un ámbito verdaderamente prístino. En la década de 1980, su pulso vaciló y acabó por debilitarse. Un puñado de especies, simple residuo de la otrora dinámica comunidad del arrecife, se aferraron obstinadamente al lugar, pero los grandes nómadas del océano (los tiburones, las rayas, las tortugas y las ballenas) llevaban mucho tiempo sin pasarse por allí. Cabo Pulmo se había sumado a la larga lista de lugares eliminados de las rutas de viaje de los errabundos gigantes del océano.

El pescador local Juan Castro no creía realmente que pudiera hacer que los tiburones o las ballenas regresaran, pero sí que abrigaba al menos la esperanza de poder hacer revivir su comunidad. La captura de peces se había desplomado. Tanto las décadas de pesca excesiva como el destrozo infligido a los arrecifes por las anclas y las redes lastradas de los barcos habían terminado por desequilibrar el intrincado ecosistema, alejándolo de una posible recuperación. El volumen de las poblaciones de peces descendió por debajo de los niveles críticos y la gente no veía la forma de solucionar las cosas.

Sería fácil darse por vencido, tal como había sucedido en otros muchos lugares, o incrementar incluso la brutalidad de los métodos de pesca con el solo fin de capturar los pocos peces que todavía permanecieran en la zona. Pero Juan Castro recordaba muy bien los fértiles mares de su infancia, los tiburones que seguían a los pesqueros cuando faenaba con su padre y la orgullosa comunidad que prosperaba en esta hermosa región. Castro creía en el poder de regeneración del mar y en la determinación de sus vecinos. Los trabajos que tuvo ocasión de realizar en compañía de un catedrático de oceanografía de la región le confirmaron que lo que él había comprendido de forma instintiva tras toda una vida de labores marineras contaba también con el respaldo de la ciencia: si se le concedía el tiempo y la protección suficientes, el arrecife del que dependía su comunidad conseguiría recuperarse y volver a la vida.

El primer paso fue estudiar el arrecife. Así pudieron identificar las zonas en las que todavía quedaban unas cuantas colonias de corales sanos y pequeños bancos de peces. Después organizaron campañas y solicitaron al gobierno que diera a los arrecifes la condición de «área marina protegida». Aunque eso mantendría alejados a los barcos pesqueros de otros países, la medida, por sí sola, no iba a ser suficiente. Los estudios del catedrático indicaban que la restauración del arrecife exigía declarar totalmente prohibida la pesca en sus inmediaciones. Para una comunidad mayoritariamente integrada por familias de pescadores, una petición como esa implicaba un cambio de vida drástico. Juan convenció a sus vecinos de que el esfuerzo tendría su recompensa, y finalmente, corriendo el año 1995, vieron la luz el coto de pesca de Cabo Pulmo y su correspondiente área protegida.

La alegría duró poco. Ahora tocaba superar la parte más difícil. Al renunciar a sus derechos de pesca, la comunidad vio desaparecer de la noche a la mañana su principal fuente de alimento e ingresos. No resulta fácil hacerse una idea de lo que debieron de sentir las gentes de una comunidad que llevaba generaciones viviendo de la pesca y se veía ahora abocada a vivir junto a un mar en el que ya no podía pescar, sobre todo viendo que su sustento dependía de los vales de comida del gobierno. Tanto Juan Castro como otros defensores del área protegida debieron de sufrir a diario la presión y la responsabilidad que se habían echado sobre los hombros en su búsqueda de resultados. La paciencia que mostraron todos los habitantes de Cabo Pulmo al mantenerse firmes y resistir la tentación de hacerse a la mar en esos primeros años, hasta que se hicieron visibles los primeros signos de recuperación, es verdaderamente notable. Tenían que observar desde la orilla cómo iban creciendo las poblaciones de aves marinas, que se zambullían día tras día para capturar a los peces que a ellos les estaban vedados. Aun así, siguieron esperando, mientras los biólogos marinos continuaban estudiando las aguas.

Transcurrieron diez largos años.

Y comenzó a notarse una cierta agitación. Se había alcanzado un punto de inflexión positivo. La biodiversidad había engendrado más biodiversidad, los mares, ahora fecundos, atrajeron un mayor número de especies, y los corales sanos prosperaron, se multiplicaron y ofrecieron refugio a los recién llegados. Empezaron a avistarse tiburones y regresaron las ballenas...

A Juan y a sus vecinos de Cabo Pulmo aquella década se les hizo eterna, pero a los ojos de los científicos la transformación se produjo en un lapso de tiempo sorprendente y maravillosamente rápido. La magnitud que había alcanzado la regeneración en un espacio de tiempo tan corto era motivo de esperanza. Son muy pocos los hábitats terrestres capaces de reactivarse a esa velocidad. Si se dejara una década en barbecho un campo de cultivo, se verían cambios, pero nada comparable a lo que aquí se había constatado. Como es obvio, el ritmo de recuperación mostrará variaciones en las diferentes partes del mundo, pero, pongamos un ejemplo: si se deja que uno de los campos agrícolas que tanto caracterizan las llanuras de la Europa occidental evolucione de manera natural, es posible que las zarzas y las ortigas se instalen con rapidez en esos terrenos previamente alterados por la labranza, y también existe la posibilidad de que las bellotas, largo tiempo aletargadas en el suelo, empiecen a brotar y hagan retoñar al roble. Asimismo, también es probable que prosperen los matorrales espinosos, fruto de la actividad de los animales que acostumbran a comer bayas, como los zorzales, que se alimentan en campo abierto. Si hubiera un bosque en las cercanías, quizá comiencen a aparecer igualmente algunas de las especies cuya propagación depende del viento, como el fresno. No hay duda de que en una década asistiríamos a un aumento de la biodiversidad, especialmente entre las aves, los insectos y los pequeños mamíferos. La captura de carbono y la calidad del suelo mejorarían, pero, incluso en unas tierras agrícolas abandonadas y próximas a un bosque de antigua raigambre, tendrían que pasar varias décadas para que viéramos resurgir un hábitat remotamente similar al del bosque original, con todas las especies que sustenta. En Cabo Pulmo, sin embargo, el ecosistema oceánico se recuperó en todos sus niveles, desde los más pequeños peces de arrecife hasta los mayores depredadores, y esta diferencia se debe tanto a la capacidad de regeneración del océano como a las características de las especies que han evolucionado en la zona.

Es fácil suponer que el funcionamiento de un arrecife de coral es muy similar al de un hábitat terrestre. De hecho, es frecuente denominarlos «bosques tropicales marinos» debido a su biodiversidad, aunque existen diferencias cruciales, sobre todo si comparamos los roles respectivos de mamíferos y peces. Pese a que haya muchos mamíferos y aves capaces de seguir teniendo descendencia hasta edades avanzadas (los seres humanos somos, en este sentido, una rara excepción), el factor decisivo es que el número de crías que tienen al entrar en la madurez y la senectud no es superior al de su etapa juvenil: mantener estable la capacidad de procreación es un resultado excelente para la mayoría de las especies. En el caso de los peces, en cambio, es frecuente constatar que los ejemplares más viejos y de mayor tamaño poseen un volumen de huevas significativamente superior al de sus congéneres más jóvenes y de dimensiones menores. Una lógica surgida en la noche de los tiempos sugiere que lo más sensato es devolver al mar los peces jóvenes que se capturan, a fin de que puedan reproducirse, conservando por el contrario los más viejos para alimentarse. Desde luego, esta práctica tiene cierto sentido, ya que, como es obvio, nadie quiere acabar con la población joven que todavía no ha tenido tiempo de procrear, pero se trata de un sistema que pasa por alto las recrecidas facultades reproductivas de los peces plenamente desarrollados. Esto explica que, tras diez años de protección, Cabo Pulmo dispusiera de una legión de peces adecuadamente envejecida, y capaz por ello de repoblar las aguas a un ritmo cada vez más rápido.

Los biólogos marinos rara vez habían sido testigos de una recuperación semejante. Los estudios que efectuaron en Cabo Pulmo les permitieron comprobar que la población piscícola había aumentado más de un 400 % en el interior del área acotada de Cabo Pulmo, en la que estaba prohibido pescar. No obstante, también observaron que esa próspera comunidad de peces había comenzado a extenderse más allá de la zona protegida, repoblando así otros arrecifes. Esta es otra de las diferencias notables que distinguen los comportamientos de la fauna y la flora de tierra de sus equivalentes marinos. En el mar no hay vallas, carreteras ni pueblos. Por consiguiente, en cuanto una región protegida cuenta con poblaciones saludables de peces, suele constatarse que algunos de esos ejemplares se desplazan de forma gradual y rebasan los límites de la reserva. Este fenómeno, al que podríamos llamar un «efecto indirecto o de propagación», es una de las razones capitales que determinan que los cotos vedados tengan la capacidad de permitir —siempre que se les conceda el tiempo suficiente— que las sociedades pesqueras alcancen a capturar más peces en las aguas circundantes de los que atrapaban antes de que se adoptaran las medidas de protección.

El volumen de peces fue una sólida prueba de que, en efecto, se estaba produciendo una recuperación, pero, para el futuro de Cabo Pulmo, la belleza del lugar y su biodiversidad también eran factores de peso. Los florecientes jardines de coral, la presencia de invertebrados tan curiosos como raros, la colonia de leones marinos residentes, las enormes bandadas de aves, y el atractivo estelar de las ballenas, los delfines, las tortugas y los tiburones convirtieron los parajes en un destino de ensueño para los amantes del turismo ecológico. Esto supuso un avance crucial. La reserva marina de Cabo Pulmo tuvo tanto éxito que fue declarada incluso parque nacional. Esto excluyó de forma permanente a los barcos pesqueros de países extranjeros, pero permitió que los lugareños volvieran a echar las redes. El futuro del lugar quedó enteramente en manos de la población local.

La pesca volvió a ser un negocio rentable. Se podían capturar muchos más peces y en menos tiempo, así que se utilizaba menos combustible que antes de la instauración de la zona marina protegida. Pero la comunidad de Cabo Pulmo no quería depender únicamente de la pesca. Se abrieron tiendas de buceo, casas de huéspedes y restaurantes, y todo ello, unido a la aparición de negocios dedicados a ofrecer guías turísticos a los viajeros que desearan compartir con los lugareños las maravillas de los arrecifes, hizo que los habitantes de la zona pudieran seguir siendo un orgulloso pueblo de pescadores, aunque sin correr el riesgo de incurrir de nuevo en una pesca excesiva.

La visión de futuro de Juan Castro y la lúcida determinación de la comunidad han salvado tanto al pueblo como al arrecife, y al mismo tiempo han conseguido mostrar al mundo un modelo con el que poner en marcha unos métodos de pesca mejores que además permiten conservar y gestionar los mares. Sin embargo, es posible que hayan conseguido todavía mucho más: puede que hasta nos hayan dado tiempo a todos. Cabo Pulmo está justo al borde de la latitud a la que logra crecer el coral del Pacífico Oriental. Cualquier punto situado más al norte es simplemente demasiado frío (al menos por ahora). No obstante, dado que las olas de calor marinas provocadas por el cambio climático hacen que los arrecifes del planeta se decoloren, parece claro que habrán de ser precisamente los corales situados en los límites exteriores de su zona de viabilidad térmica los que alcancen a sobrevivir más tiempo. Hoy tenemos la certeza de que el calentamiento global acabará superando muy probablemente la barrera de los 1,5 °C, pero si actuamos con la suficiente rapidez, todavía existe la posibilidad de estabilizar las temperaturas antes de que queden fuera de control. De ser así, lugares como Cabo Pulmo podrían convertirse en un refugio genético de valor incalculable, capaz de permitir que los arrecifes de coral de todo nuestro planeta lograran recuperarse con el tiempo.

El milagro de Cabo Pulmo ha transformado nuestra comprensión de los arrecifes de coral, ya que esta experiencia ha demostrado que el simple hecho de dejar que una región del océano siga su curso natural basta para que este revele tanto su capacidad de regenerar y repoblar los mares circundantes, como su aptitud para contrarrestar los efectos de unas circunstancias adversas de resolución aparentemente imposible.

Pero no debemos caer en la autocomplacencia. Si el proceso del calentamiento global persiste, al final superará los mecanismos de defensa de todos los arrecifes, excepto los mejor ubicados. No obstante, al tomar decisiones valientes e inteligentes respecto a la práctica de la pesca marítima, conseguiremos ganar un poco más de tiempo, lo que a su vez hará más fácil que sigamos adoptando medidas audaces y lúcidas para abordar este vuelco meteorológico. Y, por supuesto, al hacerlo se abrirá ante nosotros la posibilidad de modificar los mares de coral y la forma en que se ganan la vida quienes viven en sus inmediaciones. Ese es, quizá, el mayor beneficio que podemos obtener hoy todos los seres humanos del planeta, y debemos hacer cuanto esté en nuestras manos para permitir un mundo lleno de ejemplos como el de Cabo Pulmo.

2

Las regiones abisales

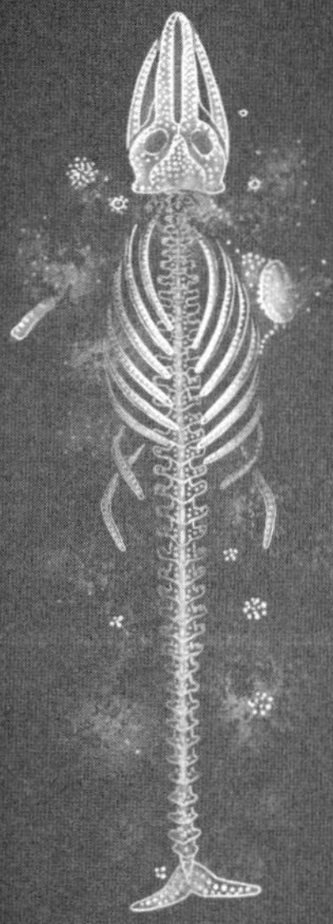

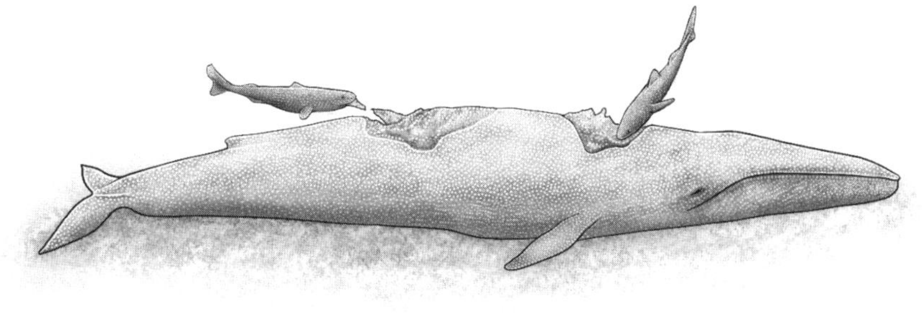

El submarino, Australia

El Leviatán, El Kraken, Poseidón... Los abismos oceánicos vienen incendiando nuestra imaginación desde la noche de los tiempos: su poder de seducción es equiparable al del espacio, hacia el que siempre hemos elevado la vista. Tal vez haya algo en la condición humana que nos obligue a inventar mitos y relatos con el fin de hallar sentido a los lugares cuyas claves no hemos logrado descifrar, y que el método científico todavía no ha alcanzado a explicar. La propia palabra «abismo» proviene de un término latino que significa «pozo sin fondo». Pero hay una diferencia fundamental: en una noche clara, prácticamente todos podemos distinguir las estrellas o inspeccionar los paisajes de la cara iluminada de la Luna con un rudimentario telescopio; las profundidades del océano, en cambio, han permanecido ocultas bajo el manto de lo incognoscible desde los albores de la humanidad.

Recuerdo que, siendo todavía un muchacho, leí con entusiasmo las intrépidas aventuras del naturalista estadounidense William Beebe, que descendió a ese mundo totalmente inexplorado en el interior de una esfera de acero a la que se dio el nombre de «batisfera». La había diseñado él mismo en colaboración con un ingeniero llamado Otis Barton, y ambos llevaron a cabo sus experimentos frente a la costa de una isla bautizada con el delicioso nombre de Nonsuch,* cerca de las Bermudas. Gracias a su artilugio, fueron aumentando progresivamente la profundidad de sus inmersiones, hasta establecer al fin un récord en los 922 metros. Yo solía imaginarme lo que debía de sentir uno al verse metido en una estructura tan minúscula, sometida además a la inmensa presión del océano circundante. Las crónicas de Beebe, en las que habla de sus fugaces encuentros con las extrañas formas de vida de las regiones abisales (meros vislumbres, en realidad), me producían una tremenda emoción, y yo me preguntaba si alguna vez podría llegar a fotografiar alguna de aquellas criaturas.

Pese a los enormes avances tecnológicos logrados desde entonces, lo cierto es que, actualmente, el metraje rodado en las profundidades sigue siendo muy escaso. De hecho, solo unos pocos afortunados han conseguido ver en carne y hueso las formas de vida que existen más allá de la zona iluminada por el Sol. Debo decir, no obstante, que a mis ochenta y ocho años tuve por fin la oportunidad de sumarme a esa lista de privilegiados. En 2014 me hallaba realizando un programa para la BBC sobre la Gran Barrera de coral australiana. Unos sesenta años antes, había filmado por primera vez en esa zona con un equipo de buceo sumamente básico, y ahora se me ofrecía la ocasión de repetir la experiencia, pero ya con la tecnología moderna más avanzada. En esa segunda inmersión teníamos tres objetivos: revelar el funcionamiento de la vida del arrecife; señalar las amenazas que se ciernen sobre él, y comentar algunos de los descubrimientos más emocionantes que han desvelado las investigaciones de los últimos años. En particular, una de las secuencias que esperábamos captar debía permitirme materializar todos esos objetivos de un golpe, aunque para ello era necesario descender a trescientos metros de profundidad con un submarino, lo que en ese momento iba a constituir la mayor inmersión jamás registrada por un vehículo de este tipo en la Gran Barrera de coral.

Nuestro barco de última generación, el *Alucia*, era un navío construido con el específico fin de efectuar investigaciones científi-

* El topónimo se escribía originalmente como Nonesuch, literalmente «Incomparable» o «Sin igual». *(N. del T.)*

cas, y transportaba un submarino Triton, junto con un piloto experimentado en su manejo. El aparato tenía una cúpula de plexiglás que no solo era capaz de resistir presiones sumamente altas, sino que nos permitiría filmar, sobre todo porque también disponíamos de unos potentes focos con los que iluminar el entorno en cuanto hubiéramos rebasado el límite de penetración de la luz solar.

Planeamos llevar a cabo la inmersión en el arrecife Osprey, que se encuentra en el mar del Coral, entre Papúa Nueva Guinea y Australia, a unos 144 kilómetros de la costa nororiental de Queensland y al borde mismo de un desnivel de más de seiscientos metros. Esta quebradura submarina iba a darnos la oportunidad de observar corales situados a distintas profundidades en una sola inmersión, pero nuestro principal objetivo consistía en filmar y reunir una muestra de las misteriosas comunidades coralinas que crecen a profundidades comprendidas entre los cien y los ciento cincuenta metros.

En mis noventa y ocho años de vida, el mundo ha perdido más de la mitad de su población de corales, y la Gran Barrera de coral es uno de los conjuntos arrecifales más especialmente afectados por el cambio climático y la contaminación. Aun así, la particular comunidad de corales de aguas profundas que nos disponíamos a visitar prosperaba sin verse afectada, y los científicos se preguntaban si esa porción concreta de la Gran Barrera podría contribuir a la repoblación de otras partes del arrecife a medida que fueran intensificándose las repercusiones del cambio climático.

El submarino que debía llevarnos hasta allí era un vehículo pequeño, transparente y prácticamente esférico. En su interior solo había espacio para el piloto, un cámara y yo mismo. Íbamos un poco apretujados, sentados uno al lado del otro. Lo primero fue bajar lentamente el submarino hasta el agua. Una vez en el mar, pudimos contemplar lo que sucedía a nuestro alrededor, justo por encima de la superficie: teníamos una vista de 360 grados, y las olas golpeaban suavemente la protección transparente que nos aislaba de los elementos. Sin embargo, al deslizarnos bajo la superficie nos fue imposible reprimir el instinto de contener la respiración.

Fue un momento increíble y un tanto inquietante.

Descendimos por la pared del arrecife, dejando atrás espectaculares formaciones de corales blandos. Los bancos de peces pelágicos se mezclaban con las especies residentes, y sus siluetas se recortaban sobre una cortina formada por los abanicos de las gorgonias, casi todas con más de dos metros de altura. Al llegar a los treinta metros de profundidad, nos detuvimos para observar a una tortuga verde. Parecía no prestar la menor atención a nuestra presencia, pese a que nuestra nave tuviera paredes transparentes y la cabina estuviera completamente iluminada al pasar a su lado. Poco después, descendimos hasta la zona mesofótica (en cuyas aguas la luz del Sol apenas llega a penetrar). Nos hallábamos a caballo entre dos universos.

A pesar de que a nuestro alrededor reinaba una marcada oscuridad, lo cierto es que todavía había luz suficiente para permitir el desarrollo de unos cuantos corales provistos de una adaptación especial, con la que logran aprovechar la poca luz existente y realizar la fotosíntesis exactamente igual que sus parientes de las zonas más cercanas a la superficie. Si lo han conseguido, es porque la evolución los ha dotado de unas placas anchas y planas con las que captan toda la luz que pueden. A esta profundidad se hallan fuera del alcance de los ciclones y de los efectos negativos que se producen en las aguas más superficiales, que son las que se calientan más rápidamente y llegan a las temperaturas que provocan la decoloración de los corales. Esta es la razón de que los científicos con los que estábamos trabajando pensaran que estos corales quizá pudieran sobrevivir cuando aquellos que se hallaran más próximos a la superficie empezaran a perecer.

La mayor parte de la luz que llega a estas profundidades pertenece al extremo azul del espectro, razón por la que el arrecife rocoso presenta tonos intensos de ese mismo color. Sin embargo, al encender los focos del submarino vimos aparecer amplios y coloridos grupos de corales claramente emparentados con los que viven asentados en las aguas de las zonas superficiales, notablemente más diáfanas. Utilizamos el brazo mecánico del aparato para recoger una muestra, y acto seguido continuamos descendiendo.

Doscientos metros después, la oscuridad era total, tanto que ya no crecía coral alguno.

Tras alcanzar los trescientos metros, tocamos fondo. A esa profundidad, los indicadores señalaban que la presión era más de treinta veces superior a la de la superficie, alcanzando la alarmante cifra de 31 kilos por centímetro cuadrado. Las luces de nuestro submarino nos permitían ver que a nuestro alrededor descendían lentamente innumerables partículas, que después terminaban por depositarse en el lecho oceánico. La bióloga marina Rachel Carson empleó una magnífica metáfora poética al describir este fenómeno en el libro que publicó en 1951, *El mar que nos rodea*: «Cuando pienso en el fondo del mar [...] veo invariablemente la constante cortina de materiales que caen de lo alto, copo tras copo, capa tras capa: es la más impresionante "nevada" jamás vista en el planeta».

Por este motivo se conoce este hecho con el nombre de «nieve marina». Se trata de una lluvia de desechos biológicos procedente de los niveles superiores. Cabría compararla a la caída de las hojas del dosel de un bosque, que acaban alfombrando el suelo. Tal como sucede con el follaje forestal, la nieve marina es una parte vital del ecosistema y uno de los fundamentos esenciales de la cadena trófica que nutre a las criaturas de los abismos marinos, ya que la filtran a medida que desciende o la recogen del fondo a la manera de los carroñeros de las sabanas. En las zonas que quedan por debajo de los mil metros, la mayor parte de esta nieve no llega siquiera al fondo, dado que es consumida a medida que cae por los animales y las bacterias. Y tras digerirla, esos organismos devuelven la materia ingerida en forma de dióxido de carbono, que se disuelve a su vez en la columna de agua. Sin embargo, a la profundidad a la que nos encontrábamos, unos trescientos metros, seguía cayendo al fondo, y en cantidades sorprendentemente grandes. La nieve no consumida se convierte aquí en una suerte de pasta fangosa en el lecho marino, y en algunas partes del océano este cieno puede llegar a alcanzar un espesor de varios centenares de metros. Tanto si se consume en el descenso como si se acumula en el fondo, la nieve marina captura inmensos volúmenes de carbono todos los años y evita que acaben en nuestra atmósfera, en lo que supone otra de las contribuciones vitales del océano a la estabilidad del planeta. Ahora bien, ese estrato de detritos no es uniforme en todo el océano ni se extiende de manera ininterrumpida en una zona determinada. Su grosor depende por completo de lo que suceda en la superficie. Los restos orgánicos de los animales y las plantas que mueren cerca de la superficie (generalmente los que componen el fitoplancton y el zooplancton) viajan poco a poco hasta el fondo. La materia fecal, la arena y la contaminación también pueden formar parte de este precipitado. En el arrecife Osprey, los peces loro que mordisquean y mastican el coral varios cientos de metros más arriba, con el fin de extraer los diminutos pólipos de coral, aportan una significativa cantidad de nieve marina, y, de hecho, en ese momento podíamos verla nítidamente desde el submarino.

Se acercaba ya el momento de iniciar el ascenso cuando distinguimos de pronto la silueta de un mero de aguas profundas. Parecía extremadamente interesado en nuestro artilugio, hasta el punto de acompañarnos durante varios minutos, lo que nos permitió verlo con toda claridad y grabar unas cuantas escenas. El animal medía unos dos metros de largo, y más tarde supimos que nadie había visto nunca ejemplares de esta especie a tal profundidad, aunque lo más probable es que se trate de una circunstancia bastante común, dado lo poco que sabemos de la vida en los abismos oceánicos. A tanta distancia de la superficie, los bichos raros éramos nosotros, no el mero.

Regresamos sanos y salvos a la superficie, y fue muy agradable recuperar de nuevo la luz y los colores.

D. A.

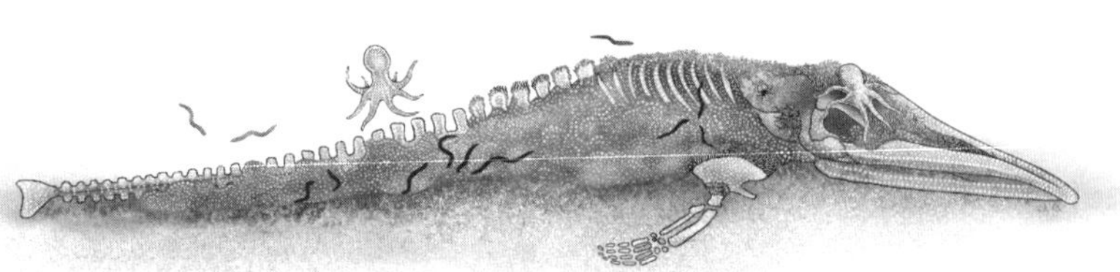

Solo unos cuantos años separaron la publicación original de *El origen de las especies* de Charles Darwin de las *Veinte mil leguas de viaje submarino* de Julio Verne. Evidentemente, esta segunda obra es un texto novelado, y su propósito no era en modo alguno trasladar hechos científicos a los lectores, pero resulta en sí mismo revelador que la ciencia ficción de la época considerara que las profundidades marinas y los remotos confines del espacio* fueran dos escenarios envueltos en misterios similares, y más todavía que esa semejanza aflorara exactamente en el mismo período de la historia en que los seres humanos empezábamos a comprender los hechos que rigen la vida en el planeta Tierra.

Igualmente, sintomático es el hecho de que ciento sesenta y cinco años después de su redacción, la mayor parte de las nociones que integran el estudio de Darwin sigan considerándose una descripción correcta de la evolución de la vida en nuestro planeta, pese a que todavía tengamos que hacer grandes esfuerzos para intentar comprender cómo operan los seres vivos en los más que reales abismos del océano. De hecho, esta cronología ilustra lo difícil que nos está resultando que esas profundidades accedan a desvelarnos sus secretos.

En *Veinte mil leguas de viaje submarino*, Julio Verne incluye una frase célebre: «Podemos desafiar las leyes humanas, pero no oponernos a las de la naturaleza». Sin embargo, al escribir Verne esta gran obra de la ciencia ficción submarina a finales de la década de 1860, los estudios científicos de las profundidades estaban a punto de poner en tela de juicio las realidades que regían las leyes naturales del mar, según se las concebía en la época. En esos años, había quien pensaba que no podía existir vida alguna por debajo de los quinientos cincuenta metros, o así había quedado establecido tras el estudio que Edward Forbes efectuó en 1830 en las Azores. Tomando como base sus descubrimientos, Forbes desarrolló la llamada «teoría azoica», que sostenía que, en ausencia de luz

* Es posible que, sin mencionarlas, Attenborough tenga aquí en mente las dos novelas en las que Verne se asoma al espacio: *De la Tierra a la Luna* y *Alrededor de la Luna*. *(N. del T.)*

solar, no había planta capaz de desarrollarse, y que, sometido a una presión extrema, el cuerpo de los animales acabaría espachurrado. Por consiguiente, era lógico pensar que los abismos no albergaban vida alguna. Aunque ya en esos años el planteamiento suscitara debates sumamente acalorados, lo cierto es que la argumentación de Forbes surgió en un contexto marcado por el hecho de que no hubiera una sola persona en todo el mundo que supiera qué escondían los abismos marinos ni cómo podría prosperar un organismo vivo en tales condiciones.

Sin embargo, una expedición revolucionaria iba a transformar el panorama por completo. En 1872, tras su botadura, el HMS *Challenger* se hizo a la mar con la intención de realizar un viaje de cuatro años de duración que le llevaría a recorrer cerca de ciento veintiocho mil kilómetros. En ese periplo, los investigadores que llevaba a bordo realizaron millares de experimentos y descubrieron más de cuatro mil nuevas especies de criaturas oceánicas, entre las cuales figuraban algunos organismos capaces de sobrevivir a profundidades muy superiores a aquellos fatídicos quinientos cincuenta metros. Desde entonces, la exploración de los abismos marinos no se ha detenido en ningún momento, y esa remota región jamás ha dejado de recompensar nuestra curiosidad.

Al incrementarse el hallazgo de formas de vida propias de las profundidades, los nombres que los científicos han ido dando a las cuasi inconcebibles especies encontradas sugieren que ellos mismos eran conscientes, incluso en un período de conocimientos más avanzados, de que aquellos descubrimientos no eran sino meros fragmentos apenas entrevistos de un reino que seguía resultando enigmático: «gusanos zombis devoradores de huesos», «calamares vampiro», «medusas ciliadas de vientre ensangrentado»... Hasta se ha llegado a señalar la existencia de un «monstruo en forma de pollo sin cabeza», una variante de pepino de mar alucinantemente extraña que, a diferencia de la mayor parte de sus parientes (que suelen permanecer en el fondo), es capaz de usar una aleta especial con la que consigue elevarse, abandonar el fondo y «nadar». Es de color rojo oscuro y recuerda un poco a un corazón humano impulsado por apéndices natatorios o a un pollo desplumado y decapitado (para esto último hay que echarle un poco de imaginación). Lo más intrigante es que cuenta con un ingenioso mecanismo de huida, aunque sería más exacto decir que tiene una curiosa habilidad en la que creemos ver un sistema de evasión, ya que ha sido visto tan pocas veces que nadie está realmente seguro de lo que puede ser. La cuestión es esta: si se le molesta tiene la facultad de dejar tras de sí una suerte de «espectro» corporal con el que confunde a sus eventuales atacantes. Esta especie de «fantasma» es en realidad una capa de piel luminiscente que el monstruo en forma de pollo sin cabeza muda instantáneamente, con el fin de distraer a sus perseguidores y tener tiempo de alejarse del peligro.

Un documento de las Naciones Unidas publicado en 2017 como preámbulo a una conferencia mundial sobre el universo marino afirmaba que «en el océano hay doscientas mil especies conocidas, aunque las cifras reales podrían elevarse a varios millones». Esto abre hasta tal punto la horquilla de nuestra incertidumbre que la confesión no podría ser más reveladora. En este sentido, merece la pena mencionar aquí el Censo de la vida marina, cuya elaboración se prolongó por espacio de una década (de 2000 a 2010) y fue fruto de una extraordinaria colaboración en la que participaron más de dos mil setecientos científicos de más de ochenta naciones. En ese texto se estima que, hasta la fecha, la ciencia ha descrito unas doscientas treinta mil especies de animales marinos. La materialización del propio censo permitió descubrir y pormenorizar las características de más de mil doscientas especies nuevas, aunque hay varios miles más que aguardan a ser estudiadas y descritas formalmente. En el momento en que redacto este artículo, el Registro mundial de especies marinas ha documentado 245.888 especies, y cada año se añaden, por término medio, unas 2.332 especies nuevas, lo que significa que, al ritmo actual, la ciencia tardará varios siglos en encontrar, nombrar y detallar las particularidades de las especies que todavía pueden andar por ahí, cuyo número podría ser de uno o dos millones, aproximadamente. En cualquier caso, hay que tener en cuenta que, en realidad, estas cifras, aunque fundamentadas, son simples conjeturas: nadie sabe cuántas especies alberga el océano.

Lo que sí sabemos es que el número de especies marinas por descubrir es todavía enorme, y que es probable que muchas de ellas se encuentren en las profundidades abisales. No obstante, podemos señalar casi con toda seguridad que algunas de ellas poseerán adaptaciones evolutivas llamadas a dejarnos atónitos y desconcertados, tal como ha ocurrido con las que ya hemos descubierto.

El proceso que determina que las especies de peces evolutivamente adaptadas a vivir en cuevas oscuras acaben por perder la vista con el paso de las generaciones es muy característico, dado que la selección natural orienta las energías biológicas y logra que los preciosos recursos de la supervivencia se empleen en el perfeccionamiento de otros sentidos más útiles. Sin embargo, en las profundidades del océano las cosas no suceden de ese modo. Algunas de las especies descubiertas en las zonas abisales, a las que no llega la luz del Sol, tienen unos ojos enormes en comparación con el tamaño del cuerpo, lo que significa que la vista es manifiestamente una parte importante del mundo en el que se desenvuelven. De hecho, al ser muchas las criaturas de las profundidades que recurren a la bioluminiscencia para comunicarse o encontrar presas, es evidente que el desarrollo de unos órganos visuales extremadamente evolucionados, capaces de detectar muchos más tonos de azul y verde (los colores típicos de la bioluminiscencia) que los seres humanos, constituye un activo fundamental para la supervivencia. Pese a que ese estado de cosas tenga mucho sentido si lo analizamos en retrospectiva y lo estudiamos con atención, pocos científicos habrían sido capaces de predecirlo basándose en la manera en que entendemos la evolución de la vida en el resto del océano. Y siendo tantas las especies abisales que aún nos quedan por descubrir y tan ingente el volumen de asuntos que todavía hemos de estudiar, debemos reconocer que no hemos hecho más que arañar la superficie de los portentos evolutivos que el mar nos oculta.

Me parece emocionante, en muchos aspectos, que sigamos sin saber a ciencia cierta qué seres viven en los océanos, y más específicamente qué criaturas residen en las profundidades. En un mundo en el que basta con pulsar un botón para ver imágenes de la práctica totalidad de la masa continental del planeta, y en un período histórico en el que puede viajarse en pocos días a lugares remotos (tanto que hace apenas cincuenta años habría sido imprescindible culminar una larga expedición para alcanzarlos), resulta a un tiempo estimulante y tranquilizador que gran parte del planeta siga siendo no solo desconocido, sino esencialmente incognoscible, al menos con la tecnología y los actuales presupuestos de investigación. Obviamente, hay una contrapartida: que el daño que estamos infligiendo a nuestro océano está siendo tan terrible que ya deben de estar extinguiéndose especies enteras, o viéndose diezmadas sus poblaciones, como mínimo. Y esto no solo antes de que alcancemos a tener siquiera noticia de su existencia, sino antes también, sin la menor duda, de que tengamos ocasión de descubrir qué lugar ocupan en la maravillosa, intrincada y colosal red de la vida oceánica.

La circunstancia de que no comprendamos con exactitud lo que ocurre en las profundidades del océano no es un fracaso de la ciencia, sino una consecuencia de su enorme magnitud y de los desafíos que supone la exploración de los mares. Imaginémonos por un momento a unos pescadores sentados en un pequeño bote mecido en pleno océano, lejos de la costa (para no extendernos en esta ilustración, pasaremos por alto las vicisitudes prácticas que hayan podido ponerles en semejante brete). Disponen de cañas de pescar comunes y corrientes, de esas que llevan un pequeño pedazo de plomo sujeto en el extremo del sedal. Por desgracia, nuestros apurados amigos han atado mal el peso, así que, mientras luchan para capturar un pez y tener algo que llevarse a la boca, la plomada se desprende y comienza a caer. En los primeros minutos, el objeto cruza la zona iluminada por el Sol, que es justamente aquella con la que estamos más familiarizados y en la que la fotosíntesis directa desempeña el papel predominante en el desarrollo de las formas biológicas. El agua absorbe la luz con notable rapidez, así que, a unos doscientos metros, nuestro pedazo de plomo dejará atrás la luz solar y penetrará en el área mesopelágica, también conocida con el nombre de «zona gris». Pese a que en esa franja acuática todavía haya algo de luz azul, y en cantidad suficiente para que algunas especies consigan ver, lo cierto es que no alcanza a permitir grandes procesos fotosintéticos, motivo por el que es frecuente considerar que la zona gris es, *de facto*, el umbral de la porción abisal del océano.

Hay especies que han desarrollado adaptaciones extraordinarias para explotar este ámbito, y una de las más notables es el calamar de ojos disformes, o *Histioteuthis heteropsis*.

Este animal posee un ojo grande y amarillo con el que habitualmente mira hacia arriba, en dirección a la superficie, y un ojo azul más pequeño, con el que enfoca el espacio que tiene debajo. Tras un gran número de estudios, invariablemente desconcertantes, los científicos han acabado obteniendo imágenes suficientes para comprender que el ojo de mayores dimensiones ayuda al calamar a detectar a sus posibles presas, ya que su silueta se recorta sobre el fondo de luz de la superficie, pese a que este sea ya extre-

Rape abisal o diablo negro. Además del señuelo bioluminiscente, lo que caracteriza a estos peces es la falta de escamas y una consistencia bastante gelatinosa.

madamente tenue. Por su parte, el ojo azul de pequeño tamaño busca al mismo tiempo destellos bioluminosos, dado que estos delatarían la presencia de las presas potenciales que pudieran hallarse en las regiones más profundas.

En su caída libre, la plomada de los pescadores de nuestro ejemplo tardaría nada menos que treinta minutos en recorrer la zona gris, aunque la cifra podría variar ligeramente en función de otros factores, como la masa, el coeficiente de rozamiento y la salinidad del agua. Si su descenso tuviera lugar en las últimas horas del día, hasta es posible que se cruzara con una de las mayores maravillas del planeta: la mayor migración de la Tierra. Porque, en efecto, como ya habrán adivinado, esta no es la que protagonizan las grandes manadas del Serengueti o las golondrinas en sus épicos viajes intercontinentales, sino la que se inicia en las oscuras profundidades del mar abierto, con el desplazamiento de los millones de hambrientos sifonóforos, calamares y peces (sobre todo peces linterna, uno de los vertebrados más abundantes del globo) que se dirigen ansiosamente hacia la superficie para alimentarse. Se cree que es el mayor movimiento cotidiano de biomasa del mundo, ¡aunque hay quien piensa que las idas y venidas del trabajo a casa y viceversa de los seres humanos podrían superar el volumen de esta peregrinación oceánica! Durante la Segunda Guerra Mundial este fenómeno fue motivo de grandes confusiones, ya que la tecnología del sónar, que acababa de ver la luz pocas décadas antes, señalaba tercamente que el fondo marino se encontraba varios miles de metros más cerca de la superficie de lo que aseguraban las sondas de profundidad: la densidad de la masa de organismos vivos era de tal calibre que el sónar tomaba esas enormes agrupaciones marinas por el mismísimo lecho oceánico.

Dado que se alimentan en aguas poco profundas y bien iluminadas por el Sol, que consumen organismos pertenecientes a las cadenas tróficas que tienen su origen en el crecimiento del fitoplancton, y que defecan o mueren en aguas más profundas, los científicos creen que las especies mesopelágicas transfieren cada día cantidades significativas de carbono al fondo del océano, donde quedan almacenadas de forma segura. No obstante, y a

El calamar de ojos disformes es un caso raro de la naturaleza, ya que no es frecuente encontrar animales con órganos visuales dispuestos de forma asimétrica.

pesar de la innegable relevancia de esta migración vertical, lo cierto es que en los últimos años los estudiosos han observado que hay unos animales que desempeñan, de forma totalmente insospechada, un papel aún mayor y mucho más sorprendente. Todos los años, billones de diminutos crustáceos conocidos con el nombre de copépodos pasan varios meses alimentándose y engordando cerca de la superficie para descender después cientos de metros, a fin de hibernar durante unos seis o nueve meses. En esa zona abisal, los copépodos se mantienen gracias a sus reservas de grasa, mientras que los desechos que excretan pasan a acumularse en las profundidades del océano. De hecho, esto permite transferir a las profundidades el carbono de la superficie, lo que a su vez garantiza que no pueda volver a entrar en la atmósfera e incidir en el clima durante cientos e incluso miles de años. Además, los copépodos son tan numerosos que actualmente se ha llegado a la conclusión de que este proceso constituye una de las principales vías por las que el carbono queda secuestrado en las profundidades del océano.

Pero el plomito de nuestros extraviados pescadores aún no ha terminado de caer. Recorridos ya unos mil metros, la pequeña plomada penetra en la zona batipelágica o de «noche cerrada». Aquí no hay ya luz de ninguna clase. En los tres mil metros siguientes, en cuyo recorrido nuestro inerte viajero puede tener que invertir unos noventa minutos o más, la oscuridad total confirma esa curiosa denominación. En todo el mundo, las capas superiores del océano fluctúan y cambian de temperatura, pero en toda la zona de noche cerrada, en cualquier parte del océano y en cualquier lugar del planeta, la temperatura permanece constante en los 4 °C. Aquí no hay fitoplancton debido a la completa ausencia de luz solar, pero sí zooplancton (que quizá se refugie en esta zona para evitar a los depredadores que rondan en las regiones más próximas a la superficie). Se cree asimismo que la zona de noche cerrada es un hábitat crítico para el desarrollo de las larvas, ya que estas encuentran aquí la calma que precisan antes de alcanzar el tamaño necesario para poder migrar y poblar otras regiones del océano.

La profundidad media del océano es de unos tres mil quinientos metros, por lo que serían muchos los lugares en los que nuestra plomada de pesca vendría a terminar su lineal periplo en la zona de noche cerrada, tras un descenso de un par de horas, poco más o menos. Sin embargo, en otras zonas alcanzaría sitios muchísimo más profundos: en el punto más abisal de la Fosa de las

Marianas, en el Océano Pacífico —conocido con el nombre de Abismo de Challenger en honor al barco cuya tripulación midió por primera vez su profundidad—, el peso se encontraría exactamente 10.920 metros por debajo del bote de pesca del que partió. Si recordamos que el monte Everest tiene 8.850 metros de altura y que un avión intercontinental vuela a unos 10.000 metros, comprenderemos mejor lo que implica esa cifra. Puede que esto nos ayude a entender por qué los científicos creen que no hemos descubierto más que una pequeña parte de las especies que habitan en nuestro océano, máxime teniendo en cuenta que muchas de ellas son diminutas o viven en los sedimentos del fondo oceánico.

El intento de establecer la cartografía del lecho marino, en cambio, ha conocido éxitos mucho más alentadores en la última década. De hecho, hace poco se ha reconocido la importancia de conocer la forma y la estructura del océano, y ya se están realizando notables esfuerzos encaminados a trazar la carta completa del fondo oceánico mediante equipos modernos para el año 2030. Son muchas las razones que avalan la necesidad de levantar ese mapa, sobre todo para ampliar nuestra comprensión del papel que desempeñan las vastas corrientes oceánicas en la regulación del clima global. De hecho, estamos valiéndonos del conocimiento actual de esas corrientes para contribuir a la predicción de los cambios que pudiera experimentar el clima en los diferentes escenarios posibles de las emisiones de carbono, pero el hecho de tener una idea detallada del relieve del suelo oceánico nos permitirá entender mejor cómo y por qué se desplazan las corrientes oceánicas profundas, lo que a su vez nos da ocasión de comprender de forma más exacta la influencia que ejercen los océanos en el clima global, y por tanto, de predecir mejor lo que puede depararnos el futuro.

No obstante, hay que señalar que también es mucho lo que ya hemos descubierto. El océano profundo no es, como quizá cabría esperar, una interminable llanura fangosa, aunque eso no significa que no haya efectivamente partes llanas y que muchas zonas no aparezcan tapizadas por una capa de lodo de excepcional hondura. De hecho, como ya se ha comentado, en algunas regiones del suelo marino los científicos han encontrado estratos de cieno de varios centenares de metros de espesor, y basta con pensar en la ingente cantidad de sedimentos ricos en carbono que se han acumulado allí durante miles de años para hacernos una idea del papel crucial que desempeña el océano en la mitigación del cambio climático. En cualquier caso, y al margen de estas consideraciones, el suelo oceánico es un entorno altamente complejo marcado por la presencia de inmensas estructuras geológicas, algunas de ellas muy similares a las que conocemos en los continentes (cañones, cordilleras, colinas onduladas, mesetas, crestas o volcanes...), y otras bastante más insospechadas.

En febrero de 1977, un equipo de científicos descubrió una surgencia de agua cálida procedente del fondo del mar. El afloramiento se producía en toda la longitud de una dorsal expansiva de las profundidades oceánicas (es decir, una dorsal formada por el alejamiento de las placas tectónicas). Este accidente geográfico submarino, que se halla situado en el Océano Pacífico oriental, entre las placas tectónicas de Cocos y Nazca, se conoce con el nombre de falla de las Galápagos. El equipo, dirigido por el prestigioso geólogo marino Bob Ballard, fue el primer grupo de investigación que detectó un respiradero hidrotermal activo, esto es, una estructura que se forma allí donde el agua de mar fría se encuentra con el magma caliente. Los estudios posteriores al descubrimiento dieron un vuelco a la ciencia de las profundidades marinas. Antes se creía que todas las formas biológicas establecidas en zonas situadas a gran profundidad (incluso aquellas que nunca llegaban a ver la luz del Sol) dependían de la fotosíntesis, al menos indirectamente. Las criaturas de las profundidades marinas se acercaban a la superficie para alimentarse o dependían de que los nutrientes de la superficie llegaran por una u otra vía al fondo: podía tratarse de ballenas muertas, cuyo cadáver terminara en el fondo del mar, de los excrementos de las criaturas vivas que defecan en las profundidades, de la nieve marina, de las algas muertas que se hunden o de otros fenómenos de similar carácter puntual. Sin embargo, en la falla de las Galápagos se hallaron almejas de treinta centímetros de largo, gusanos tubícolas y todo un ecosistema largamente arraigado y capaz de prosperar gracias a los nutrientes y a las sustancias químicas que emiten esos respiraderos.

Previendo el asombro general que iba a reinar en el mundo científico, Jack Corliss, de la Universidad estatal de Oregón, que se encontraba a bordo del sumergible *Alvin* en el momento del descubrimiento, envió un mensaje a los colegas que viajaban a bordo del barco que les aguardaba en la superficie, dos mil metros más arriba: «¿No se supone que las profundidades del océano son una especie de desierto? [...]. Bueno, pues aquí abajo hay muchos animales». La tripulación del *Alvin* no solo había detectado vida en el fondo del océano, sino que había observado un ecosistema completo que había evolucionado sin necesidad de recurrir a la energía del Sol.

Hasta ese momento, habíamos creído que todas las cadenas tróficas comenzaban con la fotosíntesis, dado que tanto las plantas como las algas o las bacterias emplean la energía del Sol para convertir el dióxido de carbono y el agua en azúcar y oxígeno. Sin embargo, el equipo del *Alvin* había sido testigo de algo completamente diferente: la «quimiosíntesis», un proceso en el que las cadenas alimentarias comienzan con unos microbios que tienen la facultad de generar alimentos valiéndose de la energía que liberan las reacciones químicas. Es una vida que no precisa del Sol.

Desde aquel primer descubrimiento se han localizado cientos de respiraderos de ese mismo tipo, y entre los más destacados se cuentan los que forman la llamada «Ciudad Perdida»: un asombroso campo de fuentes hidrotermales situado a setecientos cincuenta metros de profundidad y a pocos kilómetros de la dorsal mesoatlántica, que se abre inmediatamente al sur de las Azores. Se estima que hace al menos treinta mil años que se mantiene en actividad, y tiene chimeneas (unas colosales estructuras sólidas formadas por los minerales que salen por las bocas del respiradero) que alcanzan los sesenta metros de altura. La temperatura del agua que expulsan estas fumarolas en particular es más baja que la registrada hasta la fecha en otros respiraderos, y por eso la zona parece sustentar una comunidad de criaturas diferente. Muchos científicos creen que, de todas las condiciones medioambientales conocidas, estas podrían ser las más parecidas a las que reinaban en el momento en que se originó la vida en la Tierra. Estamos hablando, por tanto, de un emplazamiento de incalculable valor científico.

A pesar de que, desde el punto de vista geológico, muchas de las características del suelo oceánico sean en cierto modo análogas a las que imperan en tierra (ya que hay montañas, crestas y volcanes, por ejemplo), lo cierto es que hasta esos hábitats y los ecosistemas a que dan lugar son verdaderamente insólitos a nuestros ojos, quizá porque las condiciones que determinan la vida en las profundidades son muy distintas a las que nos resultan familiares. En tierra, un hábitat (y lo que en él vive y prospera) viene determinado, en su forma más básica, por la luz del Sol, las precipitaciones, la altitud y los nutrientes disponibles, que a su vez pueden provenir de un río, del suelo o de las especies migratorias. En las zonas abisales, el cadáver de una ballena que se hunde hasta el fondo puede crear un hábitat propio por espacio de uno o dos años, y la vegetación y los árboles caídos que son arrastrados al mar y acaban por empaparse y hundirse pueden lograr algo similar. Más allá de los hábitats asentados en torno a las fuentes hidrotermales de las profundidades o emplazados junto a grandes formaciones geológicas, como los montes submarinos, la vida es más efímera que en buena parte de los continentes o los mares próximos a la costa, aunque también crece con mucha mayor lentitud y es más longeva.

En los abismos, la vida opera a un ritmo diferente. Hay menos oxígeno y muchos menos nutrientes o fuentes de alimento fiables que en las aguas poco profundas que reciben la luz del Sol, con lo que todo tiende a ir más despacio, incluidos los procesos celulares. Esta es la razón de que muchas especies crezcan aquí de manera gradual y tengan vidas muy dilatadas. Curiosamente, el método para determinar la edad de los peces es similar al que se emplea en el caso de los árboles: los científicos cuentan los anillos, o *annuli*, que se observan en el interior de las estructuras duras de un pez, como los otolitos del oído que ya hemos visto en el capítulo anterior. Cada año se forma un nuevo anillo, así que, contándolos bajo el microscopio, podemos hacernos una idea bastante ajustada de su edad. El pez roca de ojos grandes (*Sebastes aleutianus*), cuyo hábitat se encuentra frente a la costa de Alaska, vive más de doscientos años a profundidades superiores a los ochocientos metros. Y según las estimaciones, la edad de una colonia de coral de aguas profundas (*Leiopathes glaberrima*), extraída de una zona de más de cuatrocientos metros de profundidad situada en las inmediaciones de Hawái, rebasa los cuatro mil años.

Tal vez la más desagradable de todas estas especies sea una de notable longevidad que vive en las profundidades oceánicas y se encuentra habitualmente en el Atlántico y el Indopacífico: el pez reloj anaranjado (*Hoplostethus atlanticus*), o cabeza de baba, como se lo conocía antiguamente. El nombre que se le ha dado, realmente poco halagador, proviene de una adaptación muy especial que le permite percibir las características del entorno abisal en que se mueve. La baba procede de un canal que el pez tiene en la cabeza, que queda recubierta de mucosidad. Esta secreción es un excelente vector para la conducción de las vibraciones en el agua, lo que ayuda al animal a cazar presas o a evitar depredadores. El reloj anaranjado puede vivir más de ciento cincuenta años, y no se reproduce hasta entrar en una horquilla comprendida entre los veinte y los cuarenta años. Para tener una referencia comparativa, señalaremos que las sardinas se reproducen con uno o dos años y rara vez viven más de una década. Se trata de dos tipos de peces muy distintos, así que, en ciertos aspectos, la comparación es injusta, pero desde luego tienen una cosa en común: su condición de peces sometidos a una pesca industrial. Esto determina que la esperanza de vida y la edad reproductiva sean totalmente relevantes, ya que el hecho de que la vida se desarrolle con extrema lentitud en las profundidades no evita el rapidísimo crecimiento de la pesca.

El pez reloj anaranjado puede alcanzar un máximo de setenta y cinco centímetros de longitud, pero lo más habitual es que midan alrededor de medio metro. Es una especie que forma enormes bancos a profundidades comprendidas entre los ciento ochenta y los mil ochocientos metros. Su carácter social ha sido su perdición. A finales de la década de 1970, la tecnología pesquera no estaba tan avanzada como hoy, ni mucho menos, pero con todo había progresado notablemente desde los tiempos de la caña y el sedal. El sónar, los primeros sistemas de navegación por ordenador y los arrastreros industriales —provistos de congeladores inmensos, cabrestantes hidráulicos y redes de varios kilómetros de longitud— permitieron que los buques factoría consiguieran encontrar y subir a bordo relojes anaranjados en cantidades realmente asombrosas. La abundancia de las capturas fue tal que, en unos pocos años, el pez reloj pasó de ser un animal prácticamente desconocido a convertirse en un plato fundamental, presente tanto en las neveras domésticas como en la carta de los restaurantes. En un primer momento se hizo difícil evaluar los daños, dado que la ciencia de los océanos tarda tiempo en obtener y contrastar sus datos, mientras que la pesca de arrastre de unas especies tan lucrativas como estas opera con una mentalidad similar a la que impulsó en su día la fiebre del oro. Además, la tendencia de los peces reloj a formar vastos cardúmenes no contribuyó en nada a facilitar la tarea de los científicos: incluso cuando el número total de sus poblaciones disminuyó, los volúmenes de las capturas continuaban siendo elevados, dado que los bancos de peces seguían siendo fáciles de localizar. Sin embargo, no es posible arrancarle al mar miles de toneladas de peces de crecimiento lento en pocos años sin que se produzcan graves consecuencias, y muchos caladeros se vinieron abajo, hasta el punto de que lo ocurrido con el reloj anaranjado ha acabado convirtiéndose en el más célebre relato aleccionador que nos han brindado las profundidades.

Al extraer peces reloj en cantidades colosales gracias a las enormes dimensiones de las redes de arrastre, también se acabó con la vida de un sinfín de criaturas de aguas profundas de distinto tipo y se destruyó el frágil ecosistema de los montes submarinos en torno a los cuales se reunían los cardúmenes de peces reloj. Desaparecieron así, en un instante, los lechos marinos tapizados de esponjas y los delicados corales de aguas profundas, cuya formación había requerido miles de años. El ritmo de crecimiento de estas criaturas es tan lento que resulta imposible imaginar que su recuperación pudiera producirse en una escala temporal significativa para los seres humanos: en términos prácticos, bien puede afirmarse que se han perdido para siempre.

Además, aunque es muy posible que la difícil situación del pez reloj anaranjado haya movilizado tanto a los científicos como a los conservacionistas, instándoles a comprender y proteger mejor las regiones abisales, no ha conseguido nada parecido con las flotas industriales, ya que muchas de ellas siguen teniendo el vivo deseo de explotar la riqueza de esas zonas oceánicas. La pesca en aguas profundas se realiza en gran parte en alta mar. Se tienden redes de arrastre en los montes submarinos de todas las cuencas del océano, y los equipos de comercialización se apresuran a cambiar la denominación de los peces de aguas profundas, cuyos nombres evocan realidades poco tentadoras, y les asignan otros más compatibles con la seducción publicitaria: la «merluza negra» pasa así a presentarse bajo la etiqueta de «lubina chilena», y los tiburones quelvachos de aguas profundas ni siquiera se mencionan en las etiquetas de los productos de belleza, donde el aceite de hígado de estos tiburones figura como «escualeno».

No obstante, la faceta más extraña de la pesca de arrastre en aguas profundas es tal vez el poco dinero que genera y el reducido número de peces que permite capturar: el reloj anaranjado fue una excepción, y gracias a él se amasaron fortunas inmensas, pero la duración de los caladeros fue extremadamente corta. Lo más paradójico es que, pese a los incalculables daños que provoca en el océano, esta pesca abisal supone menos del 1% del pescado que comemos. Y para obtener ganancias, muchas de las flotas pesqueras que faenan en aguas profundas reciben subsidios de los gobiernos o recurren a las variantes modernas de la esclavitud para mantener los costes laborales en los niveles bajos que les convienen.

Sería perfectamente factible que unas cuantas empresas pesqueras dedicadas a trabajar en aguas profundas capturaran cantidades modestas de peces, ya que puede hacerse de manera sostenible, pero es imposible proteger o gestionar un océano tomando como base la existencia de un reducido número de actores responsables: es preciso analizar el impacto del conjunto de la industria y actuar en consecuencia. Esto es especialmente cierto en aquellos casos en que el grueso de las capturas de profundidad tiene lugar en aguas situadas fuera del ámbito jurisdiccional de las naciones, ya que eso significa que no hay ningún país que las gestione o controle.

Sea como sea, en los últimos sesenta o setenta años la vida de las profundidades no ha sido nuestro único descubrimiento. También hemos modificado de manera radical nuestra comprensión de los elementos que sustentan la viabilidad de los seres vivos del planeta. La idea de que la vida en la Tierra comenzó en las profundidades ha dejado de parecernos un descabellado relato de ciencia ficción y ha pasado a considerarse digna de un estudio serio. Pese a que todavía sepamos muy pocas cosas de ese reino abisal, lo cierto es que ya hemos entendido que se trata de un universo de vital importancia para todas las formas de vida que pueblan el planeta. Es preciso tener en cuenta, por tanto, que, hallándonos en una fase tan temprana de nuestra comprensión y nuestros descubrimientos, parece indudable que nuestra primera responsabilidad consiste simplemente en dejar que las zonas de aguas profundas evolucionen a su aire hasta que no tengamos más detalles.

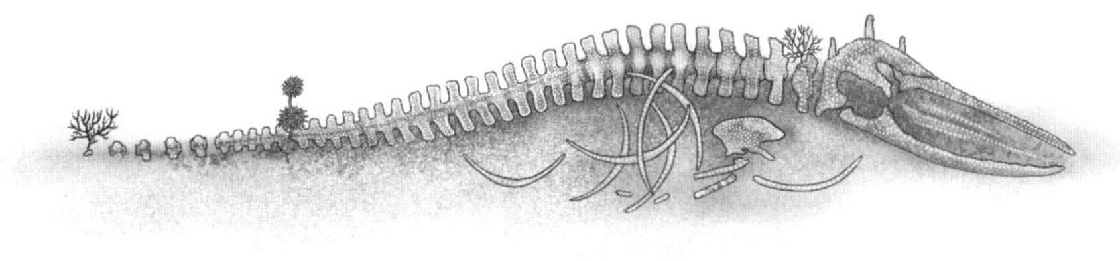

La carrera por la conquista de las profundidades

Cualquiera habría dicho que se había dado el pistoletazo de salida para una insólita competición.

La historia comienza con un científico marino absorto en el manejo de un sumergible a control remoto del tamaño de un camión ligero, con el que puede operar a una profundidad de unos tres mil metros desde el buque nodriza de la expedición en el que él mismo viaja. Valiéndose de un mando muy similar al que utilizan los aficionados a los videojuegos, el piloto se esfuerza en guiar el sumergible mientras una colega sentada a su lado utiliza los controles para orientar y enfocar las cámaras de a bordo. Están buscando un criadero de pulpos en el que acostumbran a reunirse, según los datos, más de mil de estos cefalópodos, pese a que, por lo general, prefieran llevar una existencia solitaria.

Entretanto, en los mares de la China Meridional, lejos de la costa, otro equipo de investigación oceánica procede a mover con suma delicadeza tres vacas muertas. Bajan al primero de los rumiantes a una profundidad de seiscientos cincuenta metros, al segundo lo dejan a mil seiscientos, y el tercero llega a los tres mil cuatrocientos. Los científicos, que están llevando a cabo este experimento en la ladera de un monte submarino, tienen que cerciorarse de que las vacas quedan exactamente a las tres profundidades mencionadas. Si se hubieran limitado a lanzar a los bóvidos por la borda, el experimento no habría funcionado. Para colocar en sus respectivas posiciones a las vacas, están utilizando un sumergible tripulado: el *Shenhaiyongshi*. Los investigadores instalan varios soportes de estructura de acero junto a los cadáveres. Colocan en cada uno de esos elementos de apoyo una cámara fotográfica, otra de vídeo y diversos instrumentos oceanográficos destinados a controlar las condiciones del medio. Una vez posicionadas las vacas en sus respectivas zonas, los estudiosos regresan a la costa.

Por otro lado, y en un gesto casi inverosímil, una empresa minera canadiense acababa de asociarse con un pequeño Estado insular carente de capital, provisto de una única carretera, y con doce mil ciudadanos por toda población. Esta firma dedicada a la minería pretende extraer del suelo oceánico de la isla varias decenas de miles de nódulos —todos ellos del tamaño de una patata— por su potencial contenido en minerales raros, cada vez más valiosos. Por su parte, el pequeño Estado insular necesita dinero, así que lo que ambas partes están tratando de hacer es explotar la existencia de un oscuro vacío legal para crear a toda prisa una nueva industria extractiva, mientras una casi impensable coalición de científicos, activistas políticos, gobiernos, compañías pesqueras y líderes indígenas se apresuran a colmar esa laguna jurídica.

De pronto, la exploración de las regiones abisales parece haber adquirido una urgencia inédita. Han pasado menos de cuarenta y cinco años desde el famoso descubrimiento de 1977, que dio a conocer al mundo la existencia de fuentes hidrotermales en las profundidades marinas, pero la humanidad ya se halla inmersa en una carrera entre quienes intentan comprender y explorar este extraño entorno y quienes desean explotar los minerales que acaban de encontrarse en su seno. En pleno siglo XXI, apenas hemos conseguido atisbar un minúsculo fragmento del fondo del océano profundo, y no solo está desafiando nuestra capacidad de comprensión, sino que está turbando incluso nuestra capacidad de imaginarlo. Y cuanto más lo observamos, más conscientes somos de nuestras propias limitaciones.

Lo que nos ocurre podría compararse con lo que le sucedería a un médico de finales de la década de 1950 al que se le pusiera delante uno de nuestros modernos teléfonos inteligentes. Podría entender algunos aspectos de su funcionamiento, como el de incorporar un micrófono y un altavoz, o el hecho de que el aparato opere por medio de la electricidad. Incluso quizá podría asumir que el teléfono en cuestión llevara un circuito integrado de silicio e imaginar su diminuto tamaño y su enorme potencia. La inventiva y la imaginación tal vez le permitirían aceptar también que la tecnología de los satélites, por entonces en pañales, tendría en el futuro la capacidad de permitirnos hacer llamadas con un dispositivo portátil, pero le faltarían las décadas de hallazgos para imaginar las funciones que nos abre hoy la inteligencia artificial, a las que miles de millones de personas acceden diariamente en cuanto encienden el móvil o se conectan a internet.

De manera similar, a principios del siglo XXI lo que estamos desplegando no es más que un procedimiento rudimentario con el que tratamos de unir los dispersos fragmentos de nuestros conocimientos (descubiertos en pequeñas áreas del océano profundo) para transformarlos en una más amplia imagen de conjunto de la vida que prospera en las profundidades oceánicas. De hecho, los nuevos descubrimientos resultan a veces tan sorprendentes que lo que en realidad nos revelan es que carecemos de un marco básico para colmar los espacios en blanco de nuestro saber.

Un ejemplo particularmente notable de esto ocurrió cuando un científico de la Oficina Nacional Estadounidense de Administración Oceánica y Atmosférica hizo una inmersión rutinaria con un sumergible teledirigido con el que se proponía explorar un monte submarino.

Es evidente que Chad King adora su lugar de trabajo. Centra su pasión en el Santuario Marino Nacional de la bahía de Monterrey, en California, y siempre que tiene ocasión de hablar con sus colegas, con los escolares a los que visita o ante las cámaras de televisión, no necesita que lo animen demasiado para que comience a describir las maravillas biológicas que allí residen. Tal como sucedió en el campo de la exploración oceánica, King comenzó a dar sus primeros pasos cerca de la costa y poco a poco fue profundizando. Empezó estudiando la vida de los ricos bosques de algas marinas que jalonan el litoral de la bahía de Monterrey, pero cuando se le ofreció la oportunidad de dirigir una expedición para explorar el lecho abisal, supo inmediatamente a qué punto exacto debía encaminarse: el monte submarino Davidson.

La elevación de Davidson es un volcán submarino extinto cuya última erupción se produjo hace aproximadamente diez millones de años. Fue incluido en el santuario de la bahía de Monterrey en 2008, poco después de que los científicos del Instituto de investigación del Acuario de la bahía de Monterrey descubrieran esponjas del tamaño de sofás y corales de tres metros de anchura en la cima de ese macizo submarino, que, pese a elevarse dos kilómetros por encima del suelo oceánico, sigue estando no obstante a más de mil doscientos metros de la superficie. King sabía que se habían realizado estudios de la cumbre y las laderas del monte, pero que apenas se tenían datos de la base sobre la que se asienta.

King suele utilizar un símil para transmitir las incertidumbres de este tipo de exploraciones en aguas profundas. Esta es su explicación:

Imaginémonos que nos cuelgan de una cuerda sujeta a un helicóptero que sobrevuela la isla neoyorquina de Manhattan. No tenemos la menor idea de cómo es la zona y además esta se encuentra sumida en una perpetua oscuridad. Disponemos de dos potentes focos capaces de rotar para echar un vistazo al entorno inmediato, pero nada más. Sabemos que nos encontramos en algún punto de la isla, pero, imaginémonos tratando de ofrecer una descripción de Manhattan basándonos solo en lo que iluminan nuestros focos. En un momento dado, podríamos encontrarnos entreviendo una pequeña parte de Central Park, al siguiente tendríamos una visión fugaz de Chinatown, y más tarde podríamos adivinar algo de Wall Street. Es muy difícil hacerse una idea del conjunto de la isla de Manhattan a partir de esos pequeños destellos.

Así es como se vive una inmersión: siempre hay algo nuevo. Cada vez que nos sumergimos nos hacemos una mejor imagen de conjunto. Y, por cierto: ¡no olvidemos que el monte Davidson es mucho más grande que Manhattan! Tiene más de cuarenta kilómetros de largo por trece de ancho.

Nadie había visto antes la base de esa cordillera submarina, así que estamos ante una misión exploratoria en toda regla. Los colegas de Chad King ya le habían dicho que probablemente lo único que le aguardaba en las profundidades fuera un hábitat sedimentado con apenas unos cuantos corales y esponjas de pequeño tamaño. Le habían avisado de que la inmersión iba a ser bastante aburrida. Hay que decir, en honor a la verdad, que incluso él mismo coincidía con ese parecer. Ese era, de hecho, el escenario más verosímil, pero el objetivo de sus pesquisas consistía en examinar un entorno que nadie había explorado hasta entonces, y por lo demás, todo el mundo era consciente de que las regiones abisales ya llevaban tiempo reservando sorpresas a los investigadores.

El sumergible teledirigido tardó tres horas en llegar al fondo del mar. Tras pasar treinta horas recorriendo el suelo oceánico y toparse efectivamente con buena parte de lo que se le había vaticinado, King inició los últimos sesenta minutos de la batida, sabedor de que, transcurrido ese lapso, tendría que redirigir el submarino a la superficie. En el momento en que el batiscafo se disponía a cruzar una loma del complejo montañoso Davidson, tanto King como sus colegas observaron algo desde la superficie gracias a las cámaras del aparato. La formación que les había llamado la atención se encontraba a unos ciento cincuenta metros a la izquierda del vehículo submarino. Había sido apenas un vislumbre, pero parecía un poco extraño: era como si alguien hubiera dejado allí un montón de balones de fútbol. Pusieron rumbo al punto en cuestión, y una vez en él, asombrados, se encontraron ante veinte o veinticinco pulpos, todos ellos en posición invertida y mostrando sus ventosas. En esos años, los profesores explicaban a los biólogos marinos en ciernes que los pulpos eran criaturas característicamente solitarias, y que rara vez se encontraban en grupos. Sin embargo, en esta ocasión King no solo había dado con una nutrida congregación, sino que la totalidad de sus integrantes se hallaban boca abajo, en posición defensiva y a varios miles de metros de profundidad. Aquello no era solo un avistamiento infrecuente o inverosímil: era un espectáculo que nadie había imaginado jamás. Ocurría sencillamente que carecíamos de los conocimientos necesarios de la vida en las profundidades para imaginarnos qué podíamos encontrarnos allí.

En un intento de hallar el motivo de la presencia de los pulpos, la tripulación comenzó a elaborar hipótesis especulativas. A nadie se le ocurría ninguna idea capaz de aportar razones sólidas para aquel fenómeno, hasta que percibieron un suave centelleo en la columna de agua iluminada por los focos del sumergible: una suerte de espejeo, similar al que se desprende del asfalto en un día de mucho calor. De una grieta abierta en el fondo del mar salía agua caliente. King ya había oído hablar de este insólito hecho, pero nada permitía suponer que pudiera ocurrir en esa zona, dado que el volcán llevaba mucho tiempo extinto. No obstante, no había más remedio que dar crédito a lo que sus ojos les decían. Poco después, al ampliar la imagen con las cámaras del submarino, vieron que había sacos de huevos bajo todos los pulpos y comprendieron que los cefalópodos debían de ser hembras.

King decidió llevar el sumergible a una zona inferior de la falda del monte para comprobar si también allí se estaba liberando presión y agua caliente. Las luces avanzaron lentamente y, poco a poco, fueron revelando la presencia de cientos y cientos de pulpos, todos en la misma posición invertida, todos hembras, y todos con huevos. Chad King cayó entonces en la cuenta de que los animales se hallaban alineados junto a aquellas grietas o reunidos en depresiones del fondo en las que parecía haber zonas de agua cálida remansada. La cantidad de pulpos le tenía asombrado, pero no tenía ni idea —por recuperar su analogía con la isla de Manhattan— de si aquel prodigio ocurría solo en aquella reducida porción del océano o si se trataba de una circunstancia normal en varios kilómetros a la redonda.

La respuesta iba a tener que esperar, porque el sumergible debía regresar imperiosamente a la superficie. Una vez revisadas las imágenes, King calculó que debía de haber más de un millar de pulpos incubando en esa pequeña área... Sin embargo, surgieron problemas técnicos y tardó varios meses en poder volver a explorar el monte Davidson.

Aun así, en esa segunda ocasión pudo cambiar el batiscafo gobernado a control remoto por un auténtico submarino. Ya no tendría que conformarse con permanecer en la superficie, iba a poder verlo todo en persona. Pero ¿qué le aguardaba? ¿Seguirían allí los pulpos? ¿O se trataba de una reunión fugaz, tal vez estacional? King notaba la presión —tanto la metafórica como la real—, puesto que habían organizado un enorme viaje de investigación a un remoto volcán submarino y no había forma de saber si su objeto de estudio iba a encontrarse verdaderamente en el lugar en el que esperaban encontrarlo.

Cerca de seis meses después del descubrimiento inicial, King descendió más de tres mil metros y alcanzó el pie del monte Davidson. Todo el mundo estaba nerviosísimo. El GPS no funciona correctamente en las profundidades, así que, pese a poder llevar el barco hasta la ubicación exacta que debía ocupar en la superficie, el rango de incertidumbre aumentaba cada vez más a medida que el submarino descendía, y eso, en cuanto llegaran al fondo, se traduciría en un margen de error de setenta metros. Puede que no nos parezca demasiado, pero si uno se halla sumido en la oscuridad total, con la sola ayuda de unos focos que apenas iluminan un puñado de metros, la orientación dista mucho de resultar sencilla. Una de las competencias cruciales que es preciso tener para explorar las regiones abisales es la capacidad de recordar con precisión el aspecto de una roca o el ángulo de una pendiente.

Por suerte, los pulpos seguían allí. De hecho, en el transcurso de esta segunda expedición encontraron varios miles de cefalópodos más en la zona. Y al igual que en su primera inmersión, todos eran hembras y todos protegían su puesta. Aquello era una especie de asamblea multitudinaria, y la cantidad de huevos resultaba incalculable. Hasta tuvieron la fortuna de asistir a la eclosión de uno de ellos. King filmó la primera aparición del pulpo recién nacido, que abandonó el saco de huevos, dejó atrás el fondo del mar, y se alejó a la deriva, llevado en volandas por las corrientes oceánicas.

Los científicos estaban empezando a comprender el motivo de aquella agrupación. Una de las maravillas evolutivas que caracterizan a los pulpos es el hecho de que las hembras acostumbran a poner sus huevos y a permanecer después junto a ellos durante mucho tiempo sin comer ni alejarse en ningún momento, muriendo frecuentemente al poco de la eclosión. Daba la impresión de que, al incubar en estas profundas aguas cálidas, el tiempo transcurrido entre la puesta y la eclosión se reducía significativamente. De hecho, las estimaciones actuales indican que esta agua cálida reduce en un 90% el período de cría.

Se dio al emplazamiento el nombre de «Octopus's Garden», en un guiño a la canción de los Beatles,* ya que a los científicos aquellos pulpos puestos boca abajo les hacían pensar en un arriate de flores, aunque de hecho se tratara de un conjunto de pulpos que cuidaban a sus crías en fase de crecimiento.

Tal como suele suceder con la mayor parte de los descubrimientos efectuados en aguas profundas, las respuestas dieron lu-

* La canción es del álbum *Abbey Road* (1969), y es el único tema del disco cuya letra es de Ringo Starr, que también la canta. La música es en parte de George Harrison. *(N. del T.)*

gar a nuevas preguntas. ¿A dónde van las crías? Son demasiado ligeras para luchar contra las corrientes abisales, así que forzosamente se ven arrastradas por ellas. Pero ¿a qué lugar acaban llegando? ¿Regresan luego al lugar de su nacimiento al llegar a la edad adulta, a fin de incubar a la siguiente generación, o simplemente se dirigen a la región de aguas profundas y cálidas que les quede más a mano? ¿Cómo localizan los potenciales criaderos? Y teniendo en cuenta que el tiempo que dedican a incubar la puesta las madres pulpo de aquí abajo es muy reducido, ¿hay que pensar que no mueren poco después de la eclosión de los huevos, tal como ocurre con la mayor parte de las hembras de su especie?

La pregunta más pertinente para King consistía en saber si ese «jardín de pulpos» era una maravilla natural única que había descubierto por simple casualidad o si existían sitios similares en todo el mundo. En cualquier caso, con las pruebas que ya habían logrado reunir, podrían proteger el monte Davidson de la explotación minera o de la pesca abisal, pero ¿qué ocurriría con los demás emplazamientos en los que pudieran existir guarderías parecidas? Tras numerosos meses de estudios geológicos e hidrológicos en sus respectivos despachos, King y sus colegas consiguieron identificar zonas con grandes probabilidades de contar con unas condiciones medioambientales similares. Ahora la cuestión clave era: ¿habría pulpos en ellas?

La característica geológica cuya cartografía habían establecido en el macizo submarino Davidson se conoce con el nombre de «sistema hidrotermal de baja temperatura en ladera montañosa». La base del monte es de roca basáltica porosa. El agua de mar fría se filtra por los intersticios de la piedra y penetra profundamente en ella. Después viaja a través de un conjunto de canales subterráneos tallados en dicho mineral. Durante gran parte del viaje de esa agua, el material volcánico permanece enterrado bajo cientos de metros de sedimentos, así que el agua no encuentra puntos por los que escapar. El tiempo que pasa bajo tierra hace que el agua se caliente. Este fenómeno no se debe a la actividad volcánica (el Davidson se extinguió hace mucho tiempo), sino al hecho de que, cuanto más hondo se penetre en la corteza terrestre, y cuanto más se acerque el agua al núcleo del planeta, la temperatura ambiente no solo irá creciendo de forma paulatina, sino que se mantendrá también más constante que la del agua profunda que circula por el fondo (esa misma razón es, de hecho, la que permite que las bombas de calor geotérmicas sirvan para calentar las casas y los edificios de oficinas). El agua alcanza los 10 o 10,5 °C, lo que puede no parecernos demasiado, pero desde luego es mucho más cálido que el resto del océano profundo, cuya temperatura suele situarse entre 1,6 y 1,8 °C. El agua continúa descendiendo por estos canales hasta llegar a otras zonas de menor presión, en las que puede ascender de nuevo hasta salir por las grietas del fondo oceánico.

Nuestros biólogos marinos organizaron una tercera expedición. En esta ocasión volvieron a utilizar un sumergible de control remoto, porque a pesar de que eso obligara a King y a su equipo a observar desde la superficie, estaba claro que un submarino teledirigido podría permanecer bajo el agua mucho más tiempo que cualquier vehículo tripulado. Tras un estudio inicial de la zona en que se eleva el monte Davidson, los científicos querían examinar áreas más alejadas. King conocía la existencia de un gran cono volcánico situado a unos diez kilómetros de distancia del macizo Davidson. Como también sabía que esa segunda elevación estaba formada fundamentalmente por una masa de roca volcánica porosa que se alzaba sobre el fondo del mar sin hallarse cubierta de una gran capa de sedimentos, imaginó que la zona podía contar con otro afloramiento de agua caliente y que, por eso mismo, podría haber en ella más criaderos de pulpos. Dicho de otro modo, supuso que podría estar ante un nuevo jardín de pulpos u «octocono», tal como había decidido nombrarlo el equipo. Los científicos no sabían muy bien si sería mejor desplazarse con el sumergible a bordo hasta cubrir esa distancia de diez kilómetros desde el monte Davidson, dado que sería más rápido si lo llevaban en el barco, pero al final decidieron trasladar el submarino por el fondo, sin deshacer el cordón umbilical de mandos y controles que lo unía al buque nodriza. No iban a tardar en descubrir que había sido una decisión sumamente acertada.

Mientras cruzaban el fondo fangoso que separaba el criadero de pulpos del monte Davidson del cono volcánico que se proponían alcanzar, dieron con algo que casi nadie había tenido ocasión de contemplar con anterioridad: una ballena hundida. Por lo general, solo oímos hablar de las raras veces en que un cetáceo muerto aparece varado en una playa, pero lo cierto es que hay muchas más probabilidades de que el cadáver de las ballenas termine hundiéndose en las profundidades. No obstante, una cosa es saberlo y otra muy distinta encontrarlas. Dado que más de las dos terceras partes de la superficie de la Tierra están cubiertas por el océano, la localización de una ballena muerta y tendida en el fondo resulta prácticamente imposible, sobre todo teniendo en cuenta que la exploración en aguas profundas es extremadamente difícil y costosa. Pese a todo, se cree que esta circunstancia es uno de los acontecimientos más importantes que pueden darse en las profundidades oceánicas.

Una ballena muerta es una magnífica fuente de nutrientes para las criaturas abisales. Si hay algo que los científicos han podido comprobar en las muy raras ocasiones en que topan con una ballena muerta, es que siempre aparecen cubiertas de comensales, y la mayoría de las veces descubren especies totalmente desconocidas en la carcasa (aunque cabe presumir que sean corrientes en lo más profundo del océano), ya que esos carroñeros acuden al reclamo de la abundante comida que acaba de caer en su medio.

No es difícil imaginar la sorpresa y la alegría que experimentó King al observar que los faros del sumergible teledirigido le mostraban las mandíbulas y las barbas de una gran ballena muerta. Pocos segundos después, el resto del cuerpo quedó iluminado. Unos alargados peces llamados viruelas se afanaban en devorar la grasa que aún permanecía adherida al esqueleto, mordiendo y retorciendo los pedazos para arrancarlos; otras especies de aguas profundas similares al bacalao y conocidos con el nombre de granaderos o peces cola de rata se revolvían, contorsionándose, entre las costillas; vastos grupos de cangrejos rebuscaban dentro del cadáver para darse un festín; los gusanos necrófagos del género *Osedax*, que se alimentan de huesos, empezaban a digerir los lípidos de la osamenta... Y, como cabía esperar, sobre el cetáceo también rebullían varios pulpos de aguas profundas: había posiblemente una veintena en el cadáver y otros doce más en las inmediaciones.

La primera ballena muerta tendida en el lecho marino se descubrió en el año 1987, y desde entonces se han encontrado menos de treinta (todas ellas descritas en las revistas científicas). En la mayoría de los casos llevaban ya mucho tiempo muertas y solo quedaba parte del esqueleto, que había sido devorado por un conjunto de criaturas de las que la ciencia no había tenido noticia hasta ese momento. Hallar los restos de una ballena es algo muy poco frecuente, así que dar con un cadáver todavía cubierto de carne —y básicamente por casualidad— fue un golpe de suerte verdaderamente extraordinario. La inmersión de King, a los mandos del submarino a control remoto, se transmitió en directo. En sí mismas, las imágenes resultan fascinantes, pero lo que nos da la medida de lo inusual e inesperado que fue ese hallazgo es la palpable emoción que muestran los científicos, que en pocos segundos pasan de efectuar comentarios académicos relativamente sobrios a exclamaciones del tipo: «¡Oh, Dios mío! ¡Es el cadáver de una ballena...!».

Según las estimaciones de los estudiosos, la carcasa llevaba unos tres o cuatro meses en el fondo. El cuerpo de la ballena se hallaba en la etapa intermedia de la evolución ecológica a la que se ven sometidos sus despojos. Partiendo de los limitados datos que se han logrado recopilar hasta la fecha, los científicos actuales creen que en esa «sucesión ecológica»* aparecen, en cuatro etapas consecutivas, los diferentes animales que se alimentan de los restos. Los primeros en llegar son los carroñeros, como los tiburones, los mixinos (también llamados peces bruja) o los pulpos, que

* Se entiende por «sucesión ecológica» el proceso de cambio por el que van variando con el paso del tiempo las especies que integran una comunidad ecológica dada. Se inicia, entre otras posibilidades, como consecuencia de la colonización inicial de un hábitat recién creado o tras una perturbación capaz de alterar radicalmente la situación anterior (como ocurre, por ejemplo, en un monte afectado por un incendio forestal). *(N. del T.)*

nadan libremente y pueden cubrir distancias notables. Este tipo de especímenes se encargan de consumir los tejidos blandos. Al cabo de un tiempo aparecen los oportunistas, como los crustáceos y los gusanos poliquetos. Estos colonizan el cadáver, cuyo volumen ya está a esas alturas bastante menguado, obviamente. La tercera etapa, conocida con el nombre de fase quimioautotrófica, arranca una vez se ha devorado la mayor parte del tejido blando, ya que es entonces cuando los gusanos pertenecientes al género *Osedax*, así como otros organismos necrófagos, empiezan a descomponer los lípidos de la osamenta. La ballena que acababa de encontrar el equipo de investigación de King se encontraba a caballo entre la segunda y tercera etapa. Hasta ahora nadie ha conseguido presenciar la cuarta, pero los expertos creen que hay una «fase de arrecife» en la que los animales filtradores colonizan el esqueleto, transformado ya en un simple sustrato mineral al que se fija este tipo de fauna. En realidad, estas cuatro etapas se superponen unas a otras y su duración varía en función del tamaño de la ballena y de la profundidad a la que acabe cayendo.

Lo cierto es que se sabe bastante poco, pero los científicos están prácticamente seguros de que la caída de ballenas al fondo del océano da lugar al surgimiento de ecosistemas vitales para las aguas profundas. Los estudiosos especulan con la posibilidad de que la abrupta disminución del número de cetáceos —que se produjo tanto en los tiempos de la caza comercial de estos grandes mamíferos como después de su regulación— debió de resultar tan devastadora para la vida marina de las regiones abisales como para las propias ballenas. Sin embargo, es mucho lo que todavía queda por desvelar y comprender.

Dado que la mayor parte de los cadáveres de ballenas han sido avistados, hasta ahora, en el suelo oceánico del Pacífico Oriental, junto a las costas de California (debido, con toda probabilidad, a la simple circunstancia de que ese es justamente el lugar en el que se han efectuado hasta la fecha casi todas las misiones de exploración), es lógico que el hecho de que en marzo de 2020 un equipo de científicos del Laboratorio de Ciencia e Ingeniería del mar de la China Meridional descubriera una ballena caída en esas aguas produjera un gran entusiasmo, tanto en el seno de la comunidad científica como entre el público en general.

Estos científicos colocaron una cámara en el lugar en que se hallaba el cadáver, y gracias a ello pudieron tomarse fotografías diariamente por espacio de dos meses. Los resultados han planteado un sinfín de preguntas fascinantes sobre la vida en las profundidades oceánicas. ¿Las criaturas observadas en el cadáver de una ballena caída en el mar de la China Meridional, en la provincia de Cantón, son marcadamente diferentes de las halladas en las ballenas caídas en otras partes del mundo? ¿Alguno de esos animales pertenecía a una especie distinta a las detectadas en otros lugares del mar de la China Meridional, lo que significaría que podría depender, al menos potencialmente, de que hubiera o no caídas de ballenas? ¿Cómo encuentran las especies móviles los cadáveres de ballenas y cómo se las arreglan para sobrevivir en los períodos que median entre esos acontecimientos?

Es vital encontrar respuestas a este tipo de interrogantes, y no solo porque aún sabemos muy poco de la vida en las zonas abisales, sino también, y, sobre todo, porque ya nos dedicamos a pescar intensamente en esas regiones y la industria minera está prácticamente a punto de explotarlas por medios industriales.

Y todo esto nos devuelve al asunto de las vacas.

Los investigadores tenían tres opciones: tratar de descubrir más ballenas hundidas; esperar a que apareciera una ballena muerta en alguna playa para transportarla después a algún lugar de aguas profundas en el que poder efectuar pruebas, o idear un experimento alternativo idóneo. Pese a admitir sin ambages que, desde el punto de vista biológico, una vaca es muy distinta de una ballena, los científicos tenían la sensación de que había suficientes semejanzas para realizar un experimento con razonables expectativas de éxito. Curiosamente, tanto la ganadería intensiva que practicamos en casi todo el mundo como el transporte intercontinental de carne hacen que no sea raro que las reses muertas terminen en el mar, lo que a su vez implica que, posiblemente, el experimento de las vacas no tenga un carácter tan excepcional como pudiera parecer a primera vista. De hecho, en 2019 se ahogaron cerca de quince mil ovejas al zozobrar en el mar Negro el barco en el que viajaban. Nadie sabe con exactitud qué ocurrió entonces en el fondo del mar, pero es probable que el aumento de la población de gusanos devoradores de huesos sea una consecuencia de este triste incidente.

Como decía al principio de este apartado, los científicos colocaron a las tres vacas a profundidades diferentes en las laderas del monte submarino Zhongnan. Si procedieron de ese modo fue en parte para determinar si las variaciones en la profundidad generaban cambios en la velocidad de la sucesión ecológica, pero también lo hicieron con el objetivo de observar si los cadáveres atraían o no a comunidades de necrófagos distintas. Instalaron cámaras en las inmediaciones, sujetándolas en un conjunto de estructuras, y aguardaron. Transcurridos unos meses, comenzaron a percibir unas cuantas tendencias claras. La vaca más superficial, situada a seiscientos cincuenta metros de profundidad, perdió la mitad de sus tejidos blandos en solo veinticuatro horas, y a los pocos meses desapareció por completo. Al cabo de ese mismo lapso de tiempo, en cambio, la vaca colocada en el punto más hondo, a tres mil cuatrocientos metros de profundidad, todavía conservaba la tercera parte de sus tejidos blandos. El análisis de las diferentes especies que se alimentaron de las tres vacas sugería, por tanto, la existencia de comunidades muy diferentes en las tres profundidades estudiadas, y los investigadores, además, tuvieron ocasión de registrar muchas especies jamás vistas con anterioridad en el mar de la China Meridional.

Más del 95% de la biosfera terrestre se halla en las profundidades oceánicas. De hecho, cada vez que se efectúan estudios, las regiones abisales nos revelan un poquito más los misterios en que se hallan envueltas. En las últimas décadas, hemos descubierto que la mayor migración del planeta es la que asciende desde las profundidades del océano y alcanza la superficie noche tras noche. Hemos encontrado fuentes hidrotermales que han transformado nuestra comprensión del universo biológico y revelado que las aguas abisales tienen un papel fundamental que cumplir si queremos atajar el cambio climático, dado que no solo secuestran inmensos volúmenes de carbono, sino que también absorben calor en la columna de agua. Cuanto más examinamos el fondo del mar, más nos percatamos de lo importantes que son las profundidades para la vida en el globo.

En la actualidad, la comunidad científica está convencida de que los sistemas hidrotermales como los de las laderas del macizo submarino en el que Chad King encontró el «jardín de pulpos» se encuentran en realidad en todo el mundo. Si esta suposición es correcta, habría una enorme extensión submarina con posibilidades de albergar criaderos de pulpos. De hecho, esas mismas regiones también podrían constituir refugios de agua caliente aptos para el desarrollo de otros fenómenos que todavía no hemos descubierto o que ni siquiera hemos alcanzado a imaginar aún.

Una buena parte de lo descubierto en las profundidades tiene un valor puramente científico y otra es de aplicación global y puede contribuir a la estabilidad de nuestro planeta. Sin embargo, hay un hallazgo que además de poseer una utilidad económica resulta bastante controvertido. Me refiero a la circunstancia de que se hayan encontrado tierras raras en esas regiones abisales. Entre los elementos particularmente demandados destacan los nódulos polimetálicos. Estas concreciones aparecen en enormes cantidades en toda la llanura abisal del océano. Son trozos esféricos del tamaño de una patata que contienen manganeso, níquel, cobalto y cobre. Hay compañías mineras que están ejerciendo grandes presiones con el objetivo de obtener los permisos necesarios para explotar estos depósitos a escala industrial, lo que ha causado una honda preocupación entre los científicos que temen el impacto que esa actividad pueda tener tanto en la vida de las profundidades marinas como en el almacenamiento de carbono y las poblaciones de peces. Es tan poco lo que sabemos sobre las conexiones que vinculan las aguas abisales con el resto del planeta que actualmente no hay forma humana de predecir la totalidad de las eventuales repercusiones.

La competición surgida de ese afán de explotación de las profundidades suscita una pregunta relevante: si se revelara necesario proteger las regiones abisales, ¿cómo se decidirían los puntos a preservar? Hasta el año 2000, nadie tenía la menor idea de que existiera ese campo hidrotermal del Océano Atlántico al que damos el nombre de la Ciudad Perdida —en realidad una extensa cadena de inmensas chimeneas volcánicas cuya altura ronda los sesenta metros—. Ese entorno alberga un sinfín de especies que la ciencia desconoce, y de hecho se cree que todavía quedan por descubrir muchos sitios parecidos. El criadero de pulpos no se descubrió hasta el año 2018. Todavía no comprendemos del todo la importancia que tiene la caída de cadáveres de ballenas para la vida oceánica. Y lo cierto es, irónicamente, que hay grandes probabilidades de que el mayor número de lugares con cadáveres de ballenas sean los que jalonan las rutas de navegación, ya que muchos cetáceos mueren tras colisionar con un barco. Y si no se concede a las regiones pelágicas y abisales la condición de santuarios, ¿cómo podrá ampararse la inmensa migración de los peces linterna, que abandonan diariamente las profundidades oceánicas para ascender hasta la superficie?

Hace décadas, fueron justamente las personas con visión de futuro las que optaron por unir sus fuerzas y lograr que se aceptara preservar de la explotación o la propiedad privada a la Antártida, el único continente de la Tierra que carece de una población humana indígena. Esto convirtió al casquete meridional en un espacio colectivo reservado a la ciencia y a las labores de paz —lo que no deja de resultar extraordinario en un mundo cada vez más competitivo—. Es posible que ya dispongamos hoy de un conjunto probatorio lo bastante claro como para sugerir que la humanidad entera se beneficiaría si se aplicaran las mismas precauciones a las profundidades oceánicas.

Desde luego, esa es al menos la convicción que comparten Jessica Battle, Kaja Lønne Fjærtoft y Sol Kaho'ohalahala («Tío Sol»). De hecho, los tres coinciden también en otra cosa: la percepción de que no queda demasiado tiempo si queremos actuar eficazmente en el esfuerzo encaminado a detener la explotación minera de las zonas abisales. Ese empeño ha unido a muy distintas gentes: líderes indígenas, expertos en la toma de decisiones políticas responsables, científicos y defensores del medio ambiente de todo el mundo... Dadas las dificultades y el escaso margen de tiempo, sería lógico figurárselos exhaustos y vencidos por la fatiga de una lucha que les enfrenta a oponentes dotados de mejores recursos. Sin embargo, lo que sucede en realidad es todo lo contrario, ya que lo que galvaniza a estos defensores del medio ambiente que proceden de mundos muy diferentes es el hecho de que su particular combate tal vez haya llegado en el momento más oportuno.

En 2023, al ponerse en pie para dirigirse a los asistentes de la reunión de la Autoridad Internacional de los Fondos Marinos, el aspecto de Tío Sol produjo en los presentes una impresión extraña. Embutidos en sus trajes de corte clásico, los diplomáticos dejaron de contemplar por un instante la pantalla de sus ordenadores portátiles y sus montañas de documentos y se dispusieron a prestar oídos al hombre de cabello blanco y poco más de setenta años que acababa de tomar la palabra, envuelto en la tradicional camisa hawaiana, para abordar con vehemencia los problemas del Océano Pacífico. El pintoresco orador, que parecía haberse pasado la vida entera junto al mar, hablaba como un líder investido del saber de un sinnúmero de generaciones. En su condición de antiguo representante del Estado de Hawái, anciano con voz y voto en el Consejo asesor de la Reserva del Monumento Nacional Marino de Papahānaumokuākea, y miembro de la Comunidad cultural del Monumento Nacional de las Islas Remotas del Pacífico, Sol Kahoʻohalahala poseía la capacidad, la experiencia y la autoridad necesarias para oponerse a la explotación minera de las aguas profundas con argumentos serios y sólidos fundamentos. Sin embargo, no comenzó a desgranar estadísticas. No habló de «ingresos» ni de «capturas», y tampoco del «secuestro de carbono», pese a comprender perfectamente la importancia de esos extremos. Lo que sí hizo, en cambio, fue intentar añadir un mejor contexto a una situación que corría el peligro de convertirse en un debate de simple carácter geopolítico. Habló del Kumulipo, la ancestral relación cosmogónica y genealógica de Hawái, y expuso que la primera forma de vida en ver la luz surgió de una profundísima fuente cuyo manadero se encuentra en los mares más oscuros. Tras la aparición del primer pólipo de coral vinieron todas las demás criaturas, explicó. Y acto seguido, temiendo que se acabaran destruyendo por completo los mares que tanto venera su gente, en referencia a las compañías mineras señaló: «Están diezmando nuestros vínculos sagrados y culturales con el único fin de enriquecerse».

Jessica Battle, que además de experta en la aplicación de políticas medioambientales y en la gestión de los océanos ha consagrado toda su vida profesional a la negociación de acuerdos, comenta a su vez los quince años que ha dedicado a la concreción de un pacto en las Naciones Unidas al que finalmente se ha dado el nombre de Tratado de Alta Mar (rubricado en marzo de 2023). A pesar de todo, Battle es consciente de que, si no se consiguen grandes acuerdos jurídicos multilaterales, los activistas tendrán que luchar, uno por uno, contra todos los miopes intentos de explotar el océano, y también sabe muy bien que, dentro de muy poco tiempo, será además imprescindible oponerse a las numerosas solicitudes de concesiones mineras de las empresas que pretenden operar en aguas profundas. Aun así, la ecologista tiene la sensación de que las tornas están cambiando:

> ¡Hasta la propia industria de la pesca de arrastre se resiste a aceptar este expolio! ¡La gente con la que me he pasado la vida discutiendo con el fin de frenar los excesos pesqueros está convencida de que la explotación minera de las regiones abisales es tremendamente perjudicial para la vida marina!

Los aspectos comerciales tienen su importancia, y los defensores de la minería de aguas profundas argumentan que necesitamos esos minerales para las baterías de los coches, los circuitos integrados de los ordenadores y hasta las turbinas eólicas. Sin embargo, muchas de las empresas que fabrican esos productos ya han anunciado que no están dispuestas a adquirir minerales obtenidos del fondo marino. Jessica Battle ha estado en primera fila en muchas de las negociaciones globales relacionadas con la gestión de los océanos, y en esta ocasión se muestra optimista. En el momento de escribir estas líneas, son ya treinta y dos los países que han suspendido, prohibido o pedido una moratoria de la explotación minera de las aguas abisales, y hay serios llamamientos que instan a las naciones a pactar una moratoria global. Battle señala asimismo que, a diferencia de lo que ocurre con otras muchas industrias extractivas e igualmente dañinas de todo el mundo, todavía no puede decirse que esta actividad minera haya comenzado —al menos no en sentido estricto—. Si le ponemos freno ahora, como mínimo hasta que no aumentemos los conocimientos que tenemos de las profundidades marinas, no se pondrá en juego la forma de ganarse la vida de nadie, y tampoco habrá que cerrar empresas ni gestionar ningún proceso de transición ecológica.

Al margen de los tratados internacionales, también se está produciendo un acalorado debate en varias naciones costeras. Kaja Lønne Fjærtoft, una antigua funcionaria del gobierno noruego que actualmente trabaja para el Fondo Mundial para la Naturaleza, lidera una coalición que se opone al reciente anuncio de las autoridades de su país, que no solo pretenden permitir la explotación minera de sus aguas costeras, sino también la de todo el espacio de su plataforma continental. Son muchas las razones que animan a la adopción del principio de precaución en el caso del aprovechamiento minero de las aguas abisales, pero la coalición de universidades, organizaciones juveniles, científicos y ONGs que capitanea Kaja ha resaltado la más importante en la polémica que la enfrenta al gobierno noruego: dado que es tan poco lo que sabemos sobre las profundidades marinas, ¿cómo vamos a predecir (y mucho menos gestionar) las eventuales repercusiones del ruido que se va a generar, las consecuencias de las excavaciones o los peligros de la contaminación? De hecho, una de las pocas cosas que podemos decir con certeza de las profundidades marinas es que tardan mucho más en regenerarse que otras zonas del océano.

Las regiones abisales funcionan a una escala temporal completamente distinta a la del moderno mundo humano: el crecimiento tarda siglos en materializarse; los hábitats precisan miles de años para constituirse, y la restauración exige unos períodos de tiempo tan prolongados que, en esencia, resulta imposible saber lo que va a pasar. Es muy probable, por tanto, que el enfoque con el que abordamos la significación de las profundidades no solo requiera un cambio de política, sino también una modificación de nuestras perspectivas: debemos abordar la situación reconociendo tanto nuestras limitaciones como nuestra natural tendencia a centrarnos más en el corto plazo que en las secuencias intergeneracionales. En el caso de las aguas abisales, tal como también ocurre con otros muchos aspectos del mundo natural, es mucho lo que hemos de aprender de los pueblos indígenas.

Para Tío Sol y su gente, la patria es el océano. Han vivido miles de años sin establecer divisiones entre el mar y la tierra, y a sus ojos las profundidades han sido siempre el sagrado lugar de la creación. Por eso la actividad minera en las sagradas aguas de Hawái no es un simple acto de explotación, sino una profanación. A su juicio, el valor no puede consignarse en los balances contables ni quedar compensado con la restauración de otra región, ya que todo cuanto consideran valioso reside en el vínculo vital entre el género humano y el océano, en la certeza de que únicamente podremos prosperar si el océano florece.

Las profundidades oceánicas son, de hecho, el último espacio salvaje inexplorado, el único lugar que queda con capacidad para hacernos descubrir cosas sobre nuestro mundo que van más allá del círculo de nuestra imaginación... Es un área común que no tiene propietario y que sin embargo es crucial para todas las formas de vida. Quizá sea la primera vez que se nos concede la oportunidad de demostrar todo cuanto nuestra especie ha aprendido. Podemos respetar los derechos de los pueblos indígenas, tomar como guía las pruebas científicas, cooperar en nombre del bien común, y definir el valor como algo que nada tiene que ver con el dinero.

3

El mar abierto

Filmando a la ballena azul en el golfo de California

Las ballenas azules están perfectamente adaptadas para navegar por el océano. Sus cuerpos, en los que se aúnan potencia y aerodinámica, les permiten viajar en mar abierto y recorrer miles de kilómetros todos los años sin que nadie las detecte. No obstante, en algunos puntos y en determinadas épocas se acercan bastante a la costa con el fin de traer a sus crías al mundo y amamantarlas. Y uno de esos lugares y períodos se da justamente en los meses de invierno en el golfo de California.

Y allí nos dirigimos en 2001 para tratar de filmar a una ballena azul y aportar escenas a la serie que más tarde emitiríamos con el título de *La vida de los mamíferos*. El primer programa se proponía contar el proceso que permitió a los mamíferos colonizar el medio marino, y la ballena azul era, lógicamente, el ejemplo más espectacular al que cabía recurrir para ilustrar este logro.

Nadie podría decir, ni siquiera hoy, que resulte fácil filmar a las ballenas azules. Sin embargo, casi veinticinco años atrás el desafío que planteaba la tarea se revelaba aún más complicado. No disponíamos de drones, así que no podíamos lanzarlos desde el barco en cuestión de segundos, y tampoco existían las referencias de identificación por satélite que actualmente señalan la posición de una ballena marcada. Teníamos que depender, por tanto, de observadores experimentados que oteaban desde la orilla, y confiar en que su aguda vista y su buen hacer pudieran guiar a una avioneta y a nuestro barco hasta el lugar correcto, justo a tiempo para captar un plano aéreo de la ballena y dar así a los espectadores una idea aproximada de su enorme tamaño.

En aquellos años, los datos científicos relacionados con la especie eran mucho más limitados que en nuestros días. Las actividades que acabarían convirtiéndose en un estudio de larga duración de las poblaciones de ballenas que visitan el golfo de California estaban todavía en pañales. Pese a las décadas de minuciosa investigación en las que ya se habían estudiado sus rutas migratorias, los conocimientos sobre esta cuestión en particular tenían todavía muchas lagunas. Y no hay que olvidar que la prohibición de la caza comercial de ballenas se había acordado apenas quince años antes del arranque del nuevo milenio, de modo que el número total de ballenas azules vivas rondaba, poco más o menos, los cinco mil ejemplares, un número que apenas alcanzaba el 2% de la cifra que deberían tener de forma natural.

Para complicar todavía más la materialización de nuestras ambiciones cinematográficas, hay que tener en cuenta que las ballenas azules tienen una prodigiosa capacidad de hacer acopio de oxígeno, lo que les permite permanecer hasta una hora bajo el agua. Y cuando vuelven a la superficie, lo hacen tan lejos del punto en el que iniciaron la inmersión que todo intento de predecir dónde pueden reaparecer resulta prácticamente imposible. Esta aptitud para el buceo no solo se debe a que la capacidad de sus pulmones es ochocientas veces superior a la de un ser humano, sino al hecho de que también puedan expulsar el 90% del aire usado y reemplazarlo después por otro fresco, y todo ello en un solo ciclo de ventilación. Los animales terrestres, incluidos los seres humanos, pueden hacer lo mismo, pero con una eficacia que no va más allá del 15% de su capacidad pulmonar. Además, la ballena azul puede almacenar el oxígeno tanto en las diez toneladas de su torrente sanguíneo como en sus tejidos. Esta proeza resulta particularmente interesante cuando el animal se sumerge a gran profundidad, ya que entonces la presión alcanza tales valores que los pulmones de la ballena quedan temporalmente inutilizados. Sea como fuere, lo cierto es que todas estas adaptaciones dificultan de forma notable todo intento de determinar el momento en el que su gran cabeza pueda romper la superficie y brindarnos la instantánea perfecta.

Por fortuna, lo habitual es que la inmersión de las ballenas azules se ajuste a un ciclo regular: primero realizan cinco inmersiones cortas cerca de la superficie, y después hacen una más larga que las lleva a mayor profundidad. Ahora bien, su velocidad de crucero en la superficie o cerca de ella es de veinte nudos,* así que también es fácil perderlas de vista durante las inmersiones de escasa profundidad.

A todas estas dificultades aún hay que añadirles un reto que nosotros mismos nos habíamos impuesto. En la escena que deseábamos rodar, yo debía dirigirme a la cámara a bordo de una pequeña lancha inflable, y en un momento dado tenía que salir súbitamente una ballena a la superficie, justo detrás de mí... De ese modo, tanto ella como yo apareceríamos en el mismo plano y transmitiríamos al espectador una idea bastante clara de las gigantescas dimensiones del animal. Como es obvio, grabar una imagen de ese calibre no iba a ser fácil. Necesitaríamos una tripulación experta, mucha paciencia y... ¡suerte!

Salimos del puerto de muy buena mañana y nos dirigimos al centro de la bahía, ya a mar abierto. El piloto que debía guiarnos volando lentamente en su avioneta apareció sobre nuestras cabezas y comenzó a dar vueltas en círculo a unos noventa o cien metros de altura. Nos habíamos asegurado de que sabía distinguir el surtidor que expulsan las ballenas azules del que lanzan los ejemplares de otras especies: el agua sale disparada y llega a elevarse unos diez metros, formando un chorro relativamente recto, y la altura, el volumen y la potencia del titánico resoplido hacen que las gotas pulverizadas floten en el aire mucho más tiempo que en el caso de cualquier otro tipo de ballena. En cuanto divisara uno de esos vastos penachos, nos comunicaría por radio el rumbo que

* Unos 37 kilómetros por hora. *(N. del T.)*

deberíamos tomar, y todos cruzaríamos los dedos con la esperanza de poder alcanzar al cetáceo antes de que volviera a sumergirse.

Tras varios intentos, logramos nuestro objetivo. Tan pronto como nos vimos a unos veinte metros del animal, arrojamos por la borda una pequeña lancha inflable. Salté, me puse los amarres de seguridad, y en cuestión de segundos nos encontramos en la vertical de la ballena, que nadaba unos seis metros por debajo de nosotros. El mar, de un intenso color añil, tenía la transparencia del cristal, lo que me permitía ver sus flancos veteados de azul y el suave ondear de sus enormes aletas, que parecían bambolearse de lado a lado. El cámara, que permanecía en el barco principal, a pocos metros de distancia, me hizo un gesto con el pulgar para indicarme que todo iba bien. Clavé la vista en las profundidades y vi el lomo del animal que ascendía rápidamente hacia la superficie. «¡Una ballena azul!», grité emocionado, venciendo el rugido del motor fueraborda, y entonces un gran chorro de agua a presión se elevó en el aire, empapándome hasta los huesos en su caída. Fue uno de los momentos más estimulantes de mi vida.

Son muchos los hechos que podrían traerse a colación para intentar explicar la maravilla evolutiva de la ballena azul: la anchura de sus vasos sanguíneos permitiría nadar en su interior a un ser humano; su lengua pesa más de dos toneladas; durante la temporada de cría puede llegar a ingerir quinientos millones de kril al día, y su corazón, de doscientos kilos, es tan poderoso que uno solo de sus latidos puede ser detectado por otra ballena a más de cuatro kilómetros de distancia. Sin embargo, para mí el dato más apabullante es curiosamente el que menos explicaciones necesita. Ocurre simplemente que la ballena azul es el mayor animal que jamás haya existido en el planeta: tiene un tamaño superior al doble del que pudo haber exhibido el más impresionante de los dinosaurios. Como ya hemos comentado, un animal de semejantes dimensiones solo podría vivir en el mar, ya que no hay hueso capaz de soportar la masa de un organismo de ese calibre en tierra firme.

Contemplar un animal de tal poderío, y tan perfectamente adaptado a su entorno, haría las delicias de cualquier persona que aprecie el mundo natural, pero navegar a su lado evocó en mí ecos más profundos. A lo largo de casi toda mi vida se había dado caza a las ballenas, en gran parte para obtener su aceite. Sus poblaciones habían caído a niveles tan bajos que yo temía, junto con otras muchas personas, que no lograran recuperarse. Pese a que ya hubiera entrado en vigor la prohibición de la captura comercial de ballenas, corriendo el año 1986, me seguía preocupando que se tardara mucho en asistir a una recuperación significativa del número de azules. A fin de cuentas, las ballenas azules no suelen alcanzar la madurez sexual hasta los diez o quince años de edad, la gestación dura prácticamente doce meses, y es muy probable que solo tengan crías, en el mejor de los casos, cada dos o tres años. Al añadir a estos condicionantes biológicos la constatable inmensidad del mar abierto y la amplia distribución geográfica de este cetáceo, cobré conciencia de que el simple hecho de ver una ballena azul tan poco tiempo después de que se hubiera frenado su caza era realmente un privilegio tan notable como inolvidable.

En cualquier caso, la suerte de haber sido testigo en los últimos cuarenta años de la recuperación de la especie, cuyo número de ejemplares ha pasado de los escasos centenares de 1982 a los entre 5.000 y 15.000 actuales, da fe tanto de la importancia de la cooperación global como de la capacidad de recuperación del océano y del indomable espíritu de los hombres y mujeres que lucharon con todas sus fuerzas, y con notable éxito, para proteger a estas majestuosas criaturas.

D. A.

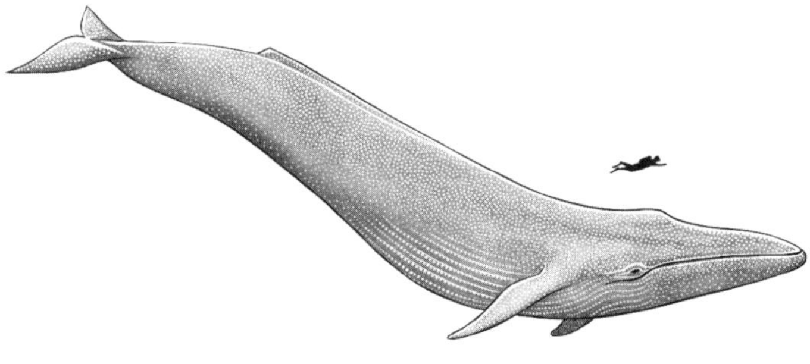

Tras abandonar las cálidas aguas del Pacífico, una tortuga laúd se aúpa pesadamente a los arenales de una playa de Costa Rica. Es la especie más grande y antigua de todas cuantas integran la gran familia de las tortugas. Su cuerpo, de 2,4 metros de longitud, ha evolucionado de tal modo que sus movimientos resultan elegantes y gráciles en el agua, ya que sus aletas delanteras, largas y potentes, le permiten recorrer distancias inmensas a nado y sumergirse varios centenares de metros. Estas mismas aletas, sin embargo, la obligan ahora a arrastrarse por la playa, dado que aquí, sin la liviandad que le otorga el agua salada del mar, la tarea de desplazar sus quinientos kilos por la arena se revela verdaderamente dura. Aun así, su esfuerzo tiene un carácter crucial, ya que es la última representante de su antiguo linaje en visitar estas playas con el fin de depositar sus huevos. En cuanto termine la puesta, deberá alimentarse para recuperar fuerzas y, una vez cumplida su misión, viajará miles de kilómetros y recorrerá parte del litoral de América del Sur para dirigirse a las ricas aguas de las Galápagos, donde sabe que podrá darse un banquete de medusas.

Esta tortuga en concreto pertenece a la población de las laúd del Pacífico Oriental, y en intervalos de dos a cuatro años todas las hembras de este grupo realizan un periplo similar. Otros ejemplares de su misma especie van a desovar a Indonesia y cruzan parte del Pacífico Occidental para alimentarse frente a las costas de Australia, aunque en algunos casos alargan su peregrinación y llegan a alcanzar incluso la costa oeste de Estados Unidos, lo que las obliga a cubrir cada año una distancia de más de trece mil kilómetros entre las zonas en que anidan y aquellas en las que se alimentan. Pueden pasar un cierto tiempo en las inmediaciones de la costa, pero se sienten perfectamente cómodas en alta mar. Y desde luego, tampoco son las únicas criaturas que recorren las vastedades oceánicas.

Un significativo número de grandes tiburones blancos parte del litoral estadounidense del Pacífico y se desplaza hasta una región aparentemente anodina que se halla en pleno océano, a mitad de camino entre su punto de origen y el archipiélago de Hawái. Los investigadores que descubrieron el lugar de estas reuniones

Un pez payaso nada entre los tentáculos de una anémona. Se conocen más de un millar de especies de anémonas, pero solo una decena de ellas ha desarrollado con el pez payaso una relación que redunda en beneficio de ambos, y se trata de hecho de una interacción vital para la supervivencia de las dos especies.

La fotografía, captada en 2024, muestra un arrecife de coral sano del archipiélago de Raja Ampat, en Indonesia. Los corales crean estructuras tridimensionales de enorme complejidad, repletas de recovecos, brechas y boquetes, lo que ofrece a animales de

cualquier tamaño magníficas oportunidades de asentamiento. Esto explica la asombrosa gama de especies que se hallan presentes en los arrecifes de las islas de Raja Ampat, que gozan de muy buena protección.

Imagen obtenida a cámara lenta de un conjunto de pólipos estrella verde (*Pachyclavularia violacea*). En las colonias de coral saludables, un solo metro cuadrado puede albergar más de diez mil pólipos.

David Attenborough se dispone a sumergirse a trescientos metros de profundidad en el arrecife Osprey, situado en el mar del Coral, entre Papúa Nueva Guinea y Australia.

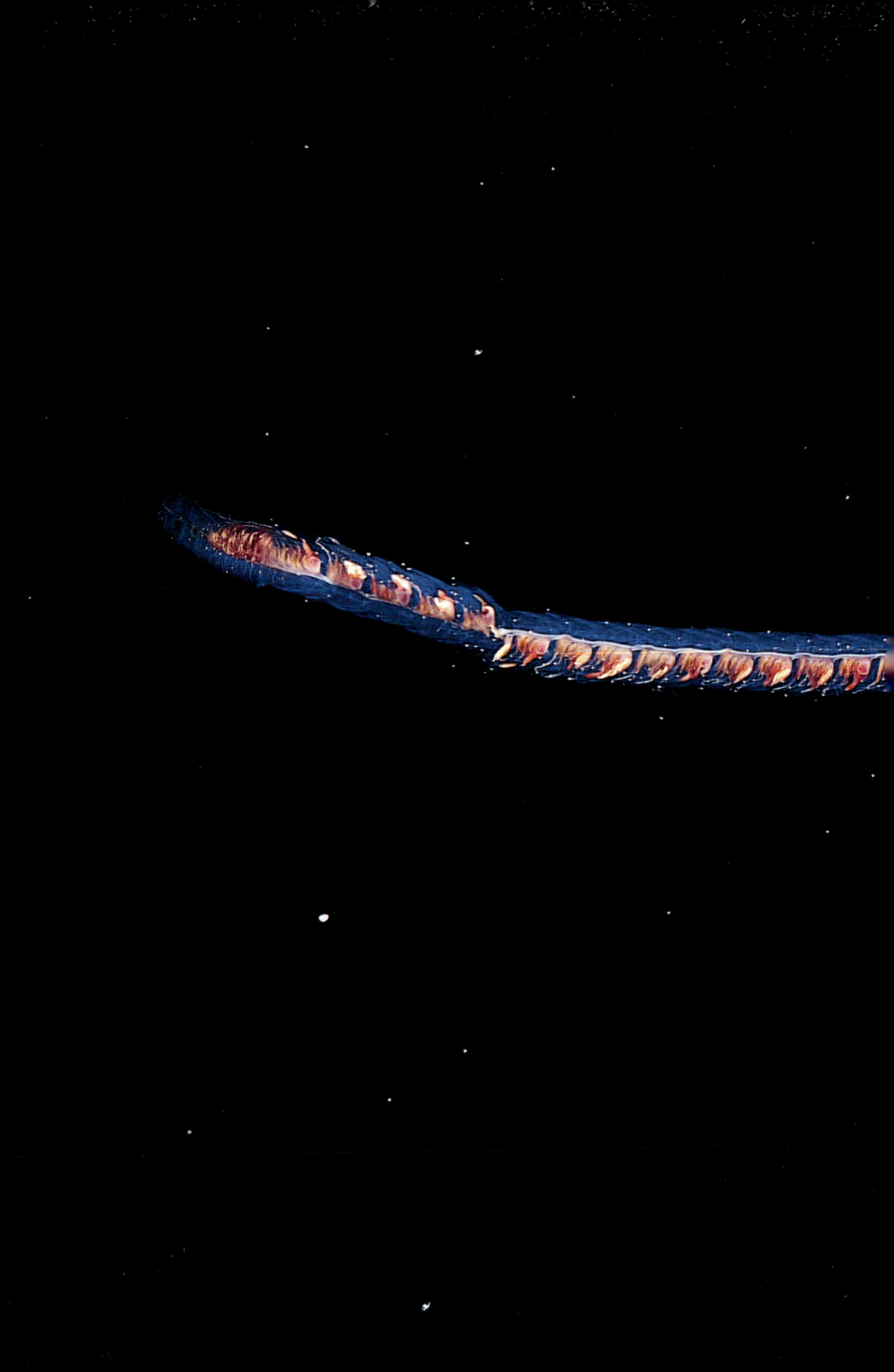

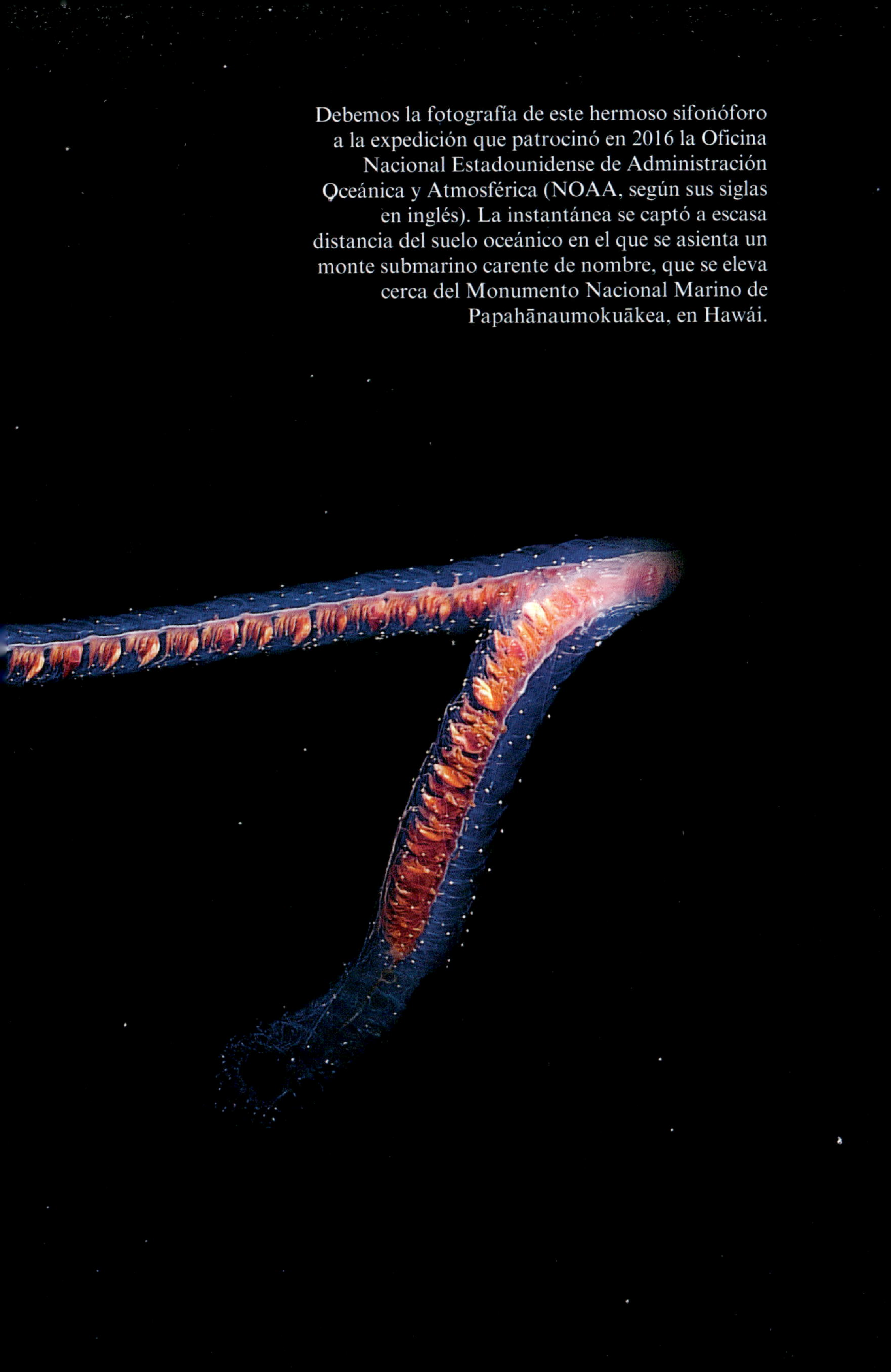

Debemos la fotografía de este hermoso sifonóforo a la expedición que patrocinó en 2016 la Oficina Nacional Estadounidense de Administración Oceánica y Atmosférica (NOAA, según sus siglas en inglés). La instantánea se captó a escasa distancia del suelo oceánico en el que se asienta un monte submarino carente de nombre, que se eleva cerca del Monumento Nacional Marino de Papahānaumokuākea, en Hawái.

En octubre de 2019, los esfuerzos conjuntos del Santuario Marino Nacional de la Bahía de Monterrey (auspiciado por la NOAA) y el Programa de Exploración Oceánica permitieron descubrir el cadáver de una ballena tendido en el fondo del mar, a tres mil metros de profundidad, en las inmediaciones del monte submarino Davidson. Los expertos creen que lo más probable es que la ballena se hundiera unos cuatro meses antes de que se captara esta imagen.

Se estima que el número de hembras de pulpo en período de cría (de la especie *Muusoctopus robustus*) descubiertas en octubre de 2018 en los alrededores del monte submarino Davidson rondaba los veinte mil ejemplares. Los científicos consideran que la presencia de estos grandes grupos de cefalópodos en la zona se debe a la existencia de fuentes hidrotermales cálidas. El agua templada acelera el desarrollo de las huevas, y de hecho las estimaciones actuales indican que estas aguas cálidas reducen en un 90% el período de cría.

dieron a esa zona el apodo de «el Café», ya que en un principio creyeron que el propósito de tan extraña asamblea podría consistir en buscar congéneres con los que aparearse. Sin embargo, no tardaron en constatar que también había muchos ejemplares jóvenes, que por definición se hallan en edades previas a la reproductiva, por lo que ahora se considera que esa deducción inicial probablemente era errónea. Una vez allí, los escualos parecen realizar inmersiones de gran profundidad y con una frecuencia muy superior a la que es habitual en un tiburón blanco asentado en las proximidades de la costa. Esto ha llevado a elaborar una segunda teoría, según la cual los escualos podrían acudir aquí con la intención de cazar calamares. En cualquier caso, todavía no estamos seguros de que esa sea la causa.

Por otro lado, una de las incógnitas más fascinantes relativas a esta peregrinación consiste en tratar de determinar cuánto tiempo llevan los tiburones blancos visitando este «Café». El gran blanco es una especie muy antigua y uno de los más rotundos éxitos de la evolución, y los registros fósiles sugieren que esta misma especie —u otra íntimamente ligada a ella y su precursora en la cadena evolutiva— podría llevar millones de años patrullando estas aguas. Pero ¿han venido siempre a este lugar, o se ha producido algún cambio en las condiciones del océano o en la concentración de presas que lo convirtieron repentinamente en un polo de atracción para los sentidos extremadamente agudos de los grandes tiburones blancos? ¿O tal vez se trató del descubrimiento casual de un tiburón concreto al que le gustó tanto el sitio que decidió regresar periódicamente a lo largo de sus setenta años de vida, incitando así a otros congéneres a imitar su ejemplo? A medida que vamos obteniendo pequeños e intrigantes vislumbres de las vidas de los grandes nómadas oceánicos, vamos reuniendo también pequeños fragmentos de conocimiento que se suman a la imagen de conjunto que conseguimos esbozar de la vida en el océano, y nos revelan que el lienzo es mucho más amplio de lo que habíamos pensado en un principio.

Al viajar desde las zonas en que se alimentan, situadas en el mar de Bering, hasta la Baja California mexicana, donde se reproducen, las ballenas grises realizan una migración de ocho mil kilómetros, y luego cubren otra vez esa misma distancia al regresar al norte. Por su parte, las ballenas jorobadas recorren distancias asombrosas al pasar de sus zonas de reproducción de los trópicos al Océano Antártico, y viceversa. Hay constancia documental de una ballena jorobada que efectuó 18.942 kilómetros en 265 días entre la ida y la vuelta. Las tecnologías de seguimiento —como las referencias satelitales y la marcación acústica— son ahora más fiables y se hacen con dispositivos más pequeños, más baratos y más fáciles de usar, lo que explica que su empleo haya crecido enormemente y que la comprensión que tenemos de los desplazamientos espaciotemporales de muchos tipos de animales marinos sea ahora mucho más completa que antes. Gracias a ello, los datos que se están generando nos permiten asomarnos a la vida cotidiana de las regiones pelágicas y diferenciar la importancia de distintas áreas: unas como espacios de alimentación, otras como refugios para criar a la descendencia, y otras, no menos importantes, como corredores migratorios.

Los proyectos de supervisión marina a gran escala como el Programa de Marcaje de los Depredadores del Pacífico (con el que se ha seguido el rastro de más de dos mil animales, desde elefantes marinos hasta albatros) han revelado la existencia de una compleja variedad de viajes de larga distancia, lo que nos coloca ante una nueva forma de enfocar el estudio del mar abierto. Sea cual sea el corte temporal que hagamos, en un momento dado una parte del océano podría dar la impresión de estar completamente desprovista de vida, pero a lo largo de ese mismo año esa misma zona podría verse frecuentada por una miríada de especies, tal vez atraídas por las floraciones de plancton, las surgencias marinas o las actividades que se desarrollan muchos metros por debajo de la superficie, que todavía no comprendemos del todo. Aunque también es posible que se hallaran simplemente de paso... Barbara Block, una de las más destacadas científicas de este proyecto, nos ofrece una comparación muy evocadora:

> Ha sido como tender la vista por la sabana africana e intentar averiguar dónde se encuentran los puntos de agua a los que quizá

acuda con regularidad una cebra o un guepardo. ¿Dónde están los valles fértiles? ¿Dónde los desiertos que los animales tal vez prefieran evitar? ¿Y dónde los corredores migratorios que ciertas especies, como los ñúes, utilizan para desplazarse de un lugar a otro?

Todavía desconocemos la respuesta a todos estos interrogantes, pero estamos empezando a tener una idea aproximada de cómo ven el mar abierto las especies migratorias, y está claro que hay rutas predilectas, ubicaciones relevantes y razones manifiestas por las que las diferentes especies se desplazan de maneras distintas a través de esta vasta extensión oceánica.

En los últimos años, los proyectos destinados al marcaje de las especies han seguido la pista a los tiburones, y ahora sabemos que realizan enormes migraciones y que la línea que trazan al cruzar los océanos es prácticamente una recta perfecta. Tenemos igualmente constancia de que las ballenas son los mamíferos del planeta que realizan los viajes más largos de todos cuantos pueblan la Tierra, y también hemos podido determinar que el atún rojo viaja por todo el Pacífico poco después de su primer año de vida. Y aunque lo que hemos descubierto son solo pequeñas pistas relacionadas con los medios que estos depredadores utilizan para orientarse en el mar cuando se hallan lejos de la costa, lo cierto es que estamos asistiendo a la gradual aparición de una nueva imagen de las inmensidades oceánicas.

Aún no hemos logrado descifrar con exactitud cómo se materializan estos grandes recorridos, pero estudios recientes han mostrado que algunas especies, como la tortuga verde o el tiburón, pueden detectar el campo magnético de la Tierra para orientarse, y que algunas aves marinas utilizan el Sol o las estrellas para no errar el rumbo. Por tanto, es muy posible que, al igual que los humanos, algunas especies utilicen varios de sus sentidos para orientarse: quizá se valgan del campo magnético de la Tierra para discernir en términos generales la dirección que han de seguir, pero también utilizan el oído y el olfato para afinar su navegación de manera más concreta y localizada y poder seguir las características físicas del medio, como las dorsales oceánicas, los montes subacuáticos y las corrientes marinas.

En un mapamundi normal, como el que podemos encontrar en las paredes de una biblioteca escolar, las distintas partes del planeta suelen indicarse con colores bien diferenciados: con el color blanco, las nevadas cumbres de las cordilleras del Himalaya, los Andes y los Alpes; con el verde oscuro, los inmensos bosques tropicales de África central o América del Sur; con el beige el Kalahari y el centro de Australia; con un verde claro, la gran estepa euroasiática, y con una inmaculada forma romboide, también blanca, la Antártida, con la que se remata el extremo inferior de la geografía del globo. El 70% restante del planeta aparece normalmente indicado con una uniforme tonalidad azul. A veces, las aguas que bordean la costa —que constituyen casi una tercera parte de la masa oceánica— pueden representarse con un azul más claro, reservándose para el mar abierto las gradaciones más oscuras de ese color. Evidentemente, existen también mapas mucho más detallados que incluyen algunos elementos de la orografía marina (cañones, cordilleras, montes subacuáticos y accidentes similares), pero en la mayoría de los casos es fácil caer en la tentación de pintar el mar abierto como un monótono manto azul que oculta a la vista y a la mente tanto su geografía como su complejidad. Sin embargo, lo que se halla bajo la superficie dista mucho de ser una realidad homogénea. Hay grandes vías de navegación, afloramientos de nutrientes que generan zonas de notable actividad animal (capaces de rivalizar con todo cuanto pueda encontrarse en las costas aledañas), giros oceánicos* impulsados por la rotación terrestre, y enormes volúmenes de agua sujetos a la fuerza de los vientos.

El mar abierto puede describirse simplemente como la región oceánica que se encuentra más allá de la plataforma continental. Para distinguirlo del océano profundo del que hemos hablado an-

* Similares a un remolino, pero de dimensiones inmensamente mayores, los «giros oceánicos» son vastos movimientos circulares de las corrientes superficiales de las regiones pelágicas. *(N. del T.)*

tes nos referiremos aquí al «océano abierto», es decir, el espacio comprendido en la zona fótica, aquella cuya profundidad no supera los doscientos metros. Por debajo de esa marca, la luz que penetra es escasa y la posibilidad de que se produzca la fotosíntesis disminuye, lo que a su vez viene a constituir el límite de las regiones mesopelágica y abisal. El océano abierto, que forma las dos terceras partes de la superficie oceánica, ocupa asimismo la mitad de la superficie total del planeta. Una gran porción de esta zona marina contiene lo que la política denomina «aguas internacionales», es decir, aquellas que escapan a la jurisdicción de las distintas naciones costeras, y por esa razón es muy poca la legislación que las regula y la vigilancia que se ejerce sobre ellas. No obstante, y pese a que todavía sepamos relativamente poco del mar abierto, hay que reconocer que, en otro sentido, la presencia humana es tan constante como ubicua.

Los plásticos han penetrado ya en todos los planos de la cadena trófica marina. Se han encontrado en la más profunda fosa del océano y a gran profundidad en las cinco cuencas oceánicas. Un estudio efectuado en 2023 ha constatado que, en las últimas dos décadas, el número de especies marinas afectadas por la ingesta de plásticos o por haber quedado enredadas en desechos de origen artificial (casi siempre de ese mismo material) se ha multiplicado por más de tres. El impacto más conocido del plástico en las especies oceánicas se debe al hecho de que estas lo coman directamente al considerarlo un alimento —lo que se conoce con el nombre de «ingestión primaria»—. Pese a que muchas veces pueda resultar difícil decir con seguridad si un animal en particular murió o no por causas inmediatamente atribuibles al plástico, sabemos que el fenómeno de su ingestión es de una amplitud asombrosa. Los trozos cortantes de algunas piezas de plástico pueden herir o perforar las entrañas del ejemplar que se lo coma, y los pequeños fragmentos pueden acumularse en el interior del cuerpo y bloquear los intestinos. Tras ponerse en manos de los científicos cincuenta y cinco ejemplares de tortuga marina (pertenecientes a las variedades verde, boba, olivácea y laúd), todas ellas fallecidas como capturas incidentales en el caladero de los buques palangreros que faenan en el Pacífico, se descubrió que cincuenta de ellas tenían plásticos en la porción distal del tubo digestivo. En el Mediterráneo, los científicos han encontrado plásticos en el 20% de los peces espada y los atunes rojos y blancos analizados. Los cachalotes parecen ser especialmente propensos a ingerir plástico. Eso es al menos lo que se desprende de un estudio efectuado en 2016, en el que se descubrieron cuerpos extraños —como redes, cuerdas, papel de aluminio, envases e incluso piezas de automóvil— en el estómago de nueve de los veintidós ejemplares varados sometidos a examen.

También se cree que está muy extendida la «ingestión secundaria», es decir, el consumo de presas que previamente han comido plásticos. Sin embargo, resulta difícil cuantificar su impacto, dado que en la mayor parte de los casos se trata de microplásticos. Estos diminutos trozos, cuya longitud es inferior a cinco milímetros por definición, se hallan actualmente dispersos por todo el océano. Hay microplásticos que se fabrican con el deliberado propósito de utilizarlos en productos de belleza o en dentífricos, pero otros surgen de la degradación de los desechos plásticos, puesto que la erosión transforma las piezas grandes en fragmentos cada vez más pequeños. Se cree que los animales más afectados son aquellos que se encuentran en los escalones superiores de la cadena trófica. Las focas, por ejemplo, comen grandes cantidades de pescado, y con el paso de los años los microplásticos de todos esos peces pueden terminar acumulándose en su organismo. Los científicos de Nueva Zelanda que se dedican al estudio de las ballenas barbadas calculan que consumen veinticuatro mil piezas de microplástico cada vez que abren la boca para tragarse los quince mil litros de agua que necesitan para filtrar el plancton. Por eso estiman que estas ballenas podrían estar ingiriendo 3,4 millones de microplásticos en un solo día. Aunque algunos de estos fragmentos pasan a través de su sistema digestivo y son expulsados, otros se acumulan en sus órganos, exponiendo a las ballenas a los químicos que los componen.

Pero el plástico también perjudica de otra forma a las especies marinas: los aparejos de pesca quedan enganchados en los montes submarinos, los palangres se parten accidentalmente y permanecen en el mar, las tripulaciones de los pesqueros tiran a veces por la borda las redes dañadas... Los equipos de pesca pueden verse en el océano, y a la deriva, por mil razones distintas, y muchas veces terminan en el fondo sin que haya forma de sacarlos de ahí. Las «artes de pesca perdidas, abandonadas o desechadas», según el epígrafe común bajo el que ahora se las engloba, plantean un problema doble. La mayor parte de esos aparejos están hechos de plástico, lo que sin duda contribuye a contaminar los mares, pero el daño más insidioso es, probablemente, que sigan capturando y matando especies marinas mucho después de que los seres humanos hayan recogido sus capturas y se hayan retirado.

Las llamadas «redes fantasma» flotan durante años, arrastradas por las corrientes, y las tortugas y los tiburones quedan enganchados en ellas; cuando se pierden, las trampas para langostas siguen atrapando crustáceos, pese a que sus propietarios no puedan ya recogerlas, y los aparejos que las olas empujan a la costa pueden asfixiar una zona cubierta de arrecifes de coral o atrapar focas y aves. En un interminable ciclo, que tiende a perpetuarse, los animales enredados en las artes de pesca atraen a otros que también terminan atrapados en ellas y no consiguen zafarse, dado que el propio diseño de esos aparejos hace que a los peces, escualos, tortugas, focas y aves les resulte muy difícil liberarse. Esto se revela extremadamente útil para los pescadores que faenan a pequeña escala y se dedican a llevar alimentos a su comunidad, pero es un terrible desperdicio de vida cuando los equipos de las flotas industriales quedan flotando eternamente en el océano, matando a cientos de animales que ningún ser humano aprovechará nunca.

Cuando pensamos en la pesca, somos muchos los que imaginamos a grupos de hombres y mujeres valientes que ponen rumbo a alta mar en embarcaciones de poco calado con el fin de operar en zonas relativamente cercanas a la costa y llevar comida a sus respectivas comunidades. No solo se trata de una noble ocupación, también es ardua, peligrosa y antigua (tanto como la propia civilización).

Quienes la practican han inspirado personajes literarios o protagonizado cuentos infantiles, sus barcos son los que vemos en los pequeños fondeaderos de los puertos de mar, y sus familias desempeñan un papel fundamental en la supervivencia de las comunidades costeras del mundo entero. No obstante, también existe un tipo de pesca muy diferente, y tan alejado de las formas tradicionales del oficio que probablemente deberían conocerse con otro nombre. Es la que se lleva a cabo con los superarrastreros, o buques factoría de dimensiones gigantescas. Se trata de unos navíos inmensos de más de cien metros de eslora y capaces de tender redes de varios kilómetros de anchura. Además, cuentan con instalaciones destinadas a procesar el pescado y llevan a bordo congeladores que les permiten viajar a remotas regiones oceánicas y permanecer faenando de forma ininterrumpida durante varios meses. Disponen de equipos de alta tecnología con los que consiguen detectar, perseguir y capturar peces a distancias cada vez mayores y a profundidades jamás alcanzadas en épocas anteriores. De hecho, las flotas formadas por este tipo de barcos pueden ir a cualquier parte y atrapar toda clase de animales. En la actualidad son capaces incluso de atrapar especies diminutas, como el kril, en sus enormes redes. Se trata de una pesca de magnitud auténticamente industrial.

Frente a las costas de Argentina, un poco más allá de sus aguas territoriales, las imágenes nocturnas de los satélites muestran claramente el intenso brillo de los focos de estos pesqueros, que, al agruparse, parecen una verdadera ciudad flotante. Vistos desde las alturas, cualquiera podría confundirlos con un rosario de islitas, todas ellas provistas de un potente faro. Lo cierto, sin embargo, es que se trata de los centenares de grandes pesqueros extranjeros que permanecen meses estacionados en la zona. Al caer la noche, encienden sus potentísimas luces y atraen primero al plancton y más tarde a los calamares, que son su principal objetivo. Fuera de la jurisdicción territorial de un país, la cantidad de peces que pueden capturarse no tiene límite, y tampoco hay vigilancia ni necesidad de respetar las temporadas de pesca. Nadie sabe con exactitud qué volúmenes atrapan, qué grado de capturas inciden-

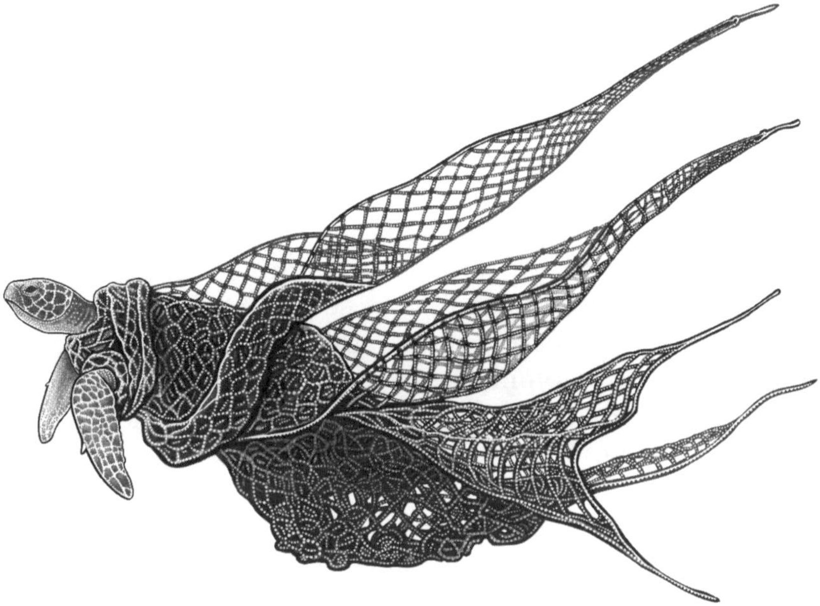

Pocas denominaciones se revelan tan pertinentes como la de «redes fantasma», dado que vagan como verdaderos espectros por el océano muchas décadas después de haber cumplido su cometido original.

tales se producen ni qué especies no declaradas se llevan (de hecho, se desconocen incluso las condiciones de trabajo de sus operarios). No obstante, lo que sí sabemos es que los calamares que pescan son una parte importante del ecosistema local, ya que constituyen el alimento del que se nutren otras muchas especies, desde ballenas y delfines hasta aves marinas.

Además del pescado, que es el objetivo al que dirige sus esfuerzos la flota industrial y que al menos llega al consumidor (aunque a veces en forma de comida para mascotas o de suplementos «saludables»), también hay capturas incidentales y en cantidades ingentes. La noción de «captura incidental» es muy amplia, ya que incluye todo lo que atrapan las redes, desde peces no incluidos entre los objetivos primarios, pero cuyos cardúmenes se hallaban casualmente junto a los perseguidos por los buques factoría, hasta tiburones, ballenas, delfines, focas, tortugas y aves marinas. Algunas de estas capturas incidentales terminan vendiéndose y ofreciéndose a los mercados, pero buena parte de las mismas se desecha. Tristemente, resulta muy difícil controlar el comportamiento de unos barcos que faenan cientos de kilómetros mar adentro y en aguas que no pertenecen a nadie. Sin embargo, un estudio de 2019, consagrado a la recopilación de datos sobre las capturas incidentales de diferentes compañías pesqueras de todo el mundo, calculó que, en alta mar, la pesca al cerco (consistente en tender una red en forma de bolsa o cortina con la que se rodea por los cuatro costados a los bancos de peces) generó más de un millón de toneladas de estas capturas involuntarias, que en las artes de arrastre la cifra se situó ligeramente por debajo de esa misma cantidad, y que la pesca con palangre se cobró la vida de cuatrocientas mil toneladas de animales no buscados.

A pesar de todo, una vez más hay motivos para la esperanza, al menos en potencia. Pese a que el océano abierto sea un bien común de carácter global y supuestamente igual para todos, un artículo publicado en la revista internacional *Science* ha revelado en estos últimos años que el 77 % de los barcos pesqueros que faenan en ese mismo océano global proceden únicamente de seis países: China, Taiwán, Japón, Indonesia, España y Corea del Sur. Se estima que esos gobiernos proporcionan a sus flotas subsidios por valor de cuatro mil doscientos millones de dólares. Si se eliminaran esas ayudas, muchas de esas operaciones pesqueras dejarían de resultar rentables. En otras palabras, la pesca industrial en alta mar no es vital para la economía global —de hecho, ni siquiera lo es para la economía de una nación en particular—. Si se frenara, el impacto económico no solo sería mínimo, sino que habría una notable recuperación del océano, así que hay razones de peso para un cambio.

En 2023, en virtud de la Convención de las Naciones Unidas sobre el Derecho del Mar, y tras décadas de debates y negociaciones, se pactó el llamado Tratado de Alta Mar. Este acuerdo permite establecer áreas marinas protegidas en aguas internacionales, requiere una valoración del impacto medioambiental para la realización de actividades en mar abierto, y exige una distribución equitativa de los beneficios (como en el caso de los medicamentos) que se derivan de los recursos genéticos obtenidos gracias a las especies halladas en alta mar. Todo ello tiene una meta muy ambiciosa: la de facilitar la protección del mar abierto, lo que aumentará las probabilidades de que se recupere. Hay, sin embargo, extremos políticos muy complejos, como ocurre con todas las leyes de ámbito global: no solo será difícil, sino también lento, alcanzar acuerdos relacionados con las medidas de protección que se vayan proponiendo, aun después de que se ratifique el tratado (e incluso después de logrado el acuerdo, es frecuente que pasen muchos meses, e incluso años, antes de que se aplique su contenido). Dado que otros autores ya han dedicado extensos escritos al análisis de las medidas políticas vinculadas con el Tratado de Alta Mar, aquí vamos a centrarnos en el doble impacto, biológico y ecológico, que tendría la protección de la mitad de la superficie del planeta, ocupada, como ya hemos señalado, por el océano abierto.

Asumiendo que no consigamos declarar área marina protegida la totalidad del mar abierto, ¿qué espacios deberíamos optar por preservar? Tal como sucede en tierra firme, el relieve oceánico cuenta con algunos elementos permanentes (como los montes submarinos) que son claros puntos de intensa actividad biológica y que por ello mismo poseen un valor muy superior al de otras zonas. En esos espacios la elección resultaría sencilla, pero hay otras regiones en las que la decisión no va a resultar tan cómoda. Como ha mostrado el Programa de Marcaje de los Depredadores del Pacífico, el punto de encuentro entre dos grandes giros oceánicos atrae a los elefantes marinos. Estos giros o corrientes rotatorias que desplazan el agua en espiral, animados por el doble impulso de la rotación de la Tierra y los vientos de la superficie oceánica, confluyen en el centro del Pacífico, allí donde las cálidas aguas del giro subtropical del hemisferio sur topan con las aguas frías y ricas en nutrientes del giro subpolar. La convergencia de estas corrientes genera enormes floraciones de fitoplancton, y tanto los elefantes marinos como otras muchas especies se benefician de la abundancia de nutrientes que existe en la larga zona en que contactan los giros, lo que nos induce a pensar que sería uno de los espacios que, por su importancia, precisan claramente de protección. Sin embargo, los crecimientos explosivos de fitoplancton, y los pantagruélicos festines que permiten, se desplazan cientos de kilómetros en función de las estaciones, y eso complica las cosas. Por consiguiente, es posible que la solución para la preservación de la región pelágica sea contemplar sus dimensiones en proporción a las del propio océano, creando así vastas áreas marinas protegidas.

Esta es exactamente la esperanza que suscita la existencia de la Cúpula Térmica de Costa Rica. Aunque su denominación aluda a un solo país, lo cierto es que esa cúpula se extiende a lo largo de la costa occidental de Centroamérica, ya que abarca el espacio que separa el sur de México de Guatemala, El Salvador, Nicaragua y la propia Costa Rica. Hay años en que su tamaño alcanza un diámetro de mil kilómetros. Este enorme círculo se forma por la interacción de las aguas costeras cálidas con los vientos y las corrientes oceánicas, lo que genera una surgencia que eleva a la superficie las aguas de las profundidades, frías y ricas en nutrientes. Es esta emersión la que adopta la forma abovedada que da nombre al fenómeno. El afloramiento de nutrientes crea un incremento de la biodiversidad tan increíble como localizado, lo que explica que la vida marina que allí se encuentra sea una de las más espectaculares y diversas del planeta. Por eso se avistan habitualmente ballenas azules, atunes, peces espada, mantarrayas y numerosas especies de tiburones, tortugas y aves marinas. Esta cúpula tiene un valor económico muy significativo para los países vecinos, tanto por el turismo que atrae como por la pesca artesanal y deportiva que a ella acude. Sin embargo, también se ha convertido en uno de los objetivos de las flotas de pesqueros industriales. Aunque la zona cambie continuamente de tamaño, se trata en esencia de una característica permanente. Hasta ahora, el problema ha consistido en que, pese a hallarse efectivamente parte de la surgencia dentro de las aguas territoriales de las naciones centroamericanas de las inmediaciones, y estar por tanto sujeta a sus respectivas jurisdicciones, otra gran parte de la misma se encuentra en alta mar y carece de todo amparo legal. En la actualidad, son muchas las personas que abrigan la esperanza de que la ratificación del Tratado de Alta Mar ofrezca a los países implicados una buena oportunidad de proteger la totalidad de la cúpula.

Aunque la protección de una zona tan vasta como la que abarca la Cúpula Térmica de Costa Rica supondrá sin duda un gran beneficio para la vida marina, hay especies, como la de la ballena azul, que podrían verse obligadas a viajar miles de kilómetros para llegar hasta ella, y afrontar, por tanto, un enorme número de peligros en su periplo. En 2022, un informe del Fondo Mundial para la Naturaleza, dedicado, como reza su título, a la «Protección de los corredores azules», recopiló las investigaciones de los más de cincuenta equipos que habían trabajado previamente en rastrear un número de ballenas superior al millar, todas ellas provistas de balizas satelitales y pertenecientes a especies y poblaciones muy diversas. Una vez situados en una carta marina, los puntos en que surgen las amenazas quedan perfectamente patentes. Las diferentes especies de ballenas siguen rutas migratorias muy definidas, pero estas cruzan en demasiadas ocasiones el derrotero de los buques pesqueros y comerciales, los puntos en que se encuentran los caladeros más concurridos de los buques factoría, y las áreas en que las corrientes marinas generan zonas de convergencia en las que se acumulan grandes cantidades de objetos de plástico, aparejos de pesca y otros desechos. El informe también indica la existencia de lugares en los que el ruido y el desarrollo industrial podrían estar perturbando las facultades sensoriales que permiten navegar y comunicarse a los cetáceos, de modo que, sabiamente, el texto propone la creación de «corredores azules» con el fin de proteger las rutas migratorias de estos grandes mamíferos.

Al ir conociendo mejor estas rutas y puntos de intensa biodiversidad, como la Cúpula Térmica de Costa Rica, vamos obteniendo datos que nos indican cuáles son las regiones pelágicas cuya protección resulta más vital. Ahora bien, como tantas veces sucede, el cambio climático complica un poco las cosas, ya que, a diferencia de lo que ocurre en las profundidades del océano abierto, donde la temperatura media tiende a permanecer estable en cualquier parte del mundo (a menos que las altere un factor específico, como la presencia de fuentes hidrotermales o emanaciones frías), el termómetro de las aguas superficiales está expuesto a drásticas variaciones. La temperatura ha sido siempre un factor con capacidad de influir en las especies marinas que viven, crían o se alimentan en una determinada zona, pero esa constante, en otra época fiable, está cambiando... Y lo está haciendo a toda velocidad.

A medida que aumentamos los grados centígrados de la atmósfera, el océano también se calienta. El incremento de energía que carga actualmente el sistema climático global está dando lugar a la aparición de tormentas más amplias e impredecibles, sobre todo en el mar. Las mutaciones que se producen en los polos, y muy especialmente en el Ártico, vienen a sumarse al crecimiento general de las temperaturas oceánicas, lo que a su vez modifica los vientos y altera las corrientes del océano. No es fácil prever cómo terminará este proceso, pero lo que sí podemos decir con certeza es que los puntos de intensa actividad biológica, las áreas de alimentación y las rutas migratorias de alta mar irán variando con el paso del tiempo, y eso no solo añade más dificultades a la tarea de seleccionar qué regiones conviene proteger: también nos ofrece una nueva y persuasiva razón para declarar santuarios de la vida marina algunas grandes zonas del mar abierto.

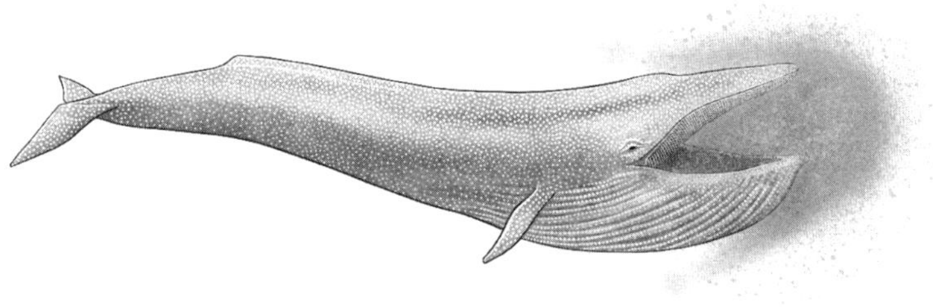

El regreso de las ballenas

Pese a haber transcurrido ya cincuenta años desde que se filmara la escena, y a pesar también de saber cómo termina la historia, las borrosas y entrecortadas imágenes a las que me referiré a continuación siguen resultando escalofriantes. En 1975, la *CBS Evening News* emitió en antena el vídeo de una pequeña lancha neumática que parecía llevar rumbo de colisión con un enorme navío. Por una suerte de ironía del destino, se tuvo durante un breve instante la impresión de que la diminuta embarcación estuviera cabalgando la onda de proa de su inmenso adversario, imitando en cierta medida la conducta que suelen adoptar los delfines, es decir, por pura diversión, a juzgar por las apariencias. Solo entonces cobra conciencia el espectador de la existencia de un arpón en el puente del buque. El *Dalniy Vostok*, un ballenero en plena faena, acababa de encontrarse con los activistas de Greenpeace, decididos a interponerse —en un cascarón de nuez apenas mayor que un simple bote— entre los cazadores y el lugar en el que estos aguardaban ver surgir al cetáceo.

Se hace casi imposible imaginar el valor que debieron de echarle los tripulantes de la lancha para colocarse como una cuña viviente entre una manada de leviatanes aterrorizados y sus perseguidores... No obstante, basándonos en los testimonios que más tarde habrían de prestar ellos mismos, los integrantes de la organización ecologista no previeron que el peligro que estaban a punto de encarar iba a ser todavía mayor: no se les había ocurrido pensar que los balleneros estuvieran dispuestos a lanzar los arpones pese a que esa decisión pusiera directamente en peligro la vida de los activistas.

Lo que sucedió a continuación ya forma parte de la historia: una ballena irrumpe justo delante del bote de Greenpeace y, un instante después, el *Vostok* dispara su arma. Desde el puente del ballenero, sale disparado un arpón cuyo tamaño supera cualquier expectativa. El misil pasa a escasa distancia de Robert Hunter y Paul Watson y va a estrellarse en el flanco de la ballena. Poco después, otro hierro se hunde en la cabeza de un segundo cetáceo.

Sin saberlo, el *Vostok* acababa de dar el impulso definitivo a uno de los mayores logros medioambientales de todos los tiempos, provocando con ello un vuelco en la conciencia humana cuya repercusión terminaría rebasando con mucho la esfera de la caza de ballenas. Hacía ya varias décadas que los científicos se habían declarado preocupados por las consecuencias que la caza comercial iba a tener en la densidad de las poblaciones de ballenas, pero aquellas imágenes, transmitidas en los principales canales informativos de la tarde, suelen considerarse uno de los dos momentos clave del movimiento ecologista, dado que gracias a ellas las protestas públicas vinieron a sumarse a las inquietudes científicas.

El otro punto de inflexión fue el sorprendente éxito discográfico de un biólogo estadounidense hasta entonces desconocido. En 1970, Roger Payne publicaba una grabación de 34 minutos bajo el rótulo de *Songs of the Humpback Whale*. En esa época, no habría tenido nada de extraño considerar que el título era de naturaleza metafórica o poética, como el de cualquier otro álbum de los setenta, pero en este caso era totalmente literal. Roger, que era especialista en bioacústica, había topado por pura casualidad con un conjunto de grabaciones de cantos de ballenas gracias a un encuentro, igualmente fortuito, con un ingeniero naval estadounidense que había estado usando hidrófonos para detectar la presencia de submarinos soviéticos —aunque básicamente todo lo que había conseguido localizar eran las vocalizaciones de las ballenas jorobadas—. Fascinado por aquellos extraños lamentos, Payne se propuso grabar personalmente los cantos de esa especie de cetáceos y reproducirlos después en escuelas e iglesias, aunque con el tiempo acabarían escuchándose incluso en la sede de Naciones Unidas. Le animaba la esperanza de que aquellas armonías se convirtieran en una contundente forma de transmitir al público la inteligencia y las particularidades individuales de las ballenas, algo de gran importancia, dado que prácticamente todo el mundo ignoraba que más del 90% de la población mundial de ballenas jorobadas ya había sido exterminada.

Poco antes de su muerte, ocurrida en 2023, a sus ochenta y ocho años, Payne recordaba en una entrevista el impacto que aquellas grabaciones tuvieron en el público al emitirse en vivo: «Durante los primeros treinta segundos solo se escuchan murmullos y risitas sofocadas. Esto ocurre porque la audiencia necesita acostumbrarse a esas secuencias en las que, al grave retumbar de los gemidos de los mamíferos, le sigue un breve rosario de chillidos agudos. Sin embargo, conforme va avanzando la grabación, se produce entre los asistentes un silencio total, como si hubieran entrado en trance». El álbum original vendió más de ciento veinticinco mil copias antes de que la revista *National Geographic* regalara a sus lectores otros diez millones y medio de ejemplares.

Al persuadir a millones de personas de que las ballenas eran seres sintientes y sensibles, y de que la caza comercial de estos cetáceos era tan brutal como innecesaria, los osados activistas y el insospechado divulgador de éxitos melódicos lograron abrir dos profundas brechas muy distintas en la conciencia colectiva. La magnitud de la respuesta pública dio al movimiento ecologista y a la comunidad científica la oportunidad de intentar una nueva forma de conservación.

En la década de 1970, el mundo estaba ya muy familiarizado con la creación de parques nacionales pensados para conservar los ecosistemas más relevantes. Yellowstone había superado ya el siglo de existencia, y hay algunas pruebas históricas de que la región del monte de Bogd Khan, en Mongolia, lleva más de doscientos años gozando de protección. A mediados de la década de 1970, el Fondo Mundial para la Naturaleza llevaba cerca de tres lustros trabajando para salvar a distintas especies en peligro de extinción, y tanto las organizaciones dedicadas a la investigación científica como las universidades habían incrementado notablemente su capacidad de vigilar el estado de salud de la fauna, la flora y el conjunto de algunos ecosistemas.

Sin embargo, la propuesta de salvaguardar espacios para las ballenas constituía un empeño totalmente diferente. Pese a que haya ejemplos de poblaciones de ballenas residentes cuyo bienestar pudiera considerarse incluido entre las «responsabilidades» de un país en particular, lo cierto es que, en la mayor parte de las especies de cetáceos, casi todos los especímenes realizan migraciones anuales de miles de kilómetros, lo que no implica internarse únicamente en el espacio internacional del océano abierto, sino penetrar también en las aguas de un montón de países. Las ballenas vivían la mayor parte de su existencia en aguas comunales, así que, desde el punto de vista jurídico, el trato que se les dispensaba era prácticamente el de un mero recurso común. A lo largo del siglo XX, se dio muerte a 650.000 rorcuales y a más del 80% de las ballenas jorobadas. Al mismo tiempo, la presión humana puso a las azules al borde mismo de la extinción, ya que en 2001 solo quedaban 4.700 ejemplares en todo el mundo —en flagrante contraste con los cerca de 350.000 individuos con que contaba la especie apenas cien años antes—. Los años sesenta fueron la década en que la caza de ballenas llegó a su apogeo, puesto que en ese período se mataron 700.000 animales. No obstante, si tenemos en cuenta la doble circunstancia de que algunas de estas cifras son históricas y de que su obtención partió de los informes en los que se declaraban las capturas, es preciso verlas como una estimación —muy probablemente a la baja— del número total de ballenas muertas.

Sería injusto juzgar a los balleneros del siglo XIX con los criterios actuales. No hay duda de que muchas de las prácticas que hoy juzgamos «normales» serán vistas como muestras de barbarie por las generaciones futuras, pero siendo cierto que a principios del XIX el uso del aceite de ballena resultaba esencial para el alumbrado público, no lo es menos que, a finales del XX, serían muy pocas las personas inclinadas a pensar que la caza comercial de los grandes cetáceos constituyese un factor crucial para las economías nacionales o la vida cotidiana de la gente. Aun así, es importante ponderar la sustancial diferencia que existe entre la explotación lucrativa de las ballenas y su persecución como forma de subsistencia (de notable significación cultural). En los años setenta, la caza comercial de ballenas era una industria atendida por buques de enorme eslora y potencia, como el *Dalniy Vostok*. Estos navíos mataban miles de ballenas, pese a que su grasa, su piel y su carne sirviera para elaborar productos que en esa época podían reemplazarse ya por otras materias primas. Esto es muy distinto de lo que hacían, y todavía hacen, las comunidades tradicionales, que capturan pequeñas cantidades de cetáceos, bien para asegurar su propia subsistencia, bien para dar continuidad a una relevante costumbre cultural, máxime teniendo en cuenta que estas prácticas han venido verificándose desde hace siglos sin causar perjuicios a las poblaciones de estos mamíferos.

Ya se habían dado antes algunos tímidos intentos de regular la industria de la caza comercial de cetáceos por medio de la Comisión Ballenera Internacional, pero en la década de 1970 la repercusión de estos esfuerzos había sido bastante escasa. Tanto los grupos de activistas como los abogados, los científicos, y hasta los escolares del mundo entero exigían más. No obstante, y a pesar de las protestas públicas, el dilema persistía: ¿cómo redactar una ley capaz de proteger al suborden de los mamíferos marinos en una región del océano específica y carente de responsable directo?

La humanidad lleva siglos devanándose los sesos sin encontrar el modo de administrar el mar abierto. Los últimos cuatrocientos años de historia de los mares se entienden en la actualidad como una sucesión de luchas vicarias de poder, libradas precisamente en un escenario concebido para dirimir los debates, conflictos y aspiraciones de las potencias globales. El primer elemento documental aparece en una propuesta redactada a finales del siglo XVI. De acuerdo con ese planteamiento, los países solo deberían controlar la banda marítima inmediatamente adyacente a su litoral, en el bien entendido de que la anchura de esa faja debería guardar relación con el espacio que dicha nación pudiera defender valiéndose del armamento de que dispusiera. Esta idea terminaría conociéndose con el nombre de «regla del disparo de cañón», y en términos prácticos venía a significar que toda porción de mar situada a más de tres millas náuticas* de la costa formaba parte de las aguas internacionales. Este es el contexto jurídico en el que se promulgaron las normas relativas a la pesca, la exploración, la guerra y la piratería.

Las guerras mundiales de la primera mitad del siglo XX volvieron a situar en un primer plano los derechos relativos al mar abierto. Las naciones industrializadas disponían ya de unas tecnologías avanzadas, y con ellas pescaron, contaminaron, tendieron cables de comunicación y consiguieron viajar a cualquier parte del océano abierto que se les antojara. Muchas naciones presionaron para

* Poco más de cinco kilómetros y medio. *(N. del T.)*

tener un mayor control sobre los mares más próximos a sus costas. En un mundo dominado por los combustibles fósiles, los acorazados y las flotas pesqueras, las tres millas náuticas originarias dejaron de resultar satisfactorias. Fue Estados Unidos quien obligó al mundo a poner el asunto sobre el tapete. En 1945, el presidente Harry S. Truman, sometido a las presiones que le exigían garantizar el inestimable control de los yacimientos petrolíferos, proclamó que su país tenía derecho a todos los recursos naturales que se hallaran presentes en su plataforma continental —que se extiende unas doscientas millas náuticas* mar adentro—. Pese a que la medida apuntara sobre todo al petróleo, lo cierto es que la decisión también se aplicó a los peces y, *de facto*, a las ballenas. A su vez, otras muchas naciones plantearon reclamaciones propias, basándose igualmente en los recursos del área geográfica sujeta a su control y que consideraban valiosos y adecuados para sus intereses.

En esos años, el género humano contaba ya con una tecnología que no solo era capaz de permitirle la explotación de los mares, sino hacerlo con unos medios y a una escala inimaginables para la anterior generación de legisladores. Pese a que las Naciones Unidas llevaran varias décadas tratando de determinar cómo hacer compatibles los derechos de los distintos países directamente interesados en el aprovechamiento de los recursos oceánicos, habría que esperar al año 1982 para conseguir que se rubricara la Convención de las Naciones Unidas sobre el Derecho del Mar. Con este acuerdo se cumplieron muchos objetivos, pero es importante resaltar que su firma no logró establecer una forma de gestionar la vida marina en las zonas situadas lejos de las aguas territoriales de los diferentes países. Para las ballenas o los peces, el mar abierto siguió siendo un ámbito ajeno a la ley.

La adopción de medidas jurídicas de carácter complejo y alcance global requiere mucho tiempo, y a las ballenas no les quedaba demasiado.

Vistas ahora las cosas con la perspectiva que nos da el tiempo, parece incongruente que una misma década asistiera a los viajes a

* Alrededor de 370 kilómetros. *(N. del T.)*

la Luna y a una caza de ballenas espoleada por la obtención de su aceite. Lo cierto, sin embargo, es que, gracias a su creciente potencia, los buques se dedicaban a perseguir a las ballenas a puntos cada vez más remotos. Además, esas mismas flotas empleaban el rápido avance de la tecnología para localizar a las menguantes poblaciones de cetáceos presentes en aguas internacionales. En este período, las ballenas servían para fabricar una amplia gama de productos: desde los aceites de alta calidad con los que se lubricaban los misiles, hasta la comida para animales de compañía. Sin embargo, habría resultado muy difícil argumentar que en plena década de 1970 las economías industrializadas de ámbito global no fueran capaces de reemplazar los ingredientes derivados de las ballenas por otros procedentes de fuentes distintas. Y, de hecho, es posible que en eso radicara el factor que terminó por inclinar la balanza en favor de las ballenas.

Un torrente de leyes vino a modificar este estado de cosas, aunque su concreción precisaría más de una década. Las Naciones Unidas recomendaron la suspensión de la caza comercial de ballenas por espacio de diez años. La Convención sobre el Comercio Internacional de Especies Amenazadas advirtió de que eran muchas las especies de cetáceos que se hallaban al borde de la extinción, aportando una serie de pruebas irrefutables que consiguieron redoblar la presión pública. Y finalmente, en 1982, la Comisión Ballenera Internacional se vio obligada a votar a favor de la imposición de una moratoria a la caza comercial de estos mamíferos. Aun así, muchas personas temían que ya fuera demasiado tarde y que las poblaciones de ballenas hubieran descendido a niveles incompatibles con cualquier eventual recuperación. Poco a poco, sin embargo, la capacidad de regeneración del océano comenzó a alimentar nuevas esperanzas. Con el gradual incremento del número de ballenas y el análisis de la reversión del proceso, los científicos descubrieron nuevos datos sobre el fascinante modo de vida de estos animales y su papel en el ecosistema oceánico.

Frente a las costas de Dominica, un cachalote hembra deja a su cría en la superficie y se sumerge. Las fosas de aguas profundas de esta región son perfectas para lo que se propone. Desciende mil metros con gran facilidad, y su ritmo cardíaco disminuye hasta alcanzar los cinco latidos por minuto. El cachalote, que es capaz de alcanzar el triple de esa profundidad y permanecer en ella por espacio de cuarenta y cinco minutos, está magníficamente bien adaptado para cazar muy por debajo de zonas a las que ni siquiera llegan los más tenues rastros de luz solar.

Nuestra protagonista emite una serie de rápidos chasquidos, tan potentes que, de hallarnos en aguas poco profundas y encontrarnos nadando cerca del animal, podríamos sentirlos en el tuétano de los huesos. Tras valerse de la ecolocalización para detectar a su presa, la hembra de cachalote acelera y pasa en un instante de la actitud exploratoria al ataque. Esta especie es la mayor de todos los odontocetos, o ballenas dentadas, y por consiguiente el mayor carnívoro del planeta: es una cazadora formidable, y en este caso persigue a una presa peligrosa.

Esta presa es el calamar gigante, o cranquiluria antártica (*Mesonychoteuthis hamiltoni*), que al verse perseguido lanza un nubarrón de tinta por el sifón que posee en la cavidad del manto. Dado que aquí no hay luz, el objetivo de la tinta no consiste en cegar a su hostigador al modo tradicional de sus parientes de zonas más superficiales, así que los científicos sospechan que podría tratarse de una tinta luminiscente con la que el cefalópodo distrae a su depredador. La madre cachalote se acerca y atrapa al enorme calamar con sus dientes, pero la caza aún no ha terminado, ni mucho menos. Tanto los ocho brazos del calamar como sus dos tentáculos están repletos de ventosas y ganchos. La longitud de los tentáculos supera los dos metros, y en pocos segundos la cabeza de la cazadora queda envuelta en una maraña de miembros que se agitan y retuercen como látigos. La cachalote forcejea con sus potentes mandíbulas. Aún está amamantando a su cría, así que precisa un montón de comida para producir la enorme cantidad de nutritiva leche que el ballenato requiere a diario. El calamar posee tres corazones, y en ese momento las múltiples laceraciones provocadas por la cachalote hacen que los latidos de la triple bomba expulsen al océano la sangre (que en este animal es de color azul). La lucha continúa, pero al cefalópodo empiezan a fallarle las fuerzas. Sus ventosas y garfios no alcanzan ya a dañar a la ballena, y además la pérdida de sangre es tan importante que está empezando a perder el conocimiento. De un golpe, la hábil cazadora deglute al titánico invertebrado con pico y todo y asciende de nuevo a la superficie, donde la espera su cría, más de mil metros más arriba, en un área del Caribe inundada de sol.

Este es uno de los combates que a todo divulgador de la vida salvaje le encantaría filmar. Se trata probablemente de la mejor secuencia de caza imaginable, pero por el momento sigue en el terreno de lo especulativo, ya que hasta ahora solo hemos logrado reconstruirla basándonos en las cicatrices que pueden apreciarse en la cabeza de los cachalotes y en las pruebas que se han hallado en el estómago de los mismos. El elemento que delata la contienda es precisamente el pico del cefalópodo. Los calamares de estas dimensiones poseen un pico grande y duro formado por un polímero conocido con el nombre de quitina y rodeado de tejido muscular. Los calamares tienen un esófago muy estrecho, así que usan el pico para cortar la comida en trozos pequeños a fin de que estos pasen sin dificultad al tubo digestivo. Al ser devorados por un cachalote, las partes blandas del calamar se disuelven rápidamente, pero el pico permanece intacto. Los científicos que diseccionan los cuerpos de los cachalotes que terminan varados en las playas encuentran regularmente grandes cantidades de estas estructuras en el estómago de los cetáceos.

Se da la curiosa circunstancia de que, sin ser conscientes de ello, los seres humanos han venido recolectando estos picos hallados en el vientre de los cachalotes por espacio de mil años como mínimo... ¡y además los han empleado para elaborar perfumes! El ámbar gris, al que se ha convenido en llamar «oro flotante», llega a las costas transformado en algo remotamente parecido a una piedra. Cuando pasa mucho tiempo al sol, su color varía, y el negro azabache original da paso a otras tonalidades más claras, ya que la luz lo va blanqueando. Al secarse, libera asimismo un olor almizclado. Los perfumistas llevan siglos extrayendo de esta sustancia un alcohol llamado ambreína, ya que tiene la virtud de prolongar la fragancia de sus productos. Sin embargo, nadie sabía qué era ni de dónde provenía. Habría que esperar al siglo XIX para descubrir la verdad. Aunque no es frecuente, ocurre de cuando en cuando que los indigeribles picos de los calamares y otros cefalópodos quedan atrapados accidentalmente en los intestinos del cachalote, donde acaban por aglutinarse. Los estudiosos creen que la formación del ámbar gris es una manera de proteger las paredes intestinales y los órganos del cetáceo de estos objetos cortantes, pero la vía por la que ese ámbar gris sale del cuerpo del cachalote sigue siendo un asunto controvertido. En cualquier caso, se trata de una sustancia tenida por un codiciado tesoro en otras épocas, y de hecho todavía se utiliza en algunos perfumes caros, pese a que ya existan alternativas sintéticas.

Por fascinante que resulte la resolución de este misterio, los hábitos digestivos del cachalote permitieron revelar un extremo mucho más importante, una cuestión cuyas consecuencias son de gran calado, tanto para las formas biológicas que habitan en el océano como para todos nosotros.

Los cachalotes se alimentan en las profundidades, pero defecan en la superficie. El excremento de estos cetáceos contiene hierro y nitrógeno, dos elementos que fertilizan las aguas superficiales iluminadas por el sol. Ambas sustancias, sumadas a la energía solar, fomentan la floración de fitoplancton. Este proceso genera dos beneficios. Por un lado, la llegada de los nutrientes de las profundidades a las aguas superficiales permite aprovechar unas materias que de otro modo se perderían, y estimula el crecimiento de unas plantas microscópicas que a su vez sustentan por entero muchas de las cadenas tróficas oceánicas, favoreciendo con ello el desarrollo de un sinfín de especies marinas. Por otro, el crecimiento de esas inmensas floraciones de fitoplancton absorbe enormes volúmenes de dióxido de carbono atmosférico, lo que contribuye a regular el clima y, actualmente, a frenar el cambio climático. Los estudios sugieren que el fitoplancton llega a aportar nada menos que el 50% del oxígeno que contiene la atmósfera terrestre, y según algunas estimaciones también podría estar secuestrando

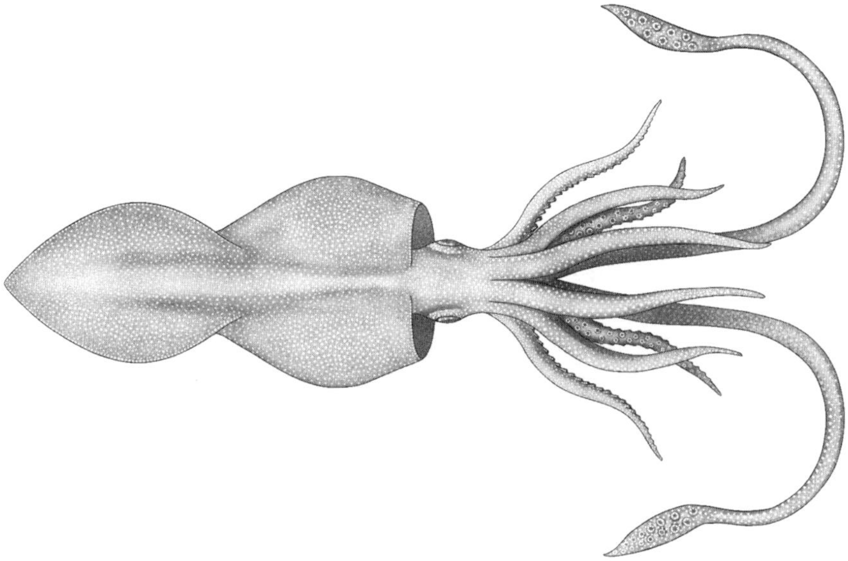

El calamar gigante es un depredador temible por derecho propio. De hecho, resulta razonable suponer que no constituye una presa fácil para el cachalote.

aproximadamente el 40 % del dióxido de carbono que produce la actividad humana.

Como es obvio, todo esto no puede atribuirse solo a los excrementos de ballena, pero el Fondo Monetario Internacional ha calculado que el simple hecho de que las deposiciones de los cetáceos generaran un aumento del 1 % en la masa de fitoplancton sería como si en el planeta hubieran aparecido de forma espontánea dos mil millones de árboles plenamente desarrollados. Por consiguiente, si un día las poblaciones de grandes mamíferos marinos recuperaran por completo las cifras de ejemplares que tuvieron en la época anterior a la caza de ballenas, situadas entre cuatro y cinco millones de individuos (en la actualidad hay aproximadamente un millón y medio), las consecuencias serían muy considerables, tanto desde el punto de vista de la productividad oceánica como desde la perspectiva del cambio climático.

Hay por tanto serios motivos para la esperanza. El número de ballenas ha experimentado una recuperación clara desde que se decretara la moratoria de 1982. Hay poblaciones que se están recobrando rápidamente, aunque otras, como la ballena azul, se reponen con mucha lentitud. En cualquier caso, las señales son positivas. En teoría, cabría esperar que, mientras se mantenga dicha moratoria, la mayor parte de las especies de ballenas deberían continuar su mejoría, aunque sea despacio. No obstante, tampoco debemos caer en una complacencia excesiva. Pese a que exista una comprensible preocupación por el hecho de que algunas naciones estén presionando para que se vuelva a autorizar la caza comercial de ballenas (o porque la estén practicando con el pretexto de una «captura con fines científicos»), hay otros riesgos que son igualmente preocupantes, aunque tal vez menos conocidos.

Todos los inviernos, diez mil ballenas jorobadas del Pacífico Norte (alrededor de la mitad de toda la población de la especie) viajan a las islas hawaianas, principalmente para reproducirse. Su punto de partida se encuentra en sus zonas de alimentación, es decir, en latitudes más septentrionales, como la Columbia Británica y el golfo de Alaska. Su periplo las obliga a recorrer las regiones de alta mar, a cruzarse con importantes rutas de navegación, y a atravesar la Gran Mancha de Basura del Pacífico. Casi la mitad de esta zona de residuos está formada por los aparejos de pesca desechados, en los que las ballenas también pueden enredarse y morir (o quedar muy debilitadas). Por lo demás, hay asimismo frecuentes colisiones con los navíos transoceánicos, y también esto requiere una intervención urgente.

Hasta hace poco, todo el mundo consideraba que el mar abierto era tan vasto que las actividades humanas nunca llegarían a afectarlo. Los gobiernos arrojaban rutinariamente desechos tóxicos e incluso armas químicas al mar, sin llegar a plantearse siquiera que este proceder acabaría dañando las cadenas tróficas y que todas aquellas sustancias perjudiciales podrían revolverse como un bumerán y terminar en nuestro propio organismo. Ahora sabemos que, tal como ya ha sucedido en tierra firme, el hecho de proteger de la caza a ciertas especies concretas podría haber bastado para paliar los daños en el pasado, cuando todavía había inmensas regiones libres del impacto humano, pero en el Antropoceno (es decir, en la era de la humanidad) hay gente por todas partes. Por esta razón no basta con salvar a una especie: debemos tener en cuenta el conjunto del ecosistema.

En el verano de 2023, las Naciones Unidas redactaron un nuevo Tratado de Alta Mar. Comprensiblemente, muchos conservacionistas lo recibieron con los brazos abiertos, aunque no sin cautela. Veían en él un primer paso orientado a la creación de áreas marinas protegidas y ajenas a las diferentes jurisdicciones nacionales, pero solo era un primer paso. Con el tiempo tal vez exista la posibilidad de dar luz verde a los corredores azules y a otras propuestas de salvaguarda de las regiones pelágicas, pero se tardará mucho en asistir a un verdadero cambio. El Tratado ha de ser ratificado por sesenta estados miembros, como mínimo, y antes de que puedan convertirse en auténticos refugios para las especies marinas es preciso especificar qué áreas concretas podrán beneficiarse de la protección, y lograr después el apoyo de las organizaciones pesqueras de cada una de las regiones implicadas, que podrían defender la idea de que debe permitirse continuar con las labores de pesca.

Para ser realistas, hay que admitir que la promulgación de leyes de alcance planetario, pese a ser vital, requiere procesos muy largos. Este es el motivo de que haya personas dispuestas a tomar medidas inmediatas para intentar conceder más tiempo y espacio a las ballenas.

En pie sobre los acantilados de Dominica, el doctor Enric Sala contempla la reserva de cachalotes recientemente aprobada en esas aguas. En Dominica viven al menos doscientos cachalotes, y es muy probable que sus profundos cañones y montes submarinos reciban la visita de otros muchos ejemplares. Aunque sea algo poco habitual entre los científicos, los que han estudiado en este caso a los cetáceos de la zona creen que la población residente es exactamente eso: un conjunto de animales afincados aquí. Permanecen gran parte del año en esta área, y al parecer cubren en sus desplazamientos distancias mucho más cortas que la mayoría de sus congéneres, como si prefirieran aferrarse al Caribe Oriental. *Pristine Seas*, el programa de la National Geographic Society que dirige Sala, colabora con los gobiernos nacionales y las comunidades locales para estudiar la vida marina y contribuir al establecimiento de una protección del océano basada en la ciencia. Su equipo, que ha trabajado en estrecha colaboración con el gobierno, ha conseguido crear así la Reserva de Cachalotes de Dominica.

El doctor Shane Gero, que lleva más de veinte años estudiando los cachalotes de Dominica, señala que el número de ejemplares asentados en torno a las costas de ese pequeño país ha venido disminuyendo de forma constante a lo largo de ese período. En todo el océano, incluido el que baña las islas del Caribe Oriental, los cetáceos chocan con barcos, se enredan en las artes de pesca o sufren a causa de la contaminación. En Dominica, sin embargo, la situación podría estar a punto de cambiar. El país ha declarado ciudadanos nacionales a los cachalotes residentes: a fin de cuentas, señala Enric Sala, «es más que probable que sus antepasados estuvieran aquí antes que los seres humanos».

Para proteger a los cachalotes y permitir su recuperación, Dominica ha convertido en reserva un área de novecientos kilómetros cuadrados —es decir, una zona mayor que la propia isla— en la que el tráfico marítimo de carácter comercial estará prohibido, excepto por un canal que conducirá al puerto principal. Los cachalotes dispondrán así de un refugio seguro en el que alimentarse, descansar y criar a sus retoños.

Uno de los factores que han animado al gobierno de Dominica a adoptar esa medida ha sido el éxito constatado de la protección de los gorilas de montaña de Ruanda y Uganda, donde los ingresos y los puestos de trabajo que ha generado el turismo superan con creces los potenciales beneficios de una eventual tala del bosque. Por lo demás, la conservación de los gorilas de montaña se considera hoy uno de los mejores ejemplos de ecoturismo del mundo. Al anunciar la creación del santuario en 2023, el primer ministro de Dominica, Roosevelt Skerrit, destacó la doble ventaja que aquello suponía para su país. Se permitiría hacer buceo de superficie junto a los cachalotes, o subir a bordo de embarcaciones habilitadas para el avistamiento de ballenas a un reducido número de turistas adinerados. Con los ingresos que generaran esas actividades se sufragarían los gastos derivados de la vigilancia y el control de la reserva, se financiarían programas educativos y se proporcionaría a la comunidad una amplia gama de servicios. Además, el hecho de que los cachalotes tengan el hábito de alimentarse en aguas profundas y de defecar en la superficie impulsaría el crecimiento del plancton, y este a su vez sustentaría el ecosistema marino, que de ese modo sería más saludable y tendría mayor capacidad de absorber el dióxido de carbono de la atmósfera.

Sala añade un tercer beneficio: el área protegida dará a otras especies marinas la oportunidad de recuperarse, ya que repondrá las poblaciones de peces y fomentará el surgimiento de una comunidad de pesca artesanal más sostenible a largo plazo. Es el ejemplo perfecto de un punto de inflexión positivo: un cambio que, además de dar lugar a un constante incremento de las mejoras, cuenta con la particularidad de que esos avances tienden a perpetuarse a sí mismos. Al proteger a los cetáceos se crea un santuario marino, y en el interior de ese santuario viven otras especies que también encuentran ocasión de recuperarse y prosperar. Los cachalotes llevan los nutrientes de las profundidades a la superficie, con lo que esta queda fertilizada y se acelera la recuperación de la fauna y la flora oceánicas. El espectacular aumento de la vida marina incrementa igualmente los ingresos del turismo. Con la prosperidad del santuario, las poblaciones de peces crecen hasta tal punto que los cardúmenes rebasan los límites de la reserva, y las comunidades locales consiguen mejores capturas. Para Dominica, el valor del área protegida aumenta con el tiempo.

Podemos concluir, por tanto, que la prohibición de la caza comercial de ballenas ha sido uno de los mayores logros de la historia del conservacionismo, y justo es que se siga festejando cincuenta años después de haberse puesto fin a dicha actividad. Con la gradual recuperación de muchas especies, la renovada presencia de los cetáceos está revelando el enorme valor que tienen estos animales para el océano y la gente. Pero el hecho de que nos hallemos en el Antropoceno, un período en el que el universo humano incide en todas y cada una de las zonas del océano, modifica el objetivo inmediato: si lo que realmente queremos es salvar a las ballenas, la tarea que deberá centrar nuestros esfuerzos en el futuro será la de salvaguardar el medio en el que viven.

4

Los bosques de quelpos

La nutria marina, sur de California

Un buen día, mientras me dejaba mecer por las olas embutido en un traje de neopreno con la intención de observar un bosque submarino del sur de California, me encontré de pronto frente a una de las criaturas más encantadoras que jamás haya podido contemplar. Allí estaba, tendida de espaldas y descansando, una nutria marina. Flotaba con las cuatro patas pegadas al cuerpo para conservar el calor, y se entretenía en girar suavemente sobre sí misma con una dulzura que me hizo pensar en la inocencia de los bebés. Se las ve muchas veces unidas unas a otras y formando una suerte de balsas vivientes, integradas en ocasiones por varios cientos de congéneres, pero esta se encontraba sola y parecía no prestar mucha atención a mis intentos, comparativamente torpes, de flotar cerca de ella.

No debía de hallarme a más de doscientos metros de la costa, y me había presentado allí con el fin de preparar el rodaje de un fragmento dedicado a la vida salvaje de la costa del Pacífico norteamericana. Si dirigía la vista hacia la orilla, todavía me era posible distinguir unas cuantas casas y algún que otro resplandeciente coche, pero si miraba hacia abajo, me invadía la clara sensación de hallarme en un lugar totalmente salvaje. El espacio que ondeaba bajo mis aletas de buceo y la nutria que me hacía compañía era un bosque de quelpos gigantes. Cada una de las frondas de esta alga permanece anclada mediante un rizoide a una roca del fondo del mar, situado unos cuarenta y cinco metros más abajo. Yo no disponía más que de un tubo de buceo, así que esas profundidades quedaban totalmente fuera de mi alcance. Sin embargo, mi encantadora acompañante podía acceder sin dificultad a ellas y, de vez en cuando, se sumergía y desaparecía de mi vista. Los dedos de las patas traseras de las nutrias marinas están completamente unidos por membranas y su apoyo es razonablemente plano, así que, además de tener la capacidad de moverse con gran rapidez en tierra, bucean también con enorme eficacia. Tienen además la facultad de cerrar a voluntad tanto las fosas nasales como los oídos, y sus pulmones son tan grandes que no solo pueden flotar sin esfuerzo alguno, sino que pueden permanecer asimismo sumergidas durante unos cuatro minutos. Y, de hecho, aquella nutria braceaba en uno de los entornos marinos más ricos del planeta, de modo que la tarea de encontrar comida no constituía ningún problema para ella.

Estas aguas, frías pero soleadas, son muy ricas en nutrientes, pero su abundante biodiversidad se debe a la presencia del quelpo. Las grandes frondas verdes de las algas proporcionan alimento y refugio a una multitud de especies. El bacalao largo, el sargo chopa y el pez roca nadan entre esas hojas gigantescas, cuya intrincada espesura ofrece una protección muy eficaz a sus alevines. Los caracoles, los abulones u orejas de mar y los erizos se alimentan con estos vegetales de rápido crecimiento. Los pulpos lanzan ataques fulminantes entre las rocas, las medusas baten sus membranas entre los estipes, o tallos, de los quelpos, y las focas, las rayas y hasta alguna que otra ballena también buscan alimento en este variado ecosistema.

Distraído por el espectáculo, vi reaparecer de pronto a mi lado a la simpática nutria. El pequeño y eficaz depredador se había valido de la sensibilidad de los bigotes y las patas delanteras para localizar y atrapar una almeja oculta en el cieno del fondo. Al regresar a la superficie y volver a flotar sobre la espalda, la vi sacar una almeja y una piedra de la bolsa de piel que tienen estos mamíferos bajo las patas delanteras. Observé sus movimientos, cautivado por la trabajada habilidad con la que equilibraba el guijarro sobre su panza para proceder después a golpear repetidamente la almeja sobre la dura superficie y romper la concha. Las nutrias marinas son una de las pocas especies que utilizan herramientas con regularidad, tal como hacemos los seres humanos. Y lo que quizá resulte todavía más notable que practicar esa técnica flotando en la superficie es el hecho de que, según las observaciones, también empleen una maniobra muy similar en las profundidades submarinas con el fin de extraer del caparazón a los abulones gigantes.

Las nutrias comen una amplia variedad de alimentos, y los encuentran fundamentalmente en el bosque de quelpos. Sin embargo, uno de ellos tiene una importancia muy particular para estos animales: el erizo de mar. Estos invertebrados esféricos y cubiertos de espinas viven en las rocas y el suelo de la mayor parte de los mares del mundo. En un bosque de algas sano y bien equilibrado, los erizos desempeñan un papel clave, ya que actúan como una especie de cuidadores del jardín de quelpos. Mordisquean las algas que crecen en las piedras, y de ese modo terminan por cavar unos hoyos que permiten que el quelpo ancle sus rizoides. Una vez sujetas al fondo, las grandes hojas del quelpo se elevan hacia la luz a una velocidad increíble, ya que pueden llegar a crecer hasta sesenta centímetros diarios.

Si no tuvieran depredadores, los erizos de mar podrían llegar a destruir un bosque de este tipo, dado que se comen los anclajes que mantienen en su sitio al alga. Cuando esto ocurre, los quelpos vagan a la deriva en dirección a mar abierto y finalmente se hunden y caen al fondo, de modo que, si el número de erizos aumenta demasiado, todo el bosque de quelpos acaba desapareciendo. Si el ecosistema se halla bien equilibrado es porque hay varias especies, como el pez lábrido asiático y la estrella girasol marina, que se alimentan de erizos de mar. Sin embargo, el depredador más eficaz de estos erizos es justamente la nutria marina. Una nutria necesita ingerir a diario una cantidad de comida próxima al 20 % de su peso corporal, así que su apetito es enorme. Un solo individuo puede zamparse cientos de erizos en un día. Primero les da la vuelta para no herirse con las largas espinas del invertebrado y después los ataca por la parte inferior, donde las espinas son mucho más cortas.

La importancia de la nutria marina quedó de manifiesto cuando los humanos pusimos a la especie al borde de la extinción, debido a los cerca de dos siglos de intensas presiones cinegéticas. Las nutrias marinas muestran una característica muy poco frecuente entre los mamíferos de ese hábitat, porque carecen de la codiciada grasa de los cetáceos y otros animales. Esto les evitó convertirse en blanco de los seres humanos, a diferencia de lo que sucedió, por ejemplo, con las focas, a las que sí se persiguió para obtener aceite y otros productos. Sin embargo, en lugar de esa grasa especial, cuentan con el pelaje más grueso de todos los mamíferos, ya que poseen una piel de doble capa que les permite mantener la temperatura corporal en estos gélidos mares. Esa fue la razón de que, en los siglos XVIII y XIX, se las cazara a millares, de modo que la población mundial de nutrias se redujo drásticamente, pasando de unas cifras de ejemplares comprendidas entre los ciento cincuenta mil y los trescientos mil individuos a menos de dos mil.

Debido a ello, el volumen de erizos se disparó, lo que determinó la práctica desaparición de muchos de los bosques de quelpos y supuso también el fin para gran parte del resto de las formas de vida que encontraban alimento y refugio en esas espesuras marinas. La eliminación selectiva de una sola especie clave alteró devastadoramente el delicado equilibrio de este complejo ecosistema.

Aun así, resulta alentador que este proceso también pudiera revertirse. Desde que a principios del siglo XX se prohibiera la caza de nutrias marinas, sus poblaciones han ido recuperándose poco a poco en grandes secciones de su área de distribución histórica. El restablecimiento de la especie todavía no es completo, pero allí donde se ha producido, las consecuencias positivas para los bosques de quelpos han sido frecuentemente espectaculares. El solo hecho de que las nutrias tengan la costumbre de darse un festín con los erizos da un respiro a las algas, y debido a su rapidísimo crecimiento el bosque submarino no tarda en convertirse en un hábitat sumamente atractivo para otras especies, incluidas otras nuevas que también se alimentan de erizos, como el pez lábrido. En muchos lugares —y más concretamente en la bahía del sur de California en la que me encontraba ese día—, la superficie del mar queda tan cubierta de densos bosques de quelpos que algunas aves, como las garcetas, pueden permanecer en pie sobre las frondas mientras descansan o pescan. Vistas desde lejos, parecen caminar sobre el agua, una imagen que no deja de resultar muy apropiada, dado que la recuperación de esta espesura de algas es poco menos que milagrosa.

D. A.

Según los planes iniciales, la expedición debía durar dos años. Sin embargo, los espacios a explorar eran tan vastos que, cerca de cuarenta y ocho meses después de haber abandonado la localidad inglesa de Plymouth, el barco quedó finalmente fondeado en el punto que iba a abrirle las puertas de la historia. En un primer momento, la expedición cruzó el Atlántico con rumbo sur, pasando por las Azores y Cabo Verde; más tarde exploró la costa oriental de Sudamérica, dobló el Cabo de Hornos, y por último, tras hacer escala en Lima, navegó mil kilómetros a poniente por el Pacífico hasta llegar a un archipiélago de diecinueve islas el 15 de septiembre de 1835. La embarcación era, claro está, el HMS *Beagle*, y el naturalista Charles Darwin, que viajaba a bordo, señala que, en aquel instante, las Galápagos le parecieron «desoladas».

No obstante, también le llamaron la atención los bosques de quelpos gigantes que rodeaban muchas de las islas. Andando el tiempo, como se sabe, el revolucionario estudio de los pinzones de las Galápagos, que fueron a su vez el catalizador que impulsó definitivamente la teoría de la evolución por medio de la selección natural, terminaría eclipsando esta observación inicial de Darwin. Sin embargo, en el transcurso de los cinco años que duró el viaje del *Beagle*, Darwin observó con regularidad las diversas especies de quelpos que prosperaban en las claras y frías aguas oceánicas. Es evidente que las algas le fascinaron enormemente, tanto como para llegar a la conclusión de que el quelpo era «un producto marino que, por su importancia, merece un análisis particular». Y a renglón seguido añade:

> Pocas cosas me causan mayor sorpresa que la de ver que esta planta crece y medra batida por las grandes rompientes del océano occidental. Es asombrosa la cantidad de criaturas vivientes de todos los órdenes cuya existencia depende íntimamente del quelpo. La descripción de los habitantes de uno de estos bancos de algas daría para escribir un gran volumen...

Tras observar detenidamente el bosque de quelpos, Darwin fue descubriendo, tal como habría de ocurrirles a muchos científicos posteriores, la enorme cantidad de vida que sustentaba. Cada vez que sacudía una de aquellas masas de algas detectaba invariablemente «un pequeño grupo de peces, moluscos de concha, sepias, cangrejos, erizos y estrellas de mar, así como distintos animales rastreros de múltiples formas y gentiles movimientos». Al comparar la diversidad de vida existente en el seno de los bosques de algas con la de las selvas tropicales sudamericanas que ya había tenido ocasión de visitar unos meses antes, en esa misma expedición, surgirá en Darwin la sospecha de que la importancia de los bosques de quelpos podría ser todavía mayor:

> Si [los bosques húmedos tropicales] de cualquier país acabaran destruidos, no creo que perecieran, ni de lejos, tantas especies de anima-

les como las que se perderían si el quelpo se viera envuelto en una circunstancia parecida. Entre las hojas de esta planta vive una gran cantidad de especies que no encontrarían alimento ni refugio en ningún otro lugar, y con su aniquilación pronto hallarían igualmente el fin los numerosos cormoranes, colimbos y otras aves pescadoras, junto con las nutrias, las focas y las marsopas.

Cuando pensamos en las algas, lo más probable es que la imagen que nos venga a la mente a muchos de nosotros sea la de esas excrecencias verdosas que van extendiéndose poco a poco, unas veces en torno a un estanque, y otras tendiendo una suerte de tapiz a orillas de un río. Pero lo que aquí hemos de representarnos son algas de unos cincuenta metros de altura capaces de alcanzar velocidades de crecimiento cercanas a los sesenta centímetros diarios, de formar bosques inmensos y de prosperar en las aguas frías y límpidas que les permiten realizar la fotosíntesis con eficiencia (aunque lo suficientemente turbias para actuar como una constante fuente de nutrientes). Los quelpos son algas sobrealimentadas. En algunos aspectos se parecen a los bosques terrestres, pero lo cierto es que no poseen raíces que se hundan en el fondo del mar, así que son incapaces de extraer nutrientes del sustrato al que se fijan. Se adhieren mediante un tocón pedunculado, llamado rizoide, a las rocas, los bancos de ostras o cualquier sustrato sólido similar presente en el lecho oceánico, y una vez ancladas extraen todo cuanto necesitan para crecer de la luz del sol y del agua.

Estos quelpos son en realidad algas gigantes y crecen hasta alcanzar alturas prodigiosas. Sin embargo, existen otras 134 especies más en los océanos y otras 550 capaces de formar bosques (que a menudo cohabitan con las que aquí nos ocupan, aunque no pertenezcan al orden de las laminariales, o quelpos). En este campo, los términos pueden resultar a veces un tanto confusos, ya que muchas veces las voces «alga» y «quelpo» se usan indistintamente, pero en esencia el quelpo es un tipo de macroalga y las dos palabras remiten al amplio linaje de los organismos eucariotas.

El tamaño y la forma de los quelpos varía muchísimo. Algunas de sus variedades crecen a lo largo del fondo marino, otras se elevan en la columna de agua gracias a la sujeción que les proporciona su estípite, o pedúnculo, y también hay ciertas especies que ascienden todavía más y consiguen alcanzar la superficie del océano. Pueden encontrarse quelpos de largas hojas flotantes o provistos de bases bulbosas, y aunque los hay que disponen de frondas tupidas, compactas y densas, otros poseen hojas delgadas y ramajes ralos. Pese a que algunos sean enormes, muchas de sus especies miden tan solo un par de metros de altura. Sin embargo, hasta esos parientes de escasa longitud crecen durante largo tiempo, ya que llegan a vivir más de una década. Es esta diversidad la que ha permitido que los bosques de quelpos prosperen en más del 30% de las costas del planeta y se los encuentre tanto en las regiones templadas como en los casquetes polares. En total, se estima que cubren una superficie de más de dos millones de kilómetros cuadrados, aunque siempre necesitan aguas ricas en nutrientes.

Aun así, por abundante que sea el alimento de las zonas en las que crecen, los quelpos requieren que la luz solar penetre a raudales en el agua, puesto que esa es la energía que estimula su crecimiento. Si las aguas del medio marino son suficientemente diáfanas, los quelpos logran prosperar a profundidades próximas a los 45 metros, como ocurre en el centro de California; a 68 metros en el Océano Austral, y a la pasmosa cifra de 131 metros a lo largo de un arrecife situado frente a las costas de la California meridional. Y dondequiera que crezcan los quelpos, sea cual sea la profundidad a la que se implanten o la longitud que alcancen, hay siempre vida en abundancia.

Un particular tipo de anfípodo del quelpo (el *Ampithoe humeralis*), un pequeño crustáceo parecido a un camarón con ocho pares de extremidades, elige las frondas de esta alga con sumo cuidado. Tira de uno de los bordes de la hoja y envuelve su cuerpo con ella hasta conseguir que toque el otro borde, creando así una suerte de funda. El animalito mantiene unidas las hojas mediante una sustancia que él mismo produce (conocida con el nombre de «seda de anfípodo»), y de ese modo se fabrica rápidamente un refugio perfectamente camuflado cuyo tamaño y forma aproximados son los de la vaina de los guisantes. Una vez resguardado, permanece oculto en el interior del abrigo, pero pronto le surge una complicación: su hogar es también su fuente de alimento. En el breve plazo de cuatro o cinco días, habrá devorado ya tanto la hoja original que esta no le proporciona ya una protección adecuada, de modo que al anfípodo rizador no le queda más remedio que mudarse. Utiliza las antenas delanteras para comprobar que no hay peligro en las inmediaciones, y en cuanto tiene la seguridad de que no hay amenaza alguna, sale disparado de su precario escondrijo. Salta a toda velocidad de hoja en hoja, buscando con afán la más indicada para no exponerse más tiempo del estrictamente necesario, y no le faltan motivos, ya que estos diminutos crustáceos figuran como plato fijo en el menú de muchos de los peces que habitan en el bosque de quelpos.

El anfípodo del quelpo es solo uno de los múltiples ejemplos que nos muestran los innumerables vínculos que se establecen entre las diferentes especies que pueblan los bosques de quelpos. Cuando uno nada por primera vez en esa espesura de grandes algas, se siente desbordado de inmediato por la profusión de vida que le rodea. En la superficie, el grosor y el enmarañamiento de las frondas suele ser tan acusado que las aves marinas se posan

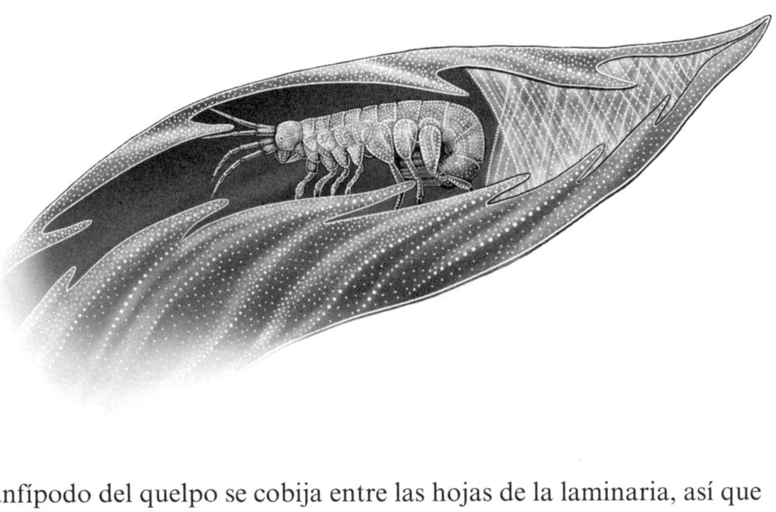

El anfípodo del quelpo se cobija entre las hojas de la laminaria, así que encuentra su hogar en la misma alga de la que se alimenta.

sobre ellas para descansar o acechar a sus presas. Al bucear bajo esa densa capa superior se encuentra un poco más de espacio, y hasta es posible serpentear entre los «troncos» del bosque. Si se dispone de tiempo para observar detenidamente el entorno, pueden apreciarse ciertas similitudes entre los estratos de vida de este ecosistema y los que existen en una selva tropical. Hay una comunidad biológica especial en el dosel arbóreo o la porción de fronda que se halla más próxima a la luz solar: sus integrantes explotan los recursos de las capas inferiores, pero regresan rápidamente al espacio iluminado. Bajo este techo vegetal hay otras criaturas, como los caracoles y los camarones, que suelen pasar gran parte de su existencia en las frondas sumergidas. Los animales de dimensiones medias que se instalan de forma estable en la espesura de algas, como la cabrilla sargacera y el pez roca negro, son tanto depredadores como presas: se alejan instintivamente en cuanto se acerca uno a ellos, pero tampoco huyen del todo. Luego está la fauna de gran tamaño, como los leones marinos, cuya inteligencia, curiosidad y carácter social los asemejan a los monos de los bosques tropicales húmedos. Rara vez se convierten en presas, y siempre están buscando comida o diversión entre las frondas del quelpo. De hecho, cuando un humano se aproxima a ellos buceando, también ellos se acercan con toda confianza, para alejarse después en un abrir y cerrar de ojos.

Más abajo, al avanzar hacia las profundidades y ver disminuir la cantidad de luz, el explorador llega al sotobosque, es decir, al fondo del mar. La ausencia de claridad no mengua la variedad y abundancia de la vida que aquí prospera. Los detritos que caen de los estratos superiores alimentan a las langostas, los cangrejos, las estrellas de mar, los erizos y los moluscos como la liebre de mar. El pedregoso lecho oceánico está repleto de invertebrados: en un simple puñado de la gruesa arena que rellena los intersticios que quedan entre las rocas, pueden encontrarse especies microscópicas desconocidas. Y tal como ocurre en una selva tropical, es frecuente tener una suerte de conciencia intuitiva de que en los alrededores rondan distintos superdepredadores, como las orcas y los grandes tiburones blancos, lo que genera una indefinible sensación de inquietud que aconseja el prudente regreso a la superficie.

La mera magnitud física de los bosques de quelpos también configura el entorno, tanto en sus inmediaciones como en el interior de los mismos. La presencia de una gran espesura de algas modifica la forma en la que fluye el agua. De hecho, esta particularidad suele ser visible desde la orilla, ya que antes de que la ola tope con las altas frondas, la superficie aparece revuelta, como si el mar estuviera picado, mientras que después de superada esa difusa barrera las ondulaciones muestran un aspecto más suave y terso. Este factor hace que las costas en las que prosperan los quelpos sean extremadamente apreciadas por los surfistas, aunque lo cierto es que la existencia de unas olas más homogéneas genera también varios beneficios de orden práctico para la comunidad del quelpo, ya que su acción aviva la caída de los nutrientes que flotan en la columna de agua, lo que constituye una gran ventaja para las especies de la fronda que viven afincadas en los niveles inferiores. La masa y la presencia física de un bosque de quelpos incrementan la adaptación de las formas biológicas que se instalan en él. Sus enormes dimensiones y la profusión de seres vivos que sustenta atraen a los depredadores oceánicos, mientras que la sombra que crean sus frondas al alcanzar la superficie determina las características de cuanto encuentra ocasión de prosperar más abajo. Al aumentar de tamaño, los quelpos alumbran todo un hábitat, y al mismo tiempo también son la base de su ciclo alimenticio.

Los bosques de algas pueden ser extremadamente productivos, pero, tal como ocurre con muchos de los hábitats de nuestro planeta, funcionan mejor si forman parte de un ecosistema equilibrado y floreciente. Los estudios realizados hasta ahora, tanto en San Francisco como en Sudáfrica, sugieren la existencia de una posibilidad tan fascinante como perturbadora: la de que otros cambios del océano, aparentemente no relacionados con los quelpos, puedan alterar el equilibrio biológico de los bosques que forman.

Las poblaciones de cinco especies de focas diferentes tienen su hábitat en las espesuras de los quelpos toro que rodean Los

Farallones, un grupo de islotes y peñascos que se alza frente al litoral de San Francisco. Esta abundancia de presas potenciales atrae a superdepredadores como los grandes tiburones blancos, una especie que, de hecho, es una de las más numerosas del mundo. Sabemos que, en determinadas épocas del año, se reúnen en la zona más de un centenar de esos enormes escualos, sobre todo para cazar focas. Sin embargo, todo indica que la supremacía de estos tiburones queda anulada en cuanto entran en escena las orcas. Estos cetáceos son una de las pocas especies capaces de cazar y dar muerte a los grandes tiburones blancos, lo que explica que en los estudios citados se haya observado que la aparición de orcas a pocos kilómetros del archipiélago de Los Farallones provoque el alejamiento de los escualos, y, consiguientemente, una disminución de los ataques a las focas. En Sudáfrica se ha constatado una tendencia similar. Los científicos que analizan este fenómeno temen que pueda estar provocando un desequilibrio en el número de focas presentes en los bosques de algas, ya que, por el momento, las orcas no parecen estar devorándolas al mismo ritmo que los tiburones. En el futuro, por tanto, el aumento del número de focas podría reducir las poblaciones de peces y langostas, lo que dará a los erizos de mar mayores oportunidades de multiplicarse y comer demasiadas algas. Existe la posibilidad de que la cadena trófica se haya desequilibrado.

Pero queda mucho por aprender. ¿Qué es lo que está empujando a las orcas a estas regiones? ¿Es consecuencia de alguna otra inestabilidad del océano, sujeto a tan rápidos cambios? ¿Hemos de pensar que, con el tiempo, las orcas terminarán por mantener a raya a las poblaciones de focas con la misma eficacia que los tiburones que las precedieron? La verdad es que todavía no lo sabemos, pero este ejemplo demuestra lo intrincadas que pueden llegar a ser las relaciones que inciden en los ecosistemas del quelpo y la interdependencia que une en ocasiones a unas especies que rara vez interactúan directamente entre sí.

Los bosques de quelpos crean incluso hábitats a cientos de kilómetros del lugar en el que crecen. En caso de grandes tormentas, estas algas pueden acabar desprendiéndose del fondo marino.

Esto es algo normal y forma parte de su ciclo de vida. De hecho, son muchas las especies de algas marinas que han evolucionado con el fin de liberar sus esporas en el preciso instante en el que estalla una tormenta, ya que esto contribuye a facilitar que se dispersen y lleguen a regiones muy alejadas de su punto de origen, lo que amplía el radio de acción del bosque. Hemos estado muchas décadas dando por supuesto que la mayor parte de los quelpos que perdían su anclaje a causa de las tempestades y la mar gruesa acababan viéndose arrastrados a la costa, donde se descomponían. Desde luego esto es algo que también sucede, como puede comprobar cualquiera que haya caminado a lo largo de una playa de las zonas templadas. Sin embargo, el aumento de los estudios oceánicos ha permitido que los científicos reparen en que un significativo volumen de algas también es barrido por estos fenómenos violentos y acaba en alta mar. Se han encontrado quelpos gigantes a cientos de kilómetros de la costa, donde flotan y forman grandes balsas, y se ha documentado asimismo la presencia de más de ciento cincuenta especies diferentes en esas espesuras o en sus inmediaciones. Un estudio ha llegado incluso a establecer la estimación de que, en cualquier corte temporal, podría haber hasta setenta millones de balsas de quelpo meciéndose en el Océano Antártico.

Es tal el volumen de estas balsas de algas flotantes, y tan numerosas las especies que transportan, que actualmente se están llevando a cabo varios estudios concebidos para determinar si podrían ser ellas las que estén transportando a grandes distancias especies no nativas y potencialmente invasoras, y, de ser ese el caso, qué papel pudieron haber tenido en épocas pasadas esas balsas en el modo en que las especies acabaron colonizando las diferentes regiones del planeta. Se ha argumentado que una almeja de pequeño tamaño, la *Gaimardia trapesina*, podría haberse extendido por el Océano Austral viajando en balsas de quelpo arrastradas por la potente corriente circumpolar antártica. En teoría, una balsa de algas que permanezca intacta por espacio de cien días podría viajar cuatro mil kilómetros gracias a una corriente tan fuerte como la que acabo de mencionar.

En cualquier caso, la mayor parte de estas balsas de quelpos no se ven empujadas a costas lejanas y suelen terminar su periplo en las profundidades. Hasta donde nos es dado saber, acaban hundiéndose, ya sea por la acción de una eventual sucesión de tormentas, por la degradación de sus neumatocistos o vesículas de aire (lo que les hace perder la capacidad de flotar) o por el simple peso de las demás especies vegetales que puedan crecer sobre ellas. Cuando se hunden en los abismos, los quelpos se convierten en una importante fuente de nutrientes para los herbívoros y los microbios de las profundidades, que se encargan de descomponerlos. Y si el lecho de las zonas abisales no se ve alterado, el carbono que las algas extrajeron de la atmósfera por medio de la fotosíntesis puede quedar secuestrado a miles de metros de profundidad. Por consiguiente, los bosques de quelpos son una notable ayuda en la lucha contra el cambio climático. Aunque las propias algas podrían ser sensibles al calentamiento de los océanos...

Los abundantes datos de los estudios realizados hasta el momento muestran que, en su mayor parte, las distintas especies de quelpos prosperan únicamente en aguas frías. De hecho, basta fijarse en algunos de los lugares en que se encuentran: las costas atlánticas de Europa y Norteamérica, las bandas litorales de Chile, California, la Columbia Británica y Sudáfrica... Pese a que la temperatura del mar que baña estas zonas rara vez descienda por debajo de los 5 °C, todo parece indicar que la temperatura más determinante es la que se da en verano, ya que es el calor, no el frío, lo que resulta perjudicial para su crecimiento. En 2011, fecha en la que los bosques de algas de Australia Occidental quedaron devastados a causa de una ola de calor marina, y también en 2014, cuando los campos de quelpos de California sufrieron idéntico destino y por la misma razón, los científicos empezaron a preocuparse, dado que el incremento de la temperatura global limitará el crecimiento de los bosques de algas. Esto genera un bucle de retroalimentación negativo en el clima, puesto que las espesuras de quelpos son uno de los factores clave para el secuestro de carbono. Si las temperaturas aumentan y disminuye el crecimiento de las algas, la saturación de dióxido de carbono de la atmósfera se acrecentará, lo que a su vez agravará el calentamiento.

En la Cueva del Diablo, en California, la construcción de una planta nuclear permitió efectuar un importante estudio que, mantenido a largo plazo, podría verificar esta hipótesis. El agua de refrigeración que libera la central incrementó la temperatura del agua de la zona en 3,4 °C (lo que supone un aumento similar al que provocaría un episodio de El Niño). Los científicos que llevaban a cabo la investigación registraron cambios muy notables en el conjunto de los bosques de quelpos: se produjo un drástico declive del volumen de varias especies de esta alga, pero la presencia de otros tipos de vegetación marina creció nada menos que un 3.000%; hubo asimismo un crecimiento explosivo de los erizos y los gasterópodos herbívoros, y un aumento de las especies depredadoras, como el pez lábrido asiático y la raya murciélago. No solo es un ejemplo de lo que puede suceder cuando los ecosistemas de agua fría se calientan, sino también una advertencia de que las respuestas, además de complejas, tienen difícil predicción. No obstante, lo que sí nos muestra este estudio con claridad es que los cambios pueden ser sustanciales, notablemente perturbadores y de muy rápida instauración.

Hay quien ha postulado que el aumento de las olas de calor oceánicas se revelará claramente perjudicial para los bosques de quelpos que existen en la actualidad, pero que el proceso de calentamiento del mundo también está permitiendo que algunas especies se aproximen a los polos. Esto podría beneficiar a algunos taxones de quelpos que hasta ahora habían visto limitada su capacidad de propagación hacia latitudes septentrionales debido a las placas de hielo flotantes. Cabe ver un rayo de esperanza en esto, ya que, siendo ciertamente oscura la situación, nunca hay mal que por bien no venga. Y es que, por curioso que pueda parecer, el quelpo que hoy prospera en el Ártico ya está consiguiendo maximizar su potencial de crecimiento durante los largos meses de luz solar, y sobrevivir además (lo que aún resulta todavía más sorprendente) al inacabable período de la noche polar, en el que la fotosíntesis queda muy limitada o se revela incluso imposible.

En cualquier caso, aún no sabemos cómo lo logran, y antes de lanzar las campanas al vuelo por el reciente hallazgo de bosques de quelpos en las regiones más septentrionales del planeta, es preciso señalar que, si algunas especies de este tipo de algas triunfaran en el empeño de extenderse a latitudes más altas, podría ser, al menos en ocasiones, a expensas de las demás especies actualmente instaladas allí, que quizá no dispongan de recursos evolutivos para soportar el calentamiento climático.

Con todos los cambios que se están produciendo en el océano, la primera pregunta que debemos hacernos es la siguiente: ¿en qué situación se encuentran hoy los bosques de quelpos del globo? La respuesta es algo menos obvia de lo que cabría esperar en el caso de un hábitat cuya ubicación más característica se encuentra cerca de la costa. Los datos, y muy particularmente los de índole histórica, no son muy coherentes, dado que en algunas zonas se han realizado buenos estudios y puesto en marcha procesos de supervisión adecuados, mientras que en otras apenas se han efectuado observaciones. No obstante, en términos generales podemos decir que, en los últimos cien años, los bosques de quelpos han menguado en todas las regiones del mundo —y de hecho lo siguen haciendo en la actualidad—. La comprensión de los cambios que van a experimentar a largo plazo los bosques de algas es muy compleja, y los científicos se esfuerzan en evitar que se exageren las tendencias. Sea como fuere, las investigaciones parecen mostrar que, en general, los bosques de quelpos de Australia Occidental, Nueva Gales del Sur y ciertas zonas de Nueva Zelanda se hallan en declive, cosa que también sucede en Maine y la costa noreste de Estados Unidos. Por el contrario, muchos de los que se encuentran en Groenlandia, el sur de Chile y varias regiones de Noruega permanecen estables y hasta parecen estar prosperando.

El panorama, sin embargo, puede cambiar rápidamente, ya que los ecosistemas de los bosques de quelpos poseen un dinamismo enorme. Las tormentas pueden destruir con facilidad grandes áreas pobladas de frondas, pero estas también tienen la capacidad de crecer y recuperarse en muy poco tiempo. Las dos amenazas más importantes a largo plazo son las cambiantes condiciones del agua (en particular, el incremento de nutrientes debido a la contaminación y el calentamiento del océano) y la explotación pesquera. La sobrepesca puede eliminar especies relevantes para mantener el equilibrio de un bosque de quelpos: tal es el caso, por ejemplo, de las langostas y los lábridos, que se alimentan de erizos.

Sabemos que el futuro de esta clase de algas no solo es fundamental para el porvenir del océano, sino que también incide de forma determinante en el cambio climático. En cualquier caso, también nos beneficia de otras maneras. El quelpo ha tenido siempre un papel significativo para las comunidades costeras, sobre todo desde que los seres humanos se instalaran en regiones bañadas por mares templados. Llevan miles de años utilizándose como fertilizante, como alimento para el ganado y como un componente básico de nuestra propia dieta. Ya en el siglo XVIII, se recolectaba en grandes cantidades y se utilizaba en la producción química. Todavía pueden encontrarse en toda Irlanda los restos de los hornos de algas en los que se quemaba el quelpo seco para fabricar con él una ceniza posteriormente utilizada en la elaboración de jabón, vidrio y tintes textiles. Con el tiempo, también se emplearía en la producción de yodo y pólvora. De hecho, con la palabra «quelpo» (*kelp* en inglés) se aludía originalmente a las cenizas de las algas una vez quemadas. Solo más tarde se aplicaría esa misma denominación a las especies de algas de gran tamaño, debido a que eran las mejores para la obtención del «*kelp*».

La recolección a gran escala del quelpo silvestre no siempre es recibida con aplausos: hay operaciones que se consideran bien gestionadas y se tienen por sostenibles, pero otras topan con una fuerte oposición local. No obstante, la gran velocidad a la que crece este tipo de alga también ha generado un creciente interés en la acuicultura vegetal, ya que existen claros beneficios potenciales. El quelpo es lo que se conoce como un cultivo de insumos cero, lo que significa que su crecimiento no exige el uso de fertilizantes ni pesticidas. De hecho, ni siquiera precisará de una gestión excesiva. Además, mientras se desarrollan, sus frondas también podrían proporcionar un hábitat a otras especies oceánicas, aunque es posible que su mayor atractivo resida en el hecho de que es un cultivo que puede trabajarse sin entrar en competencia con la agricultura existente ni con el mundo natural de tierra firme. Con el quelpo pueden elaborarse numerosos productos, lo que tal vez podría reducir la presión que estamos ejerciendo en los continentes. Un ejemplo de ello es el hecho de que la utilización de estas algas como fertilizante —que hoy se hace únicamente a pequeña escala— pudiera ampliarse hasta sustituir en un futuro a los abonos químicos de producción industrial. De hecho, ya se están utilizando como fuente de ácido algínico, un agente aglutinante presente en una gran variedad de artículos comerciales, desde cosméticos hasta pasta de dientes. Por otra parte, el quelpo resulta extremadamente útil para la industria farmacéutica debido a la diversidad de compuestos bioactivos que contiene. Existe incluso un debate sobre el potencial cultivo a gran escala del quelpo, a fin de obtener vastas cosechas y transportarlas después a mar abierto para hundirlas deliberadamente en las profundidades del océano como fórmula para secuestrar carbono. Aunque también es cierto que esta solución plantea interrogantes, dado que el impacto de cultivar enormes cantidades de una biomasa propia de un determinado ecosistema para arrojarla acto seguido en otro puede resultar problemático.

En cualquier caso, y a pesar de que el potencial del cultivo del quelpo esté abriendo una vía significativa que merece ser explorada, debemos tener cuidado y no confundir ese proyecto con la vital necesidad de disponer de bosques de algas totalmente naturales. Desde luego, el plan de una agricultura basada en las algas parece sin duda digno de ser estudiado, pero la cuestión de las espesuras de quelpos salvajes es esencial para la salud del océano, para la conservación de los medios de vida de las comunidades costeras, y para que el ser humano halle ocasión de luchar en favor de una estabilización del calentamiento planetario.

Hemos estado subestimando durante mucho tiempo el interés de los bosques de quelpos. Puede que la causa haya que buscarla en la circunstancia de que sus maravillas sean menos visibles, al menos de manera inmediata, que las de un espacio forestal terrestre o un arrecife de coral, pero también es posible que se deba a que no hemos entendido de verdad la relevancia que tienen hasta hace relativamente poco. Los planes nacionales centrados en la gestión del mar no suelen tener en cuenta la importancia de estos bosques de algas. En realidad, ni siquiera se incluyeron entre los Objetivos del Decenio de las Naciones Unidas para la Restauración de los Ecosistemas (2021-2030). Sin embargo, puede que al fin haya llegado su momento. Dado que las capturas pesqueras están disminuyendo en muchas comunidades y que la realidad del cambio climático nos asesta duros zarpazos, una de las cosas que tratamos de hallar son precisamente motivos para la esperanza. Hay que admitir que es muy poco probable que el quelpo termine revelándose como una solución milagrosa, pero si alguien nos dijera que existe un producto nuevo y maravilloso capaz de hacer que la costa rebose de peces, capaz de extraer enormes volúmenes de carbono de la atmósfera y capaz de proporcionar un hogar a algunos de los animales salvajes más seductores del mundo, parece evidente que se avivaría nuestro interés, ¿no creen?

La gran tormenta vivida en la localidad inglesa de Sussex

Una profunda borrasca se hallaba asentada sobre las aguas anormalmente cálidas del golfo de Vizcaya. La colisión de los fríos vientos polares y las corrientes cálidas de los trópicos había obligado a ascender rápidamente la porción templada, creándose así una zona de muy bajas presiones. Eran las condiciones perfectas para la aparición de una vasta y violentísima tormenta. El 15 de octubre de 1987, el turbión se desplazó al norte y puso rumbo al Reino Unido y el norte de Francia.

Como su nombre indica, la pequeña población de Shoreham-by-Sea se asoma al mar. Las aguas del río Adur, saturadas de limo, serpentean entre los suaves prados abiertos y las tierras de cultivo de una zona a la que se denomina el Weald, cuyo terreno, apenas ondulado, recoge el caudal desbordante del cristalino arroyo de cauce calcáreo que parte del Parque nacional de South Downs y desemboca en el Canal de la Mancha, entre la propia Shoreham-by-Sea y el movedizo y nunca del todo asentado cordón de guijarros de la playa local. Esa noche, los habitantes de Shoreham, como los de buena parte del Reino Unido, se fueron a la cama convencidos de que la tormenta que se avecinaba, pese a su fortísima intensidad, se limitaría a colmar de lluvia la región, sin que por lo demás hubiera nada de qué preocuparse.

A las tres y diez de la madrugada, la fuerza del temporal arrancó de su soporte el anemómetro encargado de medir la velocidad del viento en la cima de las emblemáticas Needles, o columnas de piedra, de la isla de Wight. Las rachas responsables del destrozo viajaban a 185 kilómetros por hora y se dirigían con toda su furia a Shoreham. Azotaron las aguas del Canal de la Mancha y generaron olas gigantescas que acabaron abatiéndose sobre la playa y golpeando el resto de la costa sur de Inglaterra.

Esa mañana, al despertarse, los habitantes de Gran Bretaña se enteraron de las consecuencias que había tenido un acontecimiento que, según el Servicio Meteorológico del Reino Unido, «solo se da una vez cada doscientos años». Al vivir en una parte del mundo acostumbrada a un clima marítimo de temperaturas templadas y lluvias copiosas (cuyos potenciales rigores se ven, no obstante, atenuados gracias al calor que aporta la corriente del Golfo), las gentes del lugar no estaban preparadas para el espectáculo que les aguardaba. Los tejados habían salido volando y el viento había volcado los coches y derribado el tendido eléctrico, dejando cientos de miles de hogares sin electricidad. El suelo empapado, unido al hecho de que los árboles todavía no habían perdido sus frondosas copas estivales, creó unas condiciones perfectas para que el vendaval prácticamente huracanado que sopló toda la noche arrancara de raíz más de quince millones de ejemplares. Esa noche, todas las regiones del país sufrieron la pérdida de uno o más árboles antiguos y de notable fama local, pero es posible que la población más recordada fuera la de Sevenoaks, en Kent, cuyo nombre alude a los siete robles plantados allí para conmemorar la coronación del rey Eduardo VII: lamentablemente, al amanecer solo quedaba uno en pie.

Como es lógico suponer, en las semanas posteriores al aguacero la mayor parte de las noticias se centraron en los daños materiales, la deforestación sufrida y la trágica pérdida de dieciocho vidas. Sin embargo, en Shoreham existía otro problema con el que la gente estaba más familiarizada. La implacable energía de la fuerte marejada de la noche había arrancado el pedúnculo de las algas, arrojándolas a la playa, donde ahora formaban enormes montones. Los noticiarios mostraban imágenes similares en toda la costa meridional del país. Pese a que la presencia de aquellas ingentes cantidades de quelpos fuese motivo de comentario entre los residentes de las zonas afectadas, lo cierto es que el espectáculo en sí no tenía nada de insólito, dado que justo enfrente de la costa prosperaba un inmenso bosque repleto de maravillas marinas.

Desde el cabo de Selsey Bill hasta el pueblecito de Shoreham, situado unos cuarenta kilómetros más al este, se extendía un frondoso jardín de algas desbordante de vida. El sargo negro nadaba entre las frondas, cuyas hojas le servían de alimento, aunque completaba su dieta con los pequeños invertebrados que se alojaban en la espesura; la lubina europea merodeaba en busca de camarones y cangrejos pequeños; los calamares dejaban las blancas cápsulas digitiformes de su puesta, cada una de las cuales albergaba más de un centenar de crías; las rayas levantaban su aparente vuelo subacuático, alejándose del fondo y cruzando en su ascenso los densos ramilletes de huevos de las sepias (que por su tamaño y forma imitan los de un racimo de uvas negras) y las ootecas o bolsas de sirena de los tiburones mero y las musolas, un tipo de escualos muy común en estos bosques. Y la razón de este hervidero de vida hallaba su origen en la existencia misma de la selva de quelpo.

Cuatro especies de algas integraban básicamente el bosque submarino de Sussex. Todas eran de crecimiento rápido y llegaban a alcanzar alturas comprendidas entre uno y cuatro metros. Con un pedúnculo o estípite ramificado en hojas de entre cinco y doce «dedos», la cinta de mar (*Laminaria digitata*) se parece un poco a una mano regordeta que esté agitando sus largas falanges. Esta clase de algas tiende a crecer en las aguas menos profundas de la banda litoral. Si nos alejamos ligeramente de la costa, podríamos encontrar el llamado quelpo de azúcar (*Saccharina latissima*), también conocido con el nombre de «cinturón de mar», el quelpo rugoso (*Laminaria hyperborea*) y el quelpo rizado (*Saccorhiza polyschides*). El quelpo rugoso se parece a la cinta de mar, pero tiene un estípite mucho más largo y estriado. Sin embargo, el quelpo de azúcar y el rizado son muy diferentes. El de azúcar tiene una fronda única, larga y cubierta de volantes caedizos con los que tapiza el fondo marino. El quelpo al que se dan los deliciosos nombres de rizado o de faralaes posee un rizoide en forma de bulbo que hace pensar en una extraña fruta hinchada y de color castaño claro, tirando a amarillento, abandonada en el lecho oceánico: su estípite, que es longilíneo y plano, emite una multiplicidad de dedos que parecen extenderse como si intentaran alcanzar los rayos de sol que toda alga necesita para poder crecer.

En conjunto, antes de la tormenta todas estas variedades de quelpo formaban un bosque que, según los lugareños, penetraba al menos una milla mar adentro, y era tan denso que, en las partes menos profundas, la gente que se desplazaba en un bote de remo encontraba grandes dificultades para avanzar en esa madeja vegetal, mientras que las barcas a motor enredaban muchas veces las hélices y quedaban atascadas. De hecho, la vida que sustentaba la floresta hacía vibrar las aguas en varios kilómetros a la redonda.

La regular irrupción de tormentas estacionales es una contribución crucial que favorece el ciclo vital de los bosques de quelpos, ya que muchas especies de ese tipo de algas liberan sus esporas precisamente en invierno, permitiendo así que se dispersen con la agitación del mar. Sin embargo, cuando se desata una borrasca particularmente violenta los estípites y los anclajes de algunas de las especies más longevas pueden romperse. Además, las tempestades también acaban enredando y amontonando las frondas de otras especies, lo que provoca su muerte natural y genera esos montículos de algas que jalonan de vez en cuando el litoral de Sussex. En un caso anterior al que nos ocupa, la presencia de estas hacinas de quelpo provocó división de opiniones entre las gentes del lugar. Hubo agricultores encantados de poder recoger las algas para utilizarlas como un óptimo fertilizante gratuito. Los amantes de la naturaleza disfrutaban al saber que las abultadas siluetas pardas eran un mudo testimonio de la riqueza del medio marino próximo a la costa, pero muchos vecinos consideraban que, estando muy bien que hubiera algas en el agua, lo cierto es que no resultaban precisamente atractivas así, tiradas en las playas de unas ciudades que esperaban atraer turistas a sus localidades. Llegaron a plantearse incluso preguntas en el parlamento. Lord Aylestone, miembro del Partido Laborista británico y afincado en la costa sur de Inglaterra, preguntó al gobierno de su majestad por «la ayuda que se está prestando a las autoridades locales, en interés del turismo, a fin de que los ayuntamientos puedan hacer frente a la descomposición de las algas que abarrotan las playas de algunos centros turísticos como Worthing, en el Sussex Occidental». En cualquier caso, puede decirse que, en general, se estableció un cierto equilibrio. El bosque de quelpos era simplemente uno de los elementos cotidianos de la vida en todo el litoral de Sussex: siempre lo había sido y así seguiría siendo... Hasta 1987.

La tormenta de ese año fue tan severa que los montículos de algas que tachonaban la arena de la playa alcanzaron dimensiones superiores a cuanto se alcanzaba a recordar. Sin embargo, lo que acabaría destruyendo el bosque de quelpos con el paso del tiempo no fue este episodio, ya que, en realidad, el temporal se limitó simplemente a facilitar la tarea de los verdaderos responsables del desastre. Se había estado gestando otro tipo de perturbación.

Aunque la pesca de arrastre ya viniera practicándose en la región desde la década de 1850, los nuevos arrastreros, mucho más potentes, habían entrado en escena. Y, por si fuera poco, los cambios introducidos en la legislación pesquera habían envalentonado a sus propietarios. En el preciso instante en que el bosque de quelpos necesitaba tiempo y espacio para recuperarse de la borrasca, se permitió el arrastre de pesadas redes y cadenas a lo largo de casi toda la franja costera. Los bancos de mejillones quedaron aplastados, se arrasó con casi todas las algas restantes, y buena parte de la vida que en otro tiempo halló cobijo aquí fue capturada o terminó dispersándose. Los buques arrastreros removieron una y otra vez el fondo, y cuando finalmente se llevó a cabo un estudio detallado, se descubrió que en una amplia zona de aguas costeras no quedaba ya prácticamente una sola alga... ¡Y eso se había producido en uno de los países presuntamente más concienciados de la necesidad de preservar el planeta!

Es poco probable que la pesca de arrastre fuese la única causa de la destrucción del bosque de quelpos: es casi seguro que la contaminación industrial, las aguas residuales y el vertido de sedimentos también desempeñaron un papel extremadamente relevante. Sin embargo, al pescar con artes de arrastre en buena parte del lecho marino, y hacerlo además año tras año, la recuperación se reveló imposible.

Pasaron los años. Transcurridas un par de décadas, los malos recuerdos habían quedado atrás, así que resultaba muy fácil pasear por la playa de Worthing o darse un chapuzón en Selsey y no darse cuenta de que algo andaba francamente mal. Seguía siendo agradable huir del ajetreado bullicio del día a día y respirar el aire de la costa. Con el paso del tiempo, ya ni siquiera recordamos a las bandadas de aves marinas que solían revolotear por encima de los transeúntes o lanzarse en picado al mar en busca de peces; incluso olvidamos la gran variedad de conchas que el oleaje dejaba en las playas o la frecuencia con la que veíamos saltar a los delfines en la lejanía mientras estirábamos las piernas por las mañanas...

La documentación disponible confirma claramente que el paso del tiempo hace que todos nos acostumbremos a un mundo marcado por una naturaleza empobrecida y olvidemos el rico patrimonio silvestre que una vez tuvimos. El científico marino Daniel Pauly dio a esa situación el nombre de «síndrome del punto de referencia cambiante». Se lo ha descrito como una suerte de «amnesia medioambiental generacional», pero la definición de Pauly utiliza términos más indulgentes y precisos, ya que habla de «un cambio gradual en las normas aceptadas en la determinación de las características del medio ambiente natural. Ese cambio se debe a la falta de vivencias relacionadas con la condición pretérita del mundo, es decir, a la ausencia de memoria o conocimiento del pasado». En otras palabras, tendemos a juzgar normal lo que hoy vemos, considerando que esa es la «línea basal» o el «punto de referencia» que nos permite percibir la mejora o el deterioro del mundo natural. Eso nos lleva a subestimar de manera drástica las condiciones que deberían reinar en un ecosistema saludable. Lo que en el presente consideramos entornos «saneados», o cuando menos «normales», les parecerían enormemente mermados a los miembros de la generación anterior. Nos habituamos a vivir en un medio degradado, y por eso es tan frecuente que ni siquiera aspiremos a recuperar lo que una vez tuvimos.

Pero entonces, corriendo ya el año 2019, tres existencias muy distintas comenzaron a superponerse.

El doctor Sean Ashworth se crio en Brighton, a escasos kilómetros de Shoreham. La tormenta de 1987 voló el techo de su dormitorio. Por fortuna él se hallaba fuera en ese momento, pero recuerda que al volver a casa uno o dos días después del temporal se encontró con un paisaje totalmente transformado. Poco imaginaba que en alta mar estaba comenzando a producirse una destrucción muchísimo mayor. Conocía aquellas costas de toda la vida y en ese momento trabajaba para la Autoridad de Conservación y Pesca costera de Sussex (la IFCA, según sus siglas en inglés). El objetivo de su labor consistía justamente en cuidar los caladeros. Oía una y otra vez los relatos de los pescadores, que insistían en que sus capturas eran cada vez más reducidas y que les resultaba por tanto muy difícil ganarse la vida. Aquellas informaciones coincidían además con los datos volumétricos de la pesca local que constaban en los estudios de la IFCA. Ashworth, que creía firmemente en el sentido común que condensaba su lema favorito, «sin peces, no hay pesquería que valga», buscaba una forma de conseguir caladeros sostenibles y prósperos en las aguas de la región.

Eric Smith, un apneísta que ahora mismo ronda los setenta y cinco años, llevaba desde los once buceando a pulmón libre en estas aguas. Pese a que sus operaciones de rodilla y cadera le impiden caminar tan bien como antes, Eric es una persona de ímpetu juvenil. Tiene los ojos brillantes y la rebelde cabellera del hombre que ha llevado una existencia plena tanto sobre el agua como bajo las olas. Se daba la circunstancia de que Eric Smith había llevado un registro de todas sus inmersiones y podía echar la vista atrás y constatar la horrenda mutación sufrida por este remanso de paz. Desolado por la repentina aniquilación del mundo marino que tanto amaba, Smith comprendió que era una de las pocas personas que había visto todas aquellas maravillas con sus propios ojos. Tenía constancia personal de la desaparición de los bancos de mejillones, había nadado entre los altos tallos de los bosques de quelpos que crecían en los mismos lugares en los que ahora no quedaba más que un desierto de arena y sedimentos, y prácticamente en todas sus inmersiones había tenido ocasión de observar, durante años, un significativo número de especies valiosas desde el punto de vista comercial, como las langostas, los besugos y las lubinas. Ahora, por el contrario, se consideraría afortunado si alcanzaba a llenar de peces un simple cubo al año. Dos de las entradas de su diario, correspondientes al mes de abril de 2005, dan fe de la velocidad de la transformación que ha experimentado su querida costa inglesa:

17 de abril

Encontramos doradas al poco rato, ya que desde la superficie se alcanzaban a ver sus lechos de desove, excavados a corta distancia de los cantiles calcáreos. El mar era un hervidero de peces. Las doradas de menor tamaño se encargaban de escarbar, y para ello procedían a abanicar el fondo con rápidos movimientos a fin de abrir una oquedad. Después, los ejemplares grandes acudían al lugar para poner las hue-

vas o pelear con sus competidoras para conseguir hacerlo. Las rayas mosaico holgazaneaban en torno a los bancos de peces, dedicándose plácidamente a comerse los gusanos y pequeños crustáceos que espantaba el frenesí de las doradas, aunque tampoco desdeñaban los inmensos cardúmenes de abadejos —de hasta dos kilos de peso— que se mecían con languidez sobre el abarrotado escenario. Permanecimos tumbados contemplando el panorama mientras los gallanos, curiosos, husmeaban a nuestro alrededor, y se nos acercaban nutridos bancos de lubinas, algunas de más de tres kilos y medio. Nos marchamos con la alegría de ver la inmensa vitalidad del mar.

24 de abril
Regresamos al mismo sitio

Con el mar en calma, salimos con las primeras luces del alba, animados por el viejo dicho de que al que madruga Dios le ayuda. Al remolcar el bote hasta el paseo marítimo, divisamos dos parejas de buques arrastreros que avanzaban pesadamente mar adentro en formación de cuña: recorrían el flanco del arrecife principal, situado a menos de una milla de la costa. Treinta minutos después, al zambullirnos, lo que se abrió ante nuestros ojos fue una escena de total devastación. El agua cristalina en la que nadábamos no dejaba lugar a dudas: no había un solo pez hasta donde alcanzaba la vista. Los lechos de desove de las doradas, tan prolíficas la semana anterior, estaban destrozados: las aristas de las oquedades que tan airosamente habían excavado los pececillos aparecían mellados o arrasados, y todo cuanto ahora había en el centro de esas alcobas acuáticas era un montón de pedruscos. Se veían amasijos de algas desgarradas tirados por el fondo, y los únicos peces que todavía permanecían en la zona eran unas pocas y diminutas doradas, afanosamente enfrascadas en la reconstrucción de sus ponederos. Seguimos a los arrastreros, que ya se encontraban a más de dos millas del puerto, y observamos que en la superficie flotaban centenares de cadáveres de lubinas y doradas de pequeño tamaño: estaba claro que, por los huecos de las inmensas redes de los pesqueros, ya colmados, salían los ejemplares de menor tamaño.

La lectura de las investigaciones científicas permite que algunas personas alcancen a comprender lo ricas que eran en otro tiempo estas costas. Sin embargo, Eric Smith sabía por experiencia propia lo que realmente se sentía al nadar en medio de aquella abundancia.

Y otro tanto puede decirse de Sarah Cunliffe. Hoy en día es ya una cineasta que cuenta con varios galardones en su haber. Realiza documentales sobre la vida salvaje y está especializada en la filmación de películas submarinas que, en muchas ocasiones, se ruedan en lugares remotos. No obstante, la región que más le gustaba a Cunliffe era la constituida por las verdes colinas de Sussex y sus accidentadas costas. Salía casi todos los días a pasear por estas playas en compañía de su Jack Russell terrier de pelo largo, al que llama *Spot* debido a la distintiva mancha marrón que luce en la parte trasera del lomo, y, a esas tempranas horas de la mañana, envuelta en la característica niebla de la zona, solía contemplar los bosques de quelpos próximos a los fondeaderos de la localidad de Selsey, en la que había llevado a cabo una investigación sobre la vida marina porque ese había sido justamente el tema de su proyecto de fin de carrera.

Estos extraordinarios ancladeros sirvieron como puertos flotantes durante la Segunda Guerra Mundial, y su diseño fue concebido para que desempeñaran un papel crucial en los desembarcos del Día D. De hecho, Selsey fue uno de los dos emplazamientos en que se construyeron puertos flotantes a instancias de los Aliados, y lógicamente esta operación se hizo en secreto (con el nombre en clave de Mulberry). En la actualidad, los restos de algunas de esas moles, que poco a poco fueron degradándose o no llegaron siquiera a utilizarse, han acabado convirtiéndose en arrecifes artificiales y son muy populares para la práctica del buceo, ya sea a pulmón libre o con oxígeno, debido a que la fauna marina todavía suele concentrarse en sus inmediaciones. Estas estructuras permiten observar con regularidad una gran variedad de peces: hay habitualmente bancos de fanecas formados por cientos de ejemplares, y también otras especies como el abadejo y la lubina. No obstante, y a pesar de estos atractivos, la zona carece hoy de los espesos bosques de algas que constituían un constante telón de fondo en la época en la que Sarah efectuaba su trabajo universitario.

Eric ha pasado décadas documentando el daño causado por los arrastreros y escrito cartas a todas aquellas personas que podían contribuir, en su opinión, a terminar con esa devastación. Sarah Cunliffe también se ha dedicado, durante decenas de años, a levantar un próspero negocio consagrado a la realización de documentales sobre el océano, y su empresa rueda en todo el mundo. Como directora de dicha compañía, Sarah era plenamente consciente de la precaria situación en la que se encuentra la vida marina en todo el globo. Sin embargo, como la mayoría de las personas del sur de Inglaterra (incluidos los dos autores de este libro), desconocía que el mar de su propia localidad estuviera sufriendo tal deterioro. Por su parte, Sean Ashworth había dedicado la última década a la supervisión de las poblaciones de peces para tratar de averiguar cómo utilizar la ley y dar pie al surgimiento de una industria pesquera sostenible y capaz de prosperar en un océano saludable. Si unían sus fuerzas, este trío de apasionados tenía en sus manos las primeras piezas de un rompecabezas cuya imagen de conjunto acabaría esbozando los hermosos perfiles de la esperanza.

Eric transmitió a Sean su testimonio personal y le habló del vasto y floreciente bosque de quelpos que había visto en tiempos todavía recientes y de la destrucción que le había tocado presenciar, y Sean, que no solo era un amante de la naturaleza, sino también un hombre pragmático, se animó mucho al oír hablar de aquellas especies de peces de rápido crecimiento y gran valor comercial que Eric le aseguraba que un día habían sido extremadamente abundantes en la zona. Empezó a creer en la posibilidad de crear caladeros sostenibles regenerando el bosque de quelpos, y comenzó a trabajar con el equipo de la Autoridad de Conservación y Pesca Costera de Sussex a fin de unir los datos científicos con las pruebas anecdóticas e idear así un plan verdaderamente ambicioso. El objetivo consistía en redactar las líneas maestras de un reglamento destinado a prohibir el uso de artes de arrastre en casi todo el litoral del Sussex Oriental. El proyecto no solo implicaba detener la pesca de arrastre en cualquier zona desde la que se divisara la costa, también consistía en crear un espacio vedado cuya extensión penetrara cuatro kilómetros mar adentro entre Selsey y Shoreham, aunque con una franja más estrecha entre Shoreham y Rye: de ese modo, el océano dispondría de un espacio de trescientos kilómetros cuadrados completamente libres de buques arrastreros.

Merece la pena detenerse un instante para destacar, aportando el contexto pertinente, el carácter revolucionario de aquella propuesta. En aquel momento, solo el 1% de las aguas territoriales del Reino Unido se hallaban debidamente protegidas por ley. A pesar de que, sobre el papel, cerca de una cuarta parte de los mares hubieran sido ya incluidos en el catálogo de las áreas marinas protegidas, lo cierto es que la pesca de arrastre de fondo continuaba practicándose casi en el 97% de esas mismas zonas preservadas. Por consiguiente, el intento de que se creara un espacio de semejantes dimensiones cerrado a los arrastreros no solo era una idea verdaderamente visionaria, sino también muy ambiciosa.

Esto fue justamente lo que pensó Sarah la primera vez que se vio con Sean, durante el verano de 2019. Había quedado con él para tratar un asunto completamente distinto, así que se quedó boquiabierta cuando, en el transcurso de la conversación, él le comentó como de pasada y dando por hecho que ya lo sabría que el bosque de quelpos que ella misma había estudiado durante su licenciatura a principios de los años ochenta había desaparecido. Una parte del océano que Sarah observaba antes casi todas las semanas del año estaba ahora yerma, y ni ella ni ninguno de sus colegas o conocidos había llegado a percatarse del cataclismo. Su primera reacción fue de incredulidad, porque apenas podía controlar su enfado, pero tras recuperarse del sobresalto se dio cuenta de que era absurdo y pensó: «Desde luego, está claro que nadie sabe nada del quelpo ni se preocupa por su futuro».

Sarah se propuso cambiar el panorama y puso en marcha una campaña bajo el lema «Help Our Kelp», salvemos nuestros bosques de quelpos. Consiguió recabar la ayuda de grupos conservacionistas sólidamente asentados, como la Wildlife Trust de Sussex

Un grupo de mantarrayas se reúne en torno al Banco Princesa Alice, un lejano monte submarino que se alza al sur de la isla de Pico, en las Azores, a treinta millas náuticas (cincuenta y cinco kilómetros) de sus costas.

Una ballena azul nada en compañía de su cría en las aguas del mar de Cortés, frente a las playas de Loreto, en el mexicano golfo de la Baja California.

Un banco de peces de diferentes especies forma una bola de carnada. En esta imagen, sacada de una filmación efectuada en las Azores, vemos al compacto grupo de presas rodeado de delfines moteados del Atlántico y de atunes de aleta amarilla, mientras las pardelas se zambullen desde las alturas.

Un banco de chopas medialuna (*Medialuna californiensis*) nada en un bosque de quelpos gigantes frente a la costa de las Islas del Canal, en California.

Un joven león marino de California descansa en el dosel arborescente de una espesura de quelpos gigantes, en la isla de Santa Bárbara.

Un sargo chopa californiano devora un erizo de mar púrpura frente al litoral de las Islas del Canal. Si la cantidad de peces y crustáceos que se alimentan de los erizos disminuye en exceso, la población de estos erizos puede crecer de forma exponencial y destruir un bosque de quelpos.

o la Blue Marine Foundation, y organizó una operación basada en las relaciones públicas y en una ofensiva paralela en las redes sociales. También comenzó a llamar la atención sobre el hecho de que hubiera desaparecido un «bosque». Realizó asimismo una película, igualmente titulada *Help Our Kelp*, y logró difundirla de inmediato. Y no solo en el conjunto de su región, sino también más allá de ella. Esto contribuyó a lograr que la campaña suscitara una atención sin precedentes e impulsó el interés de la gente de la localidad, que empezó a ver con buenos ojos una eventual consulta pública sobre el reglamento contrario a la pesca de arrastre. La Wildlife Trust de Sussex desempeñó un papel clave, ya que se puso a la cabeza de la campaña de Help Our Kelp y aportó los conocimientos y la experiencia de sus miembros.

Al mismo tiempo, la organización para la que trabajaba Sean, la mencionada IFCA, llevó a cabo una amplia consulta popular y presentó propuestas detalladas al gobierno británico. De hecho, ¡una de las pruebas más importantes que aportó Sean salió de un contenedor de basura! Varios años antes, él mismo había rescatado un puñado de informes que habían sido desechados por considerarse obsoletos. Uno de ellos contenía un estudio realizado para el Consejo local en la década de 1980. En él, se señalaba cartográficamente la presencia del entonces floreciente bosque de quelpos, situado frente a las costas del Sussex Occidental. Lo irónico del caso es que, si el análisis se había encargado en aquel preciso momento, había sido porque el Consejo pensaba que las algas constituían una molestia, así que el consistorio quería conocer con precisión la magnitud del problema. Sin embargo, tras la desaparición del bosque de quelpos, el texto había pasado a ser un documento vital en el que se mostraba con claridad científica el alcance de lo perdido.

Las pruebas y documentos presentados por Sean, sumados a las simpatías que había cosechado la campaña de Sarah, propiciaron el surgimiento de un inusual apoyo público a las propuestas, con lo que el movimiento no solo floreció, sino que, habiendo partido de un profundo sentimiento de frustración, empezó de pronto a colmarse de esperanza. Poco a poco, las comunidades que jalonan la costa de Sussex comenzaron a conocer los tesoros perdidos y a saber que quizá existiera la posibilidad de recuperarlos. No obstante, las propuestas de calado, y esta lo era, nunca tienen una acogida uniforme. Había personas y entidades que querían dar continuidad a la pesca de arrastre, y en muchos casos resultaba comprensible, dado que creían que su actividad profesional dependía de esa práctica (aunque, como señala Sean, la oposición que armó más ruido fue la de las grandes empresas arrastreras cuya sede social se encontraba lejos de la zona). Pese a todo, el conjunto de la comunidad pesquera contaba igualmente con suficientes individuos capaces de verle las orejas al lobo. Las poblaciones de peces eran extremadamente reducidas. Los esfuerzos que había que realizar eran cada vez mayores y las capturas no paraban de menguar. Las investigaciones efectuadas en todo el mundo han permitido comprender científicamente dos cosas: que los bosques de algas tienen la crucial función de actuar como zonas de cría, y que la densidad de esas florestas absorbe en parte la energía de las olas, con lo que las bolsas de huevas que se dejan prendidas en las láminas del quelpo no se mueven ni son arrastradas a las vastedades oceánicas. No se trata solo de que sin peces no haya pesca posible, es que el volumen de especies de los caladeros también sería mucho más reducido si desaparecieran las algas.

En marzo de 2021, el secretario de estado de Medio ambiente, Alimentación y Asuntos Rurales del Reino Unido, George Eustice, aprobó la reglamentación mencionada, con lo que se dio luz verde a la zona vetada a las artes de arrastre. En un discurso pronunciado poco después de que se adoptara oficialmente la medida, Sean Ashworth la saludaba con estas palabras: «Es una decisión histórica para el desarrollo de la pesca sostenible en Sussex, una decisión histórica para el medio marino [...], y podría ser incluso una decisión histórica para el ecosistema marino del conjunto del país». El calificativo de «histórico» se utiliza a veces con demasiada ligereza, pero en esta ocasión Sean no podría haberlo usado con mayor acierto.

Pese a que la recuperación de la vida oceánica sea a menudo mucho más rápida que en tierra firme, no por ello deja de necesitar su tiempo. Y para que el proyecto arrojara resultados verdaderamente históricos, los análisis científicos llamados a valorar su eficacia tenían que hacerse a largo plazo. Ahora bien, no es fácil medir la recuperación de los mares. No existe una técnica ni un tipo de medición que permita captar todo cuanto sucede bajo la superficie. Uno o más grupos de investigadores y estudiosos despliegan sus distintos instrumentos, ya sean cámaras de vídeo submarinas a control remoto y provistas de algún cebo (con las que se intenta estimar las especies que se instalan en las diferentes zonas sujetas a estudio) o cámaras subacuáticas que se desplazan por una serie de bandas marinas fijas a intervalos de tiempo regulares (con las que se registra el tipo de fauna o flora que vive y crece en el fondo marino). Otros expertos recurren al análisis de ADN para descubrir qué especies han pasado por una región dada en las tres semanas anteriores al estudio. Para ello recogen muestras de agua y las filtran con una jeringa de ADN que separa el agua de mar de los minúsculos restos de ADN que los animales dejan en el agua, como escamas, heces o células epiteliales. De esta manera, se obtiene la huella genética de una serie de especies que las cámaras podrían no llegar a captar jamás.

En las universidades locales, los investigadores interesados en esta oportunidad única de evaluar la recuperación del océano manifestaron desde un principio su deseo de realizar estudios de referencia si se aprobaba la prohibición de la pesca de arrastre. Poco a poco irían encajando el resto de las piezas del rompecabezas. Hubo un hecho de crucial importancia, tanto para el futuro del bosque de quelpos como para persuadir en el presente a las distintas partes implicadas: los investigadores dedicados a la inspección de un lugar llamado Pullar Bank, justo frente a las costas de Selsey, descubrieron la existencia de una gran población de algas en una zona en la que nunca se habían utilizado las redes de arrastre debido a su poca profundidad. Dado que este bosque de quelpos estaba formado por algas maduras, los estudiosos decidieron liberar miles de esporas todos los inviernos con la esperanza de que un día pudieran contribuir a restaurar otros bosques de algas, sobre todo si la prohibición de las artes de arrastre se desarrollaba con éxito y las condiciones del agua eran buenas. Sin embargo, lo más importante de todo fue tal vez que el hallazgo le dio a Sarah la oportunidad de filmar el antiguo bosque y explicar las razones de que hubiera logrado persistir, mostrándole así a la gente cómo podría ser el futuro en cualquier región del mundo.

En las primeras etapas de la recuperación de una zona cuyas dimensiones impiden que los científicos puedan supervisarla de forma ininterrumpida, la ayuda científica de los ciudadanos pasa a desempeñar un papel relevante. Esta es la razón de que se anime a los aficionados al buceo a dejar constancia de todo lo que consigan ver en sus distintas inmersiones, o de que se solicite a los bañistas y a las personas que acostumbran a pasear por la costa el envío de fotos con elementos interesantes, como algas dejadas en la playa por la marea o conchas o huevas susceptibles de indicar la presencia de cambios en el inmediato lecho marino. Al utilizar este amplio abanico de métodos, los científicos pueden determinar si se han instalado o no nuevas especies en la zona, el orden de su llegada, cuánto tiempo hace que se han afincado en ese espacio y en qué cantidad. Todos estos datos tienen un valor realmente incalculable para la floreciente ciencia de la restauración marina.

Todavía es pronto para asegurarlo, pero hay signos alentadores que apuntan a la posible recuperación del mar que se abre frente al litoral de Sussex. Eric Smith ha visto que se han vuelto a formar enormes bancos de mejillones en algunas de las zonas del fondo que habían sido previamente arrasadas. Esto conlleva un doble beneficio: en primer lugar, los propios mejillones contribuyen a limpiar el agua (cada uno de estos moluscos filtra aproximadamente unos veinticinco litros diarios, así que los grandes bancos de bivalvos depuran el medio), y a su vez esto permite una mayor penetración de la luz solar y favorece en último término el crecimiento del quelpo. En segundo lugar, la forma en que crecen y se expanden los bancos de mejillones (cuyas densas comunidades, integradas por centenares de miles de individuos, se multiplican y extienden de manera extraordinaria, llegando a crecer incluso sobre los mejillones de las generaciones anteriores) crea una base sólida sobre la que las plantas del quelpo pueden fijar sus anclajes. En ausencia de un fondo compuesto en gran parte de rocas, cabe pensar que la proliferación de los bancos de mejillones es precisamente lo que genera un lecho apto para el crecimiento de los bosques de algas. El tamaño de los primeros bancos de mejillones era similar al de una cancha de tenis, pero en poco tiempo pasó a igualar el de los campos de fútbol y, ahora mismo, hemos llegado a un punto en el que ya no hay terrenos de juego susceptibles de ofrecernos un punto de referencia con el que proseguir la comparación.

Para mantener informada a la población y darle a conocer los progresos de la recuperación del fondo marino, Eric, junto con su hija Catrine y otros muchos buceadores locales, decidieron constituir un grupo para compartir imágenes y organizar charlas en los colegios. Tras dejar cámaras lastradas en el lecho marino, consiguieron grabar el desove de sargos negros en algunos de los lugares en que habían venido haciéndolo históricamente, y a los que sin embargo llevaban años sin acudir. Se ha constatado la presencia de pequeños escualos (como las musolas y los cazones), de blénidos (como las dormilagas de roca) y de muchas otras especies, incluidos un tiburón ángel extremadamente raro, los llamados peces de san Pedro y las rayas torpedo o eléctricas. Los practicantes del surf de remo han avistado rayas onduladas a más de cuatrocientos metros de la costa. Las langostas parecen estar regresando a una serie de emplazamientos hasta hace poco estériles, y casi todos los días se ve brincar a los delfines: un claro indicio de que las condiciones han mejorado. Los científicos informan de que en la zona hay un gran número de alevines de arenques, sardinas y anguilas. Por otra parte, hay que señalar que, por primera vez en mucho tiempo, se han visto montones de quelpos varados en las playas.

Algunos pescadores que habían abandonado el oficio debido al descenso de las capturas han empezado a faenar nuevamente en estos mares, valiéndose, eso sí, de artes de pesca de impacto reducido. Sean tiene la esperanza de que la industria pesquera de carácter sostenible pueda prosperar junto al bosque de quelpos. Todas las partes implicadas tienen claro que la pesca es una parte importante de este proceso de recuperación. A pequeña escala, las redes y nasas con las que trabaja la comunidad pesquera local generarán puestos de trabajo y aumentarán el orgullo de los lugareños al constatar que, también ellos, pueden contribuir a la recuperación del bosque de algas.

Sarah, Eric y las demás personas que se han involucrado intensamente en el proyecto reconocen sin ambages que todavía es demasiado pronto para disponer de pruebas científicas concluyentes de que el bosque está volviendo a crecer, pero también señalan sin dilación que todos cuantos están familiarizados con estas aguas ya han notado cambios, ¡y en apenas un par de años! Hoy por hoy, lo que más les preocupa es que los vertidos de sedimentos (masivos pero legales) que están teniendo lugar en las regiones marinas situadas justo enfrente de sus costas pudieran convertirse en un obstáculo para la recuperación, ya que las partículas en suspensión reducen la cantidad de luz que ilumina los quelpos. Sin embargo, la oposición pública a esta práctica aumenta a mayor ritmo que la caída de los sedimentos mismos. La plataforma Help Our Kelp se ha transformado en el Sussex Kelp Recovery Project, lo que demuestra que la campaña inicial (que era un llamamiento a la acción de carácter urgente) ha acelerado el paso hasta convertirse en un programa de restauración a largo plazo. Al parecer, las comunidades costeras de Sussex se han tomado en serio la idea de restaurar el bosque de quelpos perdido, y está claro que quieren verlo resucitar.

Cuando la prohibición de la pesca de arrastre pasó de ser una idea a adquirir fuerza de ley, Sean se manifestó esperanzado. Como ya hemos visto, aseguró públicamente que podría tratarse de «una decisión histórica para el ecosistema marino del conjunto del país», y los primeros indicios vienen a darle la razón. Los ayuntamientos de todo el Reino Unido han asistido a la cooperación que los habitantes de Sussex han sabido propiciar al conseguir que los esfuerzos de las entidades gubernamentales locales se sumaran a las metas de la comunidad. Las autoridades municipales de Gran Bretaña han sido testigos del orgullo y el entusiasmo que ha generado la iniciativa, y ahora están buscando la forma de seguir el ejemplo de la costa meridional del país. ¿Podríamos estar ante uno de esos casos en que la acción local logra salir airosa de un empeño en el que la política nacional ha estado fracasando durante décadas?

Sorprendentemente, el proyecto de restauración de Sussex ha llegado a influir incluso en regiones de tierra adentro que se hallan a muchos kilómetros de la costa. El granjero James Baird vio lo que estaba sucediendo y comprendió que, por mucho que el océano y los continentes pertenezcan a reinos muy distintos, parece obvio que lo que sucede en uno puede tener repercusiones en lo que ocurre en el otro. Esa constatación le llevó a poner en marcha una iniciativa llamada Weald to Waves, destinada a crear un corredor de recuperación natural. Se trataba de organizar un hábitat ininterrumpido de más de veinte mil hectáreas. Una vez completado, el proyecto conectará las tierras de cultivo del interior, las reservas de aves, los bosques y los ríos con las zonas marítimas recientemente protegidas del Sussex Oriental.

En realidad, el plan de regeneración del bosque de quelpos de Sussex se halla en sus inicios. No obstante, lo que también acaba de comenzar en el Reino Unido es una actitud nueva gracias a la cual las comunidades locales están tomando medidas orientadas a la protección y restauración de sus propios mares, en lugar de limitarse a esperar que les lleguen instrucciones del gobierno. Por último, las orgullosas naciones marítimas del Reino Unido podrían no contentarse con hablar de la creación de reservas marinas y la puesta en marcha de pesquerías sostenibles a largo plazo. De ese modo, superarían la fase de las áreas protegidas que solo existen en el papel para caminar hacia una nueva era presidida por la existencia de un océano salvaje y floreciente, capaz de sustentar la vida en unas comunidades costeras plenamente dinámicas.

5

El Ártico

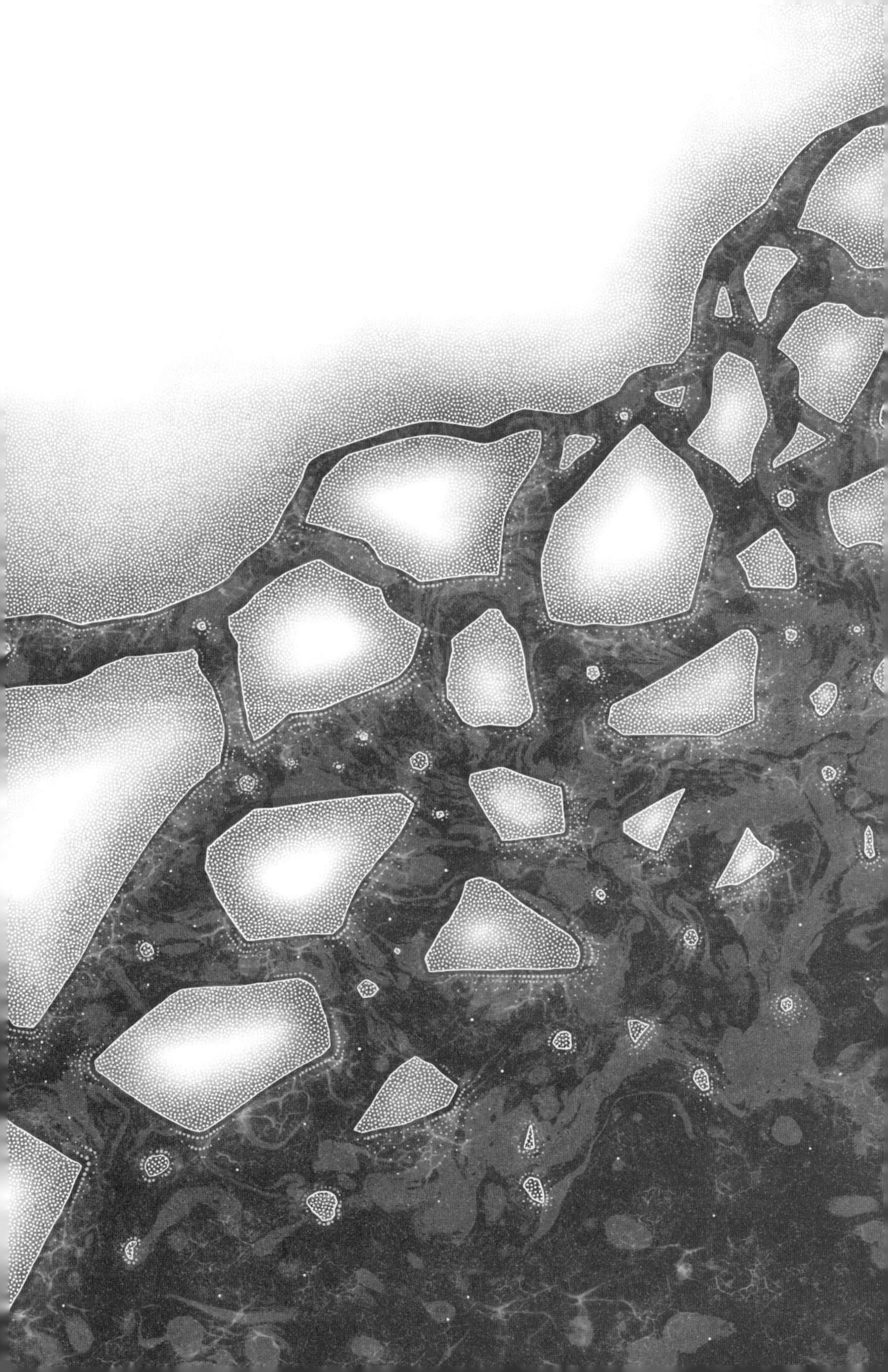

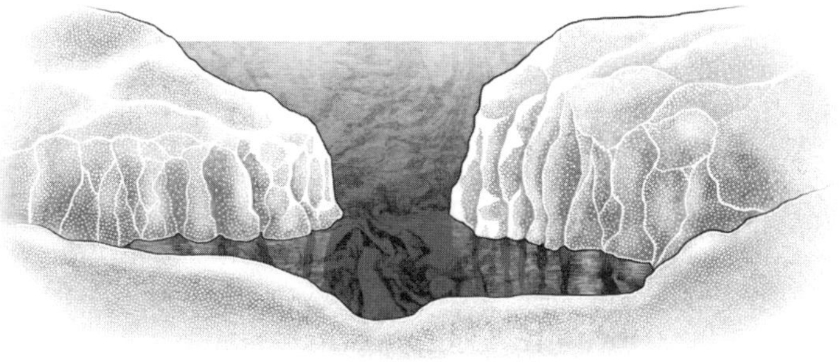

VIDA BAJO EL HIELO

Se me hace extraño echar la vista atrás y contemplar los largos años que he dedicado a retransmitir los hechos y curiosidades del indómito mundo natural. Muchas veces pondero la inmensa y grata fortuna que he tenido, o me río al recordar las grandes aventuras que he vivido en compañía de muy buenos amigos. Sin embargo, el disfrute de una carrera tan larga ha tenido también otro significado: el de descubrir si han acabado por materializarse o no muchas de las esperanzas y temores relacionados con el medio ambiente.

La recuperación de las grandes ballenas o la regeneración de las zonas boscosas de Costa Rica habría sido motivo de sorpresa y alegría para mi yo juvenil. Y otros muchos lugares y especies que todo el mundo creía abocados a desaparecer debido a la implacable presión del género humano han conseguido perdurar pese a las adversidades... Aunque muchas veces, justo es destacarlo, gracias en gran medida a los incansables esfuerzos de algunos miembros de la propia especie que había causado inicialmente esos mismos peligros. Estas alentadoras realidades, que han de movernos a reflexión, son para mí una fuente de esperanza en el difícil período que atraviesa ahora el mundo natural.

Sea como fuere, lo cierto es que únicamente el Ártico me produce emociones encontradas: por un lado, me gustaría volver a visitarlo y experimentar su realidad etérea y casi propia de otro planeta una vez más, pero por otro sé que tal cosa resulta imposible, por la simple razón de que ya no es el territorio que un día visité y de que jamás volverá a serlo.

«Una gruesa capa de hielo permanente recubre los polos», me oigo decir en un episodio de la serie documental *El planeta viviente*, filmada en 1983.

Mucho después, en 2009, plantado y de pie en el mismísimo polo norte para presentar el programa *Frozen Planet*, expongo ante la cámara la posibilidad de que, si no conseguimos ralentizar el calentamiento global (así era como lo denominábamos entonces), esta región helada acabe viéndose libre de hielos de cuando en cuando en el transcurso de las décadas inmediatamente siguientes. En la actualidad, cerca de quince años más tarde, está claro que la banquisa ártica, incluida la que cubre el polo norte, está llamada a desaparecer por completo en los meses de verano sin que ningún tipo de empeño humano pueda impedirlo. Hemos rebasado ya ese límite. Como es obvio, debemos continuar haciendo todo lo que podamos para evitar un calentamiento todavía más acusado, pero en lo tocante al congelado Océano Ártico sobre el que un día caminé, dirigiéndome a los espectadores, la cuestión no estriba ya en determinar si se derretirá o no, sino en establecer la fecha efectiva en que tal suceso se producirá sin remedio.

Es comprensible que hayamos centrado buena parte de nuestra atención en la gente y la vida silvestre que ha sufrido las consecuencias de la desaparición del hielo, pero las técnicas de filmación cuyo desarrollo he tenido el privilegio de seguir en primera persona a lo largo de mi carrera también han revelado la belleza y la importancia que el propio hielo tiene para la vida que se desenvuelve en el Ártico.

En el polo norte hay un solo amanecer al año. En el equinoccio de marzo el sol despunta en la parte baja del firmamento y en el equinoccio de septiembre se «abisma» tras la línea del horizonte y regresan tinieblas. Sin luz solar no hay posibilidad de fotosíntesis, así que en invierno las algas no crecen. Sin embargo, en primavera y verano los días de veinticuatro horas les permiten un desarrollo extraordinario. Curiosamente, este proceso se inicia de hecho en las zonas de agua dulce. Pese a que la capa de hielo que cubre el polo responda a la congelación de una espesa franja del océano, lo cierto es que se compone en gran medida de agua dulce, ya que en el proceso de su solidificación el agua del mar expulsa la sal que contiene. Por consiguiente, al comenzar el deshielo con el inicio de la primavera se forman pozas de agua dulce sobre el hielo. Estas pueden estar repletas de nutrientes y convertirse en un lugar excelente para el crecimiento de las algas. El propio hielo marino pasa a ser el sustrato en el que medra esa vegetación, cumpliendo en gran medida el papel que desempeña el suelo para las plantas en tierra firme. El zooplancton se alimenta de esas algas, con lo que ambas formas de vida, vegetal y animal, constituyen el fundamento de muchas de las redes tróficas del Ártico. Valga este sencillo ejemplo: el bacalao de esta región se nutre de zooplancton, las focas se comen a estos peces, y los osos polares devoran a su vez a las focas.

En los años que dediqué a rodar documentales, distintos equipos de buzos expertos lograron captar imágenes cada vez más pasmosas y retratar el universo que palpita bajo la banquisa. Los colores son verdaderamente extraordinarios. El casquete ártico no es una lámina uniforme, tiene canales, grietas y plegamientos, lo que significa que hay zonas que dejan pasar una mayor cantidad de luz solar que otras. Esto no solo crea policromías muy variadas, sino que también determina los puntos en que van a crecer las algas y el volumen de su expansión. Por lo tanto, al situar la cámara bajo el hielo y enfocarla hacia arriba, es posible ver, en una misma toma, un conjunto de formas onduladas de una intensa tonalidad roja, interrumpidas, aquí y allá, por un jaspeado de trazos de luz clara y brillante. Realmente le deja a uno sin aliento.

Filmar bajo el agua, y muy particularmente por debajo de la banquisa, siempre ha sido complicado, pero las innovaciones tecnológicas nos han permitido rodar escenas que habrían resultado impensables hace solo unas décadas. En las series más recientes, los especialistas del buceo técnico utilizan recicladores, es decir, sistemas de circuito cerrado que reutilizan una parte nada desdeñable de los gases que exhala el buceador al respirar, eliminando previamente el dióxido de carbono. Además de prolongar el tiempo que el cámara subacuático puede permanecer sumergido, estos sistemas también eliminan el chorro de burbujas, con lo que estas no interfieren en la toma y tampoco se producen ruidos que vengan a alarmar o a modificar el comportamiento de la fauna salvaje, lo que a su vez nos permite obtener imágenes de conductas auténticamente extraordinarias.

En la realización de la tercera entrega de la serie *Planeta Tierra*, fue preciso pasar varios meses efectuando inmersiones bajo la banquisa para demostrar que la partida de caza librada entre dos pequeños pterópodos (un caracol y una babosa marinos, en este caso) puede resultar tan emocionante como la observación de los osos polares o las orcas.

El ángel de mar es un tipo de caracol que recibe ese nombre debido a que posee dos apéndices en forma de alas con los que se propulsa en el agua. Estas «alas» son una adaptación evolutiva que tuvo su punto de partida en el «pie» del caracol marino. La longitud del cuerpo de estos «ángeles» es de uno o dos centímetros, pero eso no le impide ser un formidable depredador, y su presa favorita es otra forma de caracol o babosa acuática: la mariposa de mar. Estas mariposas, que son relativamente abundantes en el Océano Ártico, se alimentan de fitoplancton y zooplancton. El ángel y la mariposa marinos son ciegos, pero detectan con enorme eficacia todos los movimientos que se produzcan en el agua. El ángel de mar tiene la extraordinaria capacidad de sacar al exterior sus piezas bucales, armar con ellas una trampa formada por sus tentáculos, y atrapar así a la mariposa de mar. Es un espectáculo fascinante, y si logramos captarlo fue solo gracias a las aguas del Ártico, que bullen de vida, y al talento y la dedicación de un magnífico grupo de científicos y camarógrafos.

Pese a que la tecnología haya evolucionado, el simple hecho de filmar bajo el hielo ha exigido siempre una gran dosis de valor y pericia a los cámaras submarinos, que en estos casos han de estar además en la cima de su arte. Confieso que nunca me ha apetecido demasiado colarme por el respiradero de una foca, con el gélido regulador en los labios, para zambullirme y deslizarme bajo la banquisa, sobre todo sabiendo que, en estas lides, el que se desorienta podría muy bien no encontrar la forma de salir de nuevo a la superficie. Pero eso solo ha conseguido que admire todavía más a quienes se atreven a enfrentarse a esa tarea en pro del documental.

Las imágenes tomadas por estos operadores han revelado que el hielo no es simplemente una plataforma de caza en la que el papel protagonista corresponde a los osos blancos. Es la base de la vida en el Ártico. Puede que los veranos del polo norte nunca vuelvan a estar cubiertos de esos hielos que la gente de mi generación ha podido conocer, pero seguimos teniendo ocasión de asegurarnos de que la Tierra conserve el hielo marino del Ártico invernal y los casquetes glaciares de las zonas continentales de esa región tan septentrional, fundamento a su vez de la rica abundancia que todo ese frío proporciona al ecosistema local y de la estabilidad que de él obtiene también el conjunto de nuestro planeta.

D. A.

En 2007, en los lejanos confines de la Alaska ártica, un grupo de cazadores inuits descubrió un arpón de muy extraño aspecto alojado en el costado de una ballena boreal. Era evidentemente muy antiguo, pero ¿de dónde había salido...? ¿Cuánto tiempo lo había llevado clavado aquella desdichada criatura y qué distancia había recorrido con aquel dardo en el flanco? Se envió a un equipo de expertos para que analizaran los detalles del caso, y su informe reveló algo asombroso: que el arpón se había hundido en las carnes del cetáceo aproximadamente en el período final del reinado de la reina Victoria, en torno al año 1890. Al parecer, unos balleneros de la localidad de New Bedford, Massachusetts, habían tratado de dar muerte al animal, pero el golpe no había sido eficaz. Después de aquel lance, la ballena boreal había seguido viviendo en esa cuenca oceánica tan septentrional nada menos que ciento quince años, llevando todo ese tiempo clavada la punta del arpón. Dado que es poco probable que los balleneros estuvieran dispuestos a desperdiciar energías en tratar de capturar a un ejemplar joven y escasamente desarrollado, hay grandes posibilidades de que esa boreal fuese ya un individuo adulto en el momento del ataque, lo que significa que debió de morir a una edad superior a los ciento veinte años, aunque hay motivos para creer que la longevidad de las ballenas boreales puede rebasar esa cifra y alcanzar quizá los doscientos años.

La ballena boreal, o de cabeza de arco, es una verdadera especie ártica, y se la encuentra en aguas que se cubren de hielo en la estación fría. Bajo su piel oscura hay una capa de grasa cuyo grosor puede rondar los cincuenta centímetros —un pasmoso manto que es el mayor de todos los cetáceos—. Su nombre obedece al hecho de que su cabeza tiene un tamaño tremendo, dado que llega a constituir la tercera parte de su longitud total. Además, también emplea la forma arqueada del cráneo para quebrar la banquisa, lo que le permite buscar alimento en zonas en las que otros mamíferos marinos no se aventuran, debido al riesgo de terminar alejándose demasiado de un respiradero en la plataforma helada. Su característica barbilla blanca sitúa perfectamente la porción inferior de la boca de este mamífero, que además de ser la mayor de todo el reino animal está repleta de unas barbas cuya longitud puede llegar a los cuatro metros, lo que le permite filtrar el kril y otros invertebrados. El sonido es un elemento importante en la comunicación de las ballenas, pues lo usan para emparejarse y encontrar comida. De hecho, las boreales son conocidas por los «cánticos» que entonan, cuyas armonías salvan grandes distancias, a veces de muchos kilómetros, en las frías aguas en que viven. En resumen, la evolución ha conseguido que la ballena de cabeza de arco esté perfectamente adaptada a la vida en el Océano Ártico.

Pese a que el arpón hallado en el costado de esta boreal en concreto sea una insólita curiosidad, lo cierto es que el cuerpo de cualquier ballena de cabeza de arco de edad razonablemente avanzada puede revelar algunos de los considerables cambios que ha experimentado el Océano Ártico en los últimos cien años. Las cicatrices que dejan en su piel las embestidas de los barcos, así como las redes y aparejos de pesca en los que acaban enredándose, tienen al menos la virtud de resultar de cierta utilidad para los científicos, que de este modo pueden distinguir a los diferentes individuos de la especie. Pero es evidente que también constituyen un claro testimonio de que la existencia en ese gélido medio en el que tan grácilmente se deslizan es más traumática de lo que pudiera parecer a primera vista. Las partes grasas de su masa corporal pueden contener sustancias orgánicas contaminantes de carácter persistente (es decir, compuestos químicos peligrosos y de difícil descomposición). Los vientos y las corrientes marinas transportan hasta el Océano Ártico estos elementos, que proceden en último término de los desechos mal reciclados de Europa y América, por lo que ahora mismo es urgente comprender el entorno en el que viven estas ballenas, inmerso como

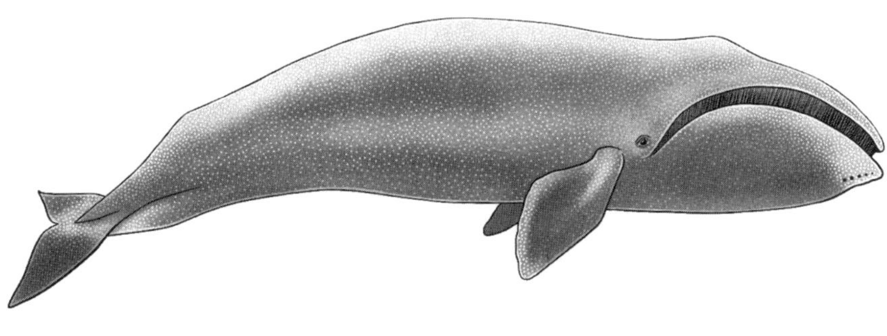

Este grabado de la ballena boreal, o cabeza de arco, nos muestra el característico aspecto de su boca.

está en un rápido proceso de cambio, para tomar todas las medidas que aún puedan adoptarse con el fin de protegerlo.

Resulta tentador meter en el mismo saco los dos océanos polares de nuestro planeta y dar por supuesto que existen semejanzas, cuando lo cierto es que son, de hecho, marcadamente distintos. El Océano Antártico es un gigantesco anillo marino dispuesto en torno a la masa continental de la Antártida, mientras que el Océano Ártico tiene su centro en el polo norte y está rodeado de tierras. Esta fundamental diferencia determina las condiciones que rigen sus respectivos vientos y oleajes, los tipos de corrientes a que se hallan sometidos, la cantidad de agua que intercambian con el resto de los océanos del mundo y hasta su misma salinidad.

El Océano Ártico ocupa la más pequeña de las cinco divisiones oceánicas que hemos señalado y se halla sobre una profunda depresión del suelo marino a la que se conoce con el nombre de «cuenca polar ártica». Normalmente, se la define como la zona del océano planetario que cae dentro del círculo polar ártico, una región cuyos límites vienen marcados por la doble circunstancia de hallarse entre el punto más septentrional de cuantos ven el disco solar en el solsticio de invierno (alrededor del 21 de diciembre) y el lugar más meridional de aquellos en los que luce el sol de medianoche en el solsticio de verano (que tiene lugar seis meses más tarde). Esta cuenca, que está rodeada por tierras pertenecientes a los cinco estados que poseen costas bañadas por el Océano Ártico —Canadá, el reino de Dinamarca, Noruega, la Federación Rusa y Estados Unidos—, alberga en conjunto a más de cuatro millones de individuos, entre los que figuran las quinientas mil personas pertenecientes a cuarenta pueblos indígenas. Esto significa que estamos ante un océano casi cerrado, que, consiguientemente, cuenta con muy pocos puntos de contacto con el resto del océano mundial, lo que constituye un factor relevante en cuanto a la configuración de la vida que tiene su hogar en él.

Si observamos el mapamundi desde arriba, está claro que solo hay dos puentes de unión con el océano exterior: el que enlaza con el Atlántico Norte, y el diminuto hueco del estrecho de Bering, situado entre Norteamérica y Rusia, por el que el Ártico se comunica con el Océano Pacífico. Si el examen se efectúa bajo el agua se aprecia que esta segunda abertura es todavía más pequeña de lo que pudiera parecer en un principio, ya que la profundidad del paso de Bering es extremadamente reducida: menos de cien metros, por lo general. De hecho, hasta época muy reciente (en términos geológicos) no existió brecha alguna. En el cénit del Pleistoceno, hace unos veinte mil años, el volumen de agua que retenían congelada los glaciares y las inmensas placas de hielo era tan enorme que el nivel del mar era bastante más de cien metros inferior al que actualmente tiene, así que lo que hoy es el estrecho de Bering era entonces el puente continental de Beringia. Una denominación un tanto equívoca, quizá, dado que el «puente» debió de ser una vasta estepa herbácea cuya anchura alcanzaba el centenar de kilómetros en algunas zonas. Ese lazo terrestre permitió que plantas, animales y seres humanos migraran entre América y Asia, aunque, por otro lado, también dejara al Océano Ártico completamente bloqueado y desprovisto de vínculos con el Pacífico. En nuestros días, sin embargo, esa pequeña hendidura permite el trasiego de masas de agua, buques y vida silvestre.

Más significativo, tanto por sus dimensiones como por su impacto, resulta el punto de penetración de las aguas cálidas de la corriente del Atlántico Norte,* que parten del Caribe, cruzan el mar de los Sargazos, pasan entre la Europa occidental y Groenlandia, y alcanzan finalmente el archipiélago ártico de las Svalbard. Es el mayor punto de conexión entre el resto del océano global y lo que ha terminado conociéndose como el «océano invertido».

Quien puso ese apelativo al Océano Ártico fue el explorador Fridtjof Nansen, que permitió deliberadamente que el barco en el que había navegado hasta esas latitudes quedara atrapado en el hielo, consciente de que la deriva de la banquisa lo trasladaría, junto con toda su tripulación, desde la región siberiana en la que se hallaba hasta el destino que pretendía alcanzar en Noruega. En el lapso de tiempo que duró esa particular forma de viajar, Nan-

* La rama septentrional de la corriente del Golfo. *(N. del T.)*

sen tomó muestras de agua y, al descubrir que bajo el agua fría de la superficie había capas de agua más templada y salina, llegó a la conclusión de que el mar se hallaba «patas arriba». Gracias a los estudios previos, nuestro navegante sabía que, en la mayor parte de las regiones del océano, la evaporación elimina el agua dulce de la superficie, dejando agua relativamente tibia y salada en las capas superiores y agua más fresca en las inferiores. Sin embargo, en el Ártico, las cosas no suceden de ese modo. La razón de esa estructura invertida hay que buscarla en las enormes aportaciones de agua dulce que recibe el Océano Ártico de los ríos y del hielo derretido de la banquisa, lo que lo convierte en el océano de aguas menos saladas de las cinco cuencas identificadas. Y como el agua dulce es más ligera que el agua salada, se mantiene cerca de la superficie.

De hecho, podría decirse que el Océano Ártico está formado por tres capas distintas. Justo debajo del estrato que ocupa el agua dulce hay una barrera vital conocida con el nombre de «haloclina ártica». Este manto de agua fría y salada se sitúa entre el agua de la superficie —también fría, pero algo más dulce— y la más templada y salina de las profundidades. La existencia de la haloclina se debe a que, al congelarse, el agua pierde sal, ya que esta no puede congelarse. Dicha sal hace que el agua que rodea al hielo sea más densa y salada, lo que a su vez determina que descienda por debajo del nivel del agua dulce de la superficie, actuando como una suerte de tapa que cubre los estratos de la que es comparativamente más templada y se encuentra a mayor profundidad. Si la haloclina no estuviera presente, la superficie del Océano Ártico sería más cálida y la banquisa se fundiría a una velocidad aun mayor de la que ya se observa en la actualidad.

La distribución de la increíble variedad de vida salvaje que puebla el Océano Ártico no es uniforme, y la causa obedece en parte a esta combinación de la temperatura con los distintos grados de salinidad. En aquellos puntos en que las aguas templadas del Atlántico y el Pacífico penetran en el Océano Ártico (por sus entradas relativamente estrechas), se introduce una mezcla de aguas que lleva ingentes cantidades de nutrientes a la superficie. De estos nutrientes se alimenta el plancton que constituye la base de la red trófica, para beneficio de toda la vida silvestre del Ártico. Un gran número de peces, aves y mamíferos marinos se dan cita para banquetear en estas regiones, y ese es uno de los motivos de que buena parte de las escenas de naturaleza indómita que se han filmado en el Océano Ártico hayan sido captadas, bien a lo largo del arco atlántico que se extiende desde la bahía de Baffin hasta el mar de Kara, pasando por las Svalbard, bien en las inmediaciones del estrecho de Bering. Pero existe asimismo una segunda razón: la de que en estas zonas marinas desembocan también muchos grandes ríos, que, por supuesto vierten nuevos nutrientes, y más variados, al océano. (¡Hay que admitir, no obstante, que una tercera causa radica en el hecho de que sean áreas en las que rodar resulta sencillamente más práctico!)

Si nos desplazamos a espacios más centrales de este Océano septentrional, en el entorno de la cuenca ártica veremos que la vida marina no abunda tanto. Esto se debe en parte a que estas extensiones se hallan más alejadas de las muy fértiles aguas que bañan los pasos por los que el Atlántico y el Pacífico se unen al Ártico, pero también a que en estos lugares la banquisa es más persistente. El hielo impide que el sol de la primavera y el verano alcance la superficie del agua, lo que limita el crecimiento del fitoplancton, que necesita de la luz del sol para realizar la fotosíntesis y prosperar. Si este plancton se desarrolla menos, el fundamento de la red trófica contará con una biomasa muy inferior, así que habrá menos animales en los niveles superiores de esa cadena alimentaria. No obstante, este conocimiento también ofrece pistas que nos ayudan a determinar en qué regiones puede hallarse vida silvestre.

Un único colmillo de dos metros de largo perfora de pronto la superficie del hielo, seguido de una cabeza oscura y de una sotabarba moteada de blanco. Es un narval. Es posible que acabe de regresar de una inmersión que le habrá llevado a descender varios cientos de metros para capturar bacalaos, calamares o fletanes.

Está lejos de la costa, y se encuentra rodeado de hielo. Puede contener más de veinte minutos la respiración, pero al ser un mamífero tiene que salir necesariamente a la superficie. Tal es la razón de que este ejemplar haya encontrado una «rendija», es decir, una larga línea de fractura en la banquisa que le sirve de punto de referencia en sus desplazamientos submarinos, y también para coger aire, como es obvio.

Pese a que en verano puedan encontrarse grandes grupos de narvales cerca del litoral, sabemos que se desplazan muy lejos de la costa en cuanto comienza a helar. En alta mar están más seguros, ya que el hielo les proporciona una excelente protección frente a sus principales depredadores: las orcas. Los narvales carecen de aleta dorsal, así que pueden ocultarse justo debajo de las placas heladas. Las orcas, por el contrario, tienen una aleta dorsal enorme, lo que entorpece sus movimientos en un entorno de esas características. Durante miles de años, ese ha sido el tablero de juego en el que se han desenvuelto ambas especies, pero ahora, al menguar la extensión de la banquisa, el radio de acción de las orcas se está ampliando, mientras que los narvales encuentran menos sitios en los que esconderse.

Las hendiduras que recorren la banquisa y otros espacios abiertos, como las polinias (zonas de agua rodeadas de hielo que apa-

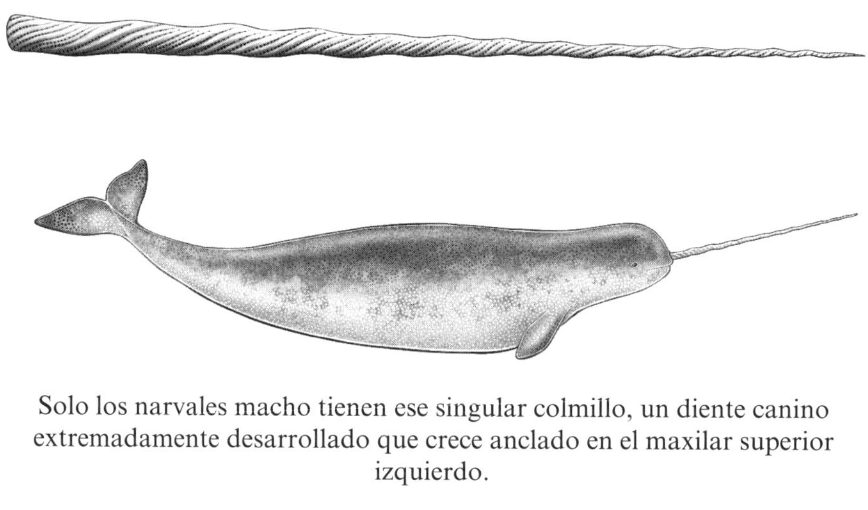

Solo los narvales macho tienen ese singular colmillo, un diente canino extremadamente desarrollado que crece anclado en el maxilar superior izquierdo.

recen por efecto de las surgencias de agua templada o la presencia de vientos persistentes), también ofrecen refugio a una amplia gama de animales salvajes del Ártico. En esos puntos, los primeros rayos del sol de la primavera llegan hasta el agua y desencadenan la floración del plancton, lo que a su vez pone bruscamente en marcha un aumento de todos los componentes de la red trófica. Las polinias pueden ser efímeras, pero hay también algunas que permanecen abiertas todo el año y otras que se presentan anualmente en los mismos puntos y períodos, convirtiéndose así en una meta fiable para la fauna silvestre del Océano Ártico.

Estamos, por tanto, en un universo en el que el narval recorre las fisuras que cuartean los millones de kilómetros cuadrados de la banquisa y en el que ballenas centenarias emiten melódicas llamadas audibles a distancias inmensas... Un lugar marcado también por la antigua existencia de puentes continentales y la intemporal realidad de sus largos meses sin sol. Puede tenerse la impresión de que se halla muy lejos de las ciudades y los centros de producción de los seres humanos, pero nuestro mundo industrial, que todo lo penetra, se deja notar incluso en estas soledades, deslizándose con sigilo como si quisiera confirmar su omnipresencia. En los años cincuenta del siglo pasado, los pilotos que sobrevolaban las regiones árticas de Norteamérica observaron una extraña bruma en el horizonte. Nadie sabía qué era aquello ni por qué aparecía en épocas muy determinadas del año. Décadas después, se averiguó que lo que producía esa neblina eran los aerosoles de sulfato y hollín expulsados por la industria pesada europea. En el invierno boreal, los vientos que soplan en dirección al Ártico barren extensas zonas de Eurasia, con lo que el aire transporta al norte los contaminantes de las fábricas, las urbes y la agricultura: solo dos semanas después de haber sido vertida en origen, poco más o menos, esa polución alcanza las regiones árticas.

El Ártico recibe el agua de cinco grandes ríos: el Mackenzie y el Yukón de Norteamérica, y el Lena, el Obi y el Yeniséi de Asia, todos ellos caracterizados por poseer unas cuencas de captación inmensas, así como un sinfín de afluentes. Un gran número de torrentes, arroyos y cursos de agua de mediano tamaño terminan igualmente su viaje en esta cuenca oceánica. Además de los nutrientes, que son la base de la vida, todas estas aportaciones trasladan, como ya vimos en el caso de los vientos, un amplio abanico de contaminantes procedentes de los asentamientos humanos, la minería, la agricultura y la industria, de modo que esos elementos acaban diseminándose por el Océano Ártico, y muchas veces con picos de descarga vinculados con la fusión de los hielos y las crecidas fluviales. Al mismo tiempo, la corriente del Golfo, al empalmar con la del Atlántico Norte, que a su vez baña las costas septentrionales de Europa y recoge a su paso los contaminantes hidrosolubles (como los metales pesados, los plásticos, que flotan sin disolverse, y los pesticidas), contribuye a esparcir la polución por el Océano Ártico, lo que en último término significa que, debido a estos mecanismos, hay un conjunto de sustancias químicas que nunca se han usado en las regiones polares y que sin embargo terminan derramándose en el Ártico.

En general, se da el nombre de contaminantes orgánicos persistentes (COPs o POPs, según sus siglas en inglés) a todas aquellas sustancias químicas tóxicas que tardan mucho tiempo en descomponerse y permanecen décadas, o incluso siglos, en el medio ambiente. Ese estado de cosas puede dar lugar a una bioacumulación, es decir, a una concentración de esos venenos en los tejidos grasos de los animales. Entre esas sustancias se encuentran algunos pesticidas e insecticidas, así como ciertos retardantes de llama y disolventes. El más perjudicial, y tristemente célebre, es el DDT, un insecticida que muchos países prohibieron en los años setenta, pero que todavía se detecta en la sangre de los niños nacidos décadas después de esa prohibición. Según parece, la peligrosidad de los COPs se acentúa en el caso de los animales que operan en los niveles superiores de la cadena alimentaria. Se han tomado muestras histológicas entre las poblaciones de orcas, osos polares, morsas y focas oceladas, y se ha comprobado que tanto sus tejidos adiposos como sus músculos y vísceras contienen niveles elevados de COPs. Pese a que las cantidades de contaminantes presentes en los peces que atrapan estos depredadores puedan ser muy pequeñas, el hecho de que una foca, por ejemplo, engulla un gran número de presas, hace que esas sustancias se acumulen en su organismo. A su vez, un oso blanco o una orca que ingiera una elevada cantidad de focas en una temporada de caza heredará íntegramente ese legado tóxico. Estos contaminantes, además, están relacionados con la incidencia del cáncer, la alteración de los sistemas endocrinos y reproductores y los daños al sistema nervioso, tanto en animales como en humanos. Por fortuna, muchos de esos compuestos ya han sido prohibidos, y además su regulación está mejorando en buena parte del mundo, así que, por mucho que todavía debamos seguir avanzando en este terreno, lo cierto es que hoy podemos acariciar al menos la perspectiva de un período futuro en el que ya no sea preciso plantearse preguntas como esta: ¿cómo es posible que los tejidos de un oso polar contengan productos ignífugos?

Con todo, la repercusión más compleja y generalizada que está sufriendo el Ártico debido a la acción de los seres humanos se debe a un compuesto que, en un principio, podría parecer mucho menos tóxico que los anteriores: el dióxido de carbono. En el verano de 2017, en el lejano Ártico ruso, cien mil morsas viajaron hasta una playa perdida. En esa época del año, lo habitual es que estos animales permanezcan descansando en el hielo marino que bordea la plataforma continental. De cuando en cuando se zambullen en el agua, dejándose caer por la arista de las placas heladas, y descienden a profundidades que en ocasiones pueden rondar los ochenta metros. Lo hacen para buscar alimento en la fina capa de légamo del lecho marino, valiéndose para ello de sus bigotes, cuya gran sensibilidad les permite localizar crustáceos y mariscos. Las morsas han desarrollado una serie de tácticas, todas ellas muy ingeniosas, para obtener alimentos situados en zonas de difícil acceso. Así, por ejemplo, pueden disparar potentes chorros de agua con la boca para sacar de sus escondites a las presas, o generar unas fuerzas de succión verdaderamente formidables, hasta el punto de arrancar de su concha, por simple aspiración, la carne de las almejas. Una vez saciadas, se dedican a descansar fuera del agua, valiéndose de los colmillos para izar hasta la plataforma helada sus corpachones de tres metros de largo y un peso aproximado de mil quinientos kilos (lo que ha determinado que se las conozca con el delicioso nombre científico de *Odobenus rosmarus*, es decir, «caballito de mar que camina con los dientes»). Se cree que la denominación común de «morsa» proviene de los antiguos marinos holandeses, que puede traducirse por «gigante de la costa» (¡por una vez la terminología científica resulta mucho más divertida que la popular!). Para poder soportar la masa de varios miles de morsas, el hielo ha de ser razonablemente grueso, ya que acostumbran a tenderse sobre él con la intención de efectuar una asombrosa gama de acrobacias vocales, que van desde los simples silbidos y graznidos a los rechinamientos y resoplidos, según sea el ánimo y la intención del solista.

Ahora, sin embargo, el hielo ya no está donde solía. En verano se retira a zonas más septentrionales, así que en la actualidad existen mayores probabilidades de encontrarlo sobre aguas profundas que de verlo en la costa, donde suelen alimentarse casi siempre las morsas. A diferencia de sus parientes las focas, las morsas no pueden permanecer largo tiempo en el mar. Necesitan descansar. Así que, al verse desprovista la tierra de sus amplias cenefas de hielo, las morsas terminan apretujándose en las playas. Pese a tratarse de unos animales ágiles y eficaces en el agua, son torpes en tierra firme, donde además sufren las consecuencias de su miopía.

En 2017 se congregaron tantas en esa remota playa rusa que varios cientos de ejemplares se vieron obligados a subir a los acantilados para hallar un mínimo espacio. Las morsas no son precisamente escaladoras natas, pero se las arreglaron para encaramarse a los despeñaderos. Sin embargo, son cortas de vista fuera del agua, de modo que al escuchar las vocalizaciones de algunos de los individuos de su manada que chapoteaban en el agua situada al pie de la pared a la que se habían aupado —quizá disponiéndose a partir— tomaron el camino más corto para unirse a sus camaradas, y cientos de morsas se desplomaron desde los peñascos y murieron.

Su mundo está cambiando a tal velocidad que sus sentidos y costumbres se revelan simplemente incapaces de seguir el ritmo de los acontecimientos. Afortunadamente, no es frecuente que estas grandes aglomeraciones costeras terminen de un modo tan horrendo, pero aun así están teniendo consecuencias, aunque de distintas maneras. Las crías son las que sufren más, dado que muchas veces perecen aplastadas cuando el enorme grupo sale de estampida, asustado por la irrupción de un oso polar o el ruidoso paso de una embarcación. También disponemos de algunas investigaciones que apuntan a la posible existencia de problemas nutricionales, debido, casi con toda seguridad, a que la concentración de vastas poblaciones de animales en el reducido espacio de las playas agota las fuentes de alimento y obliga a las morsas a nadar hasta zonas más alejadas para encontrar comida. En este sentido, además, hay que tener en cuenta que, anteriormente, la deriva de las placas de hielo trasladaba naturalmente a las morsas hasta nuevas zonas de alimentación, proporcionándoles una más amplia gama de lugares en los que reunirse y descansar.

La velocidad del calentamiento que está experimentando el Ártico es superior a la de cualquier otra región del planeta. Hay estudios que muestran que el ritmo de ascenso de las temperaturas en esta zona duplica, y hasta cuadruplica, el que se registra en el plano global. Esta circunstancia se conoce con el nombre de «amplificación polar o ártica», y se debe a una amplia gama de factores, de entre los que destaca, por ser el más significativo, el albedo. Este término responde a la cantidad de luz que, tras incidir en una superficie (la del hielo en este caso), acaba siendo reflejada y devuelta al espacio, lo que mantiene la temperatura de la zona en niveles más frescos. Con el calentamiento del Ártico, el hielo marino disminuye. Esto pone al descubierto la lámina de agua sobre la que reposaba, que es más oscura que el hielo y tiene por tanto un valor de albedo inferior, lo que tiene la doble consecuencia de reflejar una menor cantidad de radiación solar y de incrementar la absorción de calor del agua. Debido a ello, el Océano Ártico se calienta cada vez más y tiene cada vez menos hielo para devolver al espacio los rayos del sol, con lo que la fusión del hielo aumenta. De este modo se perpetúa el círculo vicioso.

Por el momento, apenas alcanzamos a entrever lo que estos cambios pueden significar para la vida salvaje y para la gente cuyo sustento y prosperidad dependen del Océano Ártico. Al parecer, las orcas están sacando un buen partido de la situación, al menos por ahora. Los registros históricos de su actividad sugieren que el hielo marino hacía que no tuvieran costumbre de aventurarse en ciertas regiones del Océano Ártico —como las que lindan con el noroeste de Canadá—, pero a medida que el hielo se derrite van ampliando su rango de acción y penetrando en zonas totalmente nuevas a fin de aprovechar la mejora de las ocasiones de caza. Por otra parte, las crías de las ballenas boreales, los narvales y las belugas ya han empezado a descubrir que la disminución del hielo de la banquisa lleva aparejada una mengua de los refugios que pueden protegerles de las orcas. Las poblaciones de mamíferos marinos que hasta ahora apenas habían tenido contacto con las orcas, y que por consiguiente no han tenido tiempo de desarrollar conductas de evasión o defensa, se ven de pronto sometidas a la presión del que tal vez sea el más perfecto e inteligente depredador del océano. De hecho, se cree que, con el tiempo, las orcas podrían sustituir a los osos polares, arrebatándoles el papel de principal depredador marino en algunas regiones del Ártico.

Si el calentamiento del planeta se detuviera ahora mismo, es posible que las especies lograran adaptarse y que se instaurara un nuevo equilibrio. En 2018 se dio a conocer un estudio fascinante que abrió una ventana desde la que poder contemplar los detalles de un Océano Ártico diferente al actual. En él se comparaban las dietas seguidas por las belugas, las focas oceladas, los fletanes de Groenlandia y las truchas árticas en dos cortes temporales: de 1990 a 2002 y de 2005 a 2012. Se comprobó que todas estas especies habían ido modificando su alimentación de forma muy significativa en consonancia con el calentamiento de su medio marino. Se observó que ingerían muchas menos especies «característicamente» árticas, como la gamba de los polos y el bacalao ártico, reemplazándolos con mayores volúmenes de capelanes, unos peces de pequeño tamaño cuya presencia es más común en el Atlántico septentrional, donde la temperatura del agua es ligeramente más alta. Sabemos desde hace tiempo que el capelán modifica con gran rapidez el alcance y la distribución de sus movimientos en respuesta a los cambios de la temperatura del agua, y se ha constatado que se está desplazando a regiones cada vez más septentrionales al percibir el creciente calentamiento del Océano Ártico.

Aun así, es muy poco probable que consigamos averiguar el aspecto general de ese nuevo equilibrio, ya que, por desgracia, es simplemente imposible frenar en seco el calentamiento global. Incluso suponiendo que realizáramos un esfuerzo planetario muy superior al que ha venido verificándose hasta la fecha, lo cierto es que se han engranado ya en el sistema climático general un conjunto de modificaciones que hoy parecen imparables. El hielo marino plurianual —es decir, el que no se derrite a lo largo del año e incrementa por tanto su grosor en invierno— ha disminuido más de un 50% desde 2002, y los datos que tenemos sobre el ciclo de retroalimentación del albedo sugieren que es probable que, hacia el año 2050, o incluso antes, la banquisa desaparezca del Océano Ártico en verano, algo que no se había producido nunca desde que surgieran las civilizaciones humanas. Hay variables que además de ser de una gran complejidad se hallan interrelacionadas: pienso por ejemplo en la fusión del permafrost, en los cambios del régimen de precipitaciones o la pauta de los vientos preponderantes, en la alteración del estrato de la haloclina y de su capacidad de protección frente al calentamiento ártico debida a la mezcla de las aguas de las cuencas oceánicas, y en la variación de las corrientes del océano. Muchas de esas transformaciones son ya una realidad, y se avecinan muchas más, pero es difícil predecir qué efectos acabarán teniendo.

No podemos saber con exactitud qué consecuencias concretas se derivarán de todas estas transformaciones, ni en el caso del Océano Ártico ni en el del planeta en general. Algunas especies se beneficiarán de los cambios, al menos en un primer momento, pero muchas sufrirán graves aprietos. De lo que sí podemos estar seguros es de que ya se ha perdido el sutil e intrincado equilibrio de este entorno marino, tan hipnótico como complejo. Ahora bien, si redoblamos el ritmo y el alcance de nuestros esfuerzos, quizá consigamos estabilizarlo lo suficiente como para dar pie a que se instaure una nueva armonía con el tiempo.

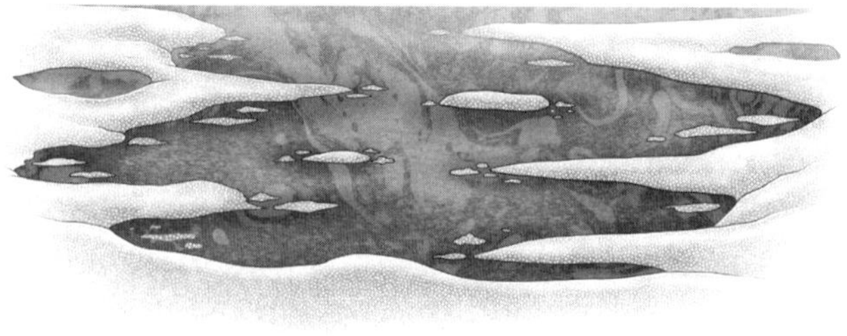

La última región helada

Será la batalla final del Holoceno. Un reducto susceptible de recordarnos cómo fueron en otro tiempo las situaciones «estables» y «normales». Cuando el hielo marino estival desaparezca en todo el Ártico habremos perdido la pieza final del tablero: la última región helada.

Pero situémonos en otro escenario: el de una de las franjas costeras del ártico superior. Allí, en una vasta región moteada por un espectacular grupo de islas, salpicada de bahías y de esos amplios valles inundados que forman lo que llamamos rías, fiordos, estrechos, canales, pasos y golfos, en el cuadrante en el que los confines más septentrionales de Canadá se inclinan hacia Groenlandia, al borde mismo de la bahía de Baffin, se halla el que será el último refugio, tanto para aquellas especies cuya supervivencia depende de los hielos como para el pueblo inuit, que ha vivido durante miles de años, de forma sostenible, en esos espacios.

Con todo, ni siquiera este ámbito boreal se ha librado de la fusión de las masas heladas, aunque el proceso no se haya materializado aquí a tanta velocidad como en otras partes del Ártico. Aun así, y a pesar de que esta pérdida se haya convertido en una amenaza, se da la curiosa circunstancia de que ese peligro ha alumbrado algo maravilloso. El derretimiento de los hielos ha permitido que la región resulte más accesible y que, por tanto, se vuelva viable desde el punto de vista económico, permitiendo así tanto las operaciones de transporte marítimo como las prospecciones de las compañías que andan en busca de los combustibles mismos que han resultado ser la causa desencadenante de la propia pérdida del hielo. Con todo, este incremento de las presiones que gravitan sobre el medio ambiente ha impulsado y urgido la creación de un proyecto visionario: el de la inmensa Área Nacional de Conservación Marina de Tallurutiup Imanga.

«Tallurut» es el nombre que dan las lenguas inuits a la isla Devon, uno de los elementos centrales del plan de preservación. Debe su denominación al hecho de que el grupo inuit local considerara que algunas de las líneas que dibujan curiosos patrones naturales sobre el suelo del lugar recuerden a las volutas de los tatuajes faciales que siguen la línea mandibular de algunos de sus miembros. «Imanga» significa masa de agua. Tallurutiup Imanga es, por tanto, una denominación que se aplica tanto al vasto espacio marino que separa la isla de Baffin de la de Devon, como al área de conservación en su conjunto, que es todavía mayor.

En cualquier caso, los pueblos indígenas no se han limitado a proporcionar simplemente la designación regional. Con demasiada frecuencia se ha constatado, en todo el mundo, que la creación de áreas protegidas ha omitido y pasado por alto los conocimientos y deseos de las poblaciones autóctonas, y en ocasiones se ha llegado a emplear incluso ese pretexto para apoderarse de sus territorios y violar sus derechos. La fundación de Tallurutiup Imanga emana por el contrario de un planteamiento muy distinto. Vio la luz en 2019, fruto de un acuerdo entre la Asociación Inuit de Qikiqtani, que representa a más de quince mil inuits, y el gobierno canadiense. Lo que se revela crucial en este caso es el hecho de que la vocación medular de este pacto consista en beneficiar a los inuits e incidir positivamente en su vida. A juicio de Steven Lonsdale, un inuit nacido y criado en la ciudad de Iqaluit y actual director del Departamento de Espacios Marinos y Vida Silvestre de la asociación, ese objetivo es lo que confiere a la fundación Tallurutiup Imanga su carácter especial. Estas son sus palabras:

> Tallurutiup Imanga es un parque, pero no es el típico parque, similar a los que pueden encontrarse en cualquier otro punto de Canadá. Sirve a propósitos enteramente diferentes. En cualquier otra zona

del país, la creación y orientación de los parques se centra en los visitantes y en conseguir una fórmula idónea para que estos tengan la experiencia más grata posible. Aquí, sin embargo, la fundación del parque obedece al deseo de proteger el océano y la tierra junto con las actividades y la continuidad cultural de los pueblos que ya viven en él.

La fundación de Tallurutiup Imanga podría haberse contentado con ser un pequeño intento destinado a comprobar las virtudes de ese enfoque, pero se ha llevado a cabo a una escala enorme. Protege una de las mayores masas de agua de Canadá y constituye un modelo potencialmente capaz de transformar la protección marina en todo el globo.

Este parque hace que cualquier superlativo se quede corto. No es sencillamente «vasto», «inmenso» o «monumental», como podría indicar una guía turística, porque en sus 108.000 kilómetros cuadrados podría caber prácticamente la totalidad de Inglaterra, o cabría decir, por emplear un ejemplo más local, que su tamaño iguala el de Nueva Escocia y Nuevo Brunswick juntos. Si señaláramos que en él «abunda la vida silvestre», no haríamos justicia a la formidable profusión de morsas, osos polares, ballenas boreales, belugas, focas barbudas y aves migratorias que lo frecuentan. Ni siquiera el hecho de resaltar su «importancia ecológica global» alcanzaría a transmitir íntegramente lo que significa ser uno de los últimos lugares de la Tierra con un ecosistema ártico, marino y en buen estado capaz de perdurar, quizá, por espacio de una generación más. De manera similar, limitarse a describirlo simplemente como el «hogar» de cinco comunidades inuit del ártico superior resultaría insuficiente para explicar los profundos valores culturales que subyacen en el singular modo de vida de los pueblos locales, que llevan viviendo miles de años en la región.

Es realmente un sitio muy especial.

Las comunidades inuit de Tallurutiup Imanga que residen o pernoctan en las aldeas de Arctic Bay, el río Clyde, el fiordo Grise, Pond Inlet y Resolute Bay dependen de este movimiento conservacionista. Pese a disponer de asentamientos, estos pobladores árticos son en gran parte nómadas, lo que exige disponer de un amplio margen de maniobra para desplazarse por un amplio territorio y hallar comida, reunir abastos y llevar a cabo sus prácticas culturales. Pese a que exista, por ejemplo, la posibilidad de recolectar bayas y plantas en verano, resulta evidente que no es este un clima en el que pueda cultivarse la tierra.* Por consiguiente, gran parte de la dieta de los inuits depende de la caza de los mamíferos marinos, las aves y otros animales salvajes, cuya presencia es invariablemente efímera. Eso obliga a los cazadores a recorrer grandes distancias para hacerse con los alimentos que precisan sus comunidades, y en su caso el océano hace las veces de autopista, aunque en invierno sea de hielo y en verano de agua, de modo que Tallurutiup Imanga es la principal arteria que conecta los diversos puntos de la zona.

La libertad de movimientos y la existencia de vías de conexión también reviste importancia para la vida silvestre de Tallurutiup Imanga. El apodo con el que se conoce a esta región, el «Serengueti ártico», deriva en parte de la abundancia de su fauna y flora salvaje, pero también es un guiño al fundamental corredor migratorio que va desde la bahía de Baffin, al este, al archipiélago ártico, a poniente. Al poner en contacto estas zonas en invierno y en verano, dicho corredor se convierte en un refugio y un espacio de reabastecimiento crucial para las especies árticas, hasta el punto de que aquí reponen fuerzas nada menos que el 70 % de los narvales del planeta, el 20 % de las belugas canadienses, la mayor subpoblación de osos polares de Canadá, y algunas de las más importantes colonias de aves marinas del Ártico.

Las surgencias de nutrientes son una de las razones que explican la exuberante vida de Tallurutiup Imanga, ya que no solo son el motor que impulsa la elevada productividad biológica que se aprecia en los límites del área de conservación marina, sino que vienen a nutrir una extensión aun mayor al expandir sus benefi-

* A título ilustrativo, baste señalar que en Pond Inlet, por ejemplo, la temperatura media anual es de –11,1 °C, que en febrero se alcanzan los –34,7 °C, y que en julio el termómetro rara vez rebasa los 6,6 °C. *(N. del T.)*

cios a través de las potentes corrientes oceánicas. Uno de los motivos que más imperiosamente ha contribuido a crear en el Ártico una zona protegida de semejantes dimensiones es el hecho de que el propio entorno y sus habitantes necesiten amplios horizontes para sobrevivir, ya se trate de los inuits, que tienen que ir en busca de unas presas extremadamente móviles, o de los osos polares, que deben cazar al acecho en un territorio inmenso o perseguir a las especies migratorias en función de los cambios estacionales. Para que la vida logre prosperar en un sitio como este, ha de disponer de mucho espacio para desplazarse.

Las comunidades inuits de Tallurutiup Imanga poseen un gran número de conocimientos y técnicas que les permiten viajar por la banquisa a temperaturas que descienden más allá de los 30 grados bajo cero, navegar en unas aguas traicioneras surcadas por complejas corrientes, entender el comportamiento de los animales salvajes, y transmitir a sus descendientes tanto las enseñanzas propias de su cultura como las aptitudes surgidas de la experiencia local. Además, los miembros de esas mismas comunidades precisan empleos, ingresos y seguridad alimentaria. La creación de esta zona protegida fue también una oportunidad de satisfacer esas necesidades, atendiendo tanto a la gente como a la vida salvaje. Para que el Área Nacional de Conservación Marina de Tallurutiup Imanga resultara eficaz a largo plazo, había que organizarla con dos objetivos en mente: que las comunidades autóctonas se beneficiaran de la protección medioambiental, y que el paso de los años demostrara que la administración tutelada de esas comunidades redundaba en favor del propio entorno natural.

Como explica Steven Lonsdale, la cultura inuit se adapta particularmente bien a este modelo: «Proteger a los narvales, a las focas y a otras especies salvajes equivale a defender la cultura —señala—. En realidad, los inuits no establecemos una distinción entre la cultura y el entorno: hay un todo único e indisociable. Somos parte del medio, y son los lazos culturales los que facilitan la preservación de esas dos caras de una misma moneda».

Lonsdale indica asimismo que los inuits llevan presionando en favor de la protección del espacio de Tallurutiup Imanga desde la década de 1970, pero precisa que, en último término, su creación se produjo en un momento muy específico: el marcado por el hecho de que muchos de los inuits de la región pasen ahora una parte de su existencia, cuando no toda, en comunidades permanentes.

> Cuando uno vive en un centro urbano resulta más fácil pensar que nos encontramos al margen de la naturaleza, o incluso por encima de ella, en cierto modo. Sin embargo, para quienes procedemos de una sociedad de cazadores y recolectores que hace solo una generación llevaban una vida seminómada, las relaciones entre cultura y naturaleza siguen presentes. Mi abuela y mi madre llevaron ese tipo de existencia y vivieron al hilo de las estaciones, que eran las que dictaban a dónde había que dirigirse. Yo soy el primer miembro de la familia nacido y criado en una población. La sintonía de mis antepasados con el entorno era tan intensa que sabían cuándo había que trasladarse a un punto al aparecer unas condiciones climáticas determinadas y cuándo viajar a otro al cambiar la estación. En términos de comida y salud, el éxito de los míos dependía de adaptarse adecuadamente a las estaciones: había que comprender el hielo y saber interpretar los movimientos de la fauna salvaje.
>
> El hecho de que estemos todavía muy cerca de esa generación y de esa cultura da todo su sentido a la creación de un parque que gire en torno a la continuidad cultural, dado que eso no solo nos convierte en tutores del entorno, sino que permite que ese mismo entorno siga constituyendo el centro de nuestra cultura. De hecho, el medio ambiente puede servirnos para recuperar esa cultura e infundirle nueva vitalidad.

Para materializar ese objetivo, la Asociación inuit de Qikiqtani puso en marcha el Programa de Tutores Nauttiqsuqtitt, a los que se confía la misión de velar por los espacios naturales. El plan fue concebido con el propósito de vincular el éxito del Área Nacional de Conservación Marina de Tallurutiup Imanga con la obtención de ventajas para la comunidad nativa. Para ello, el proyecto combina las muy especializadas habilidades que solo los inuits poseen (como el rastreo de fauna, la capacidad de realizar grandes desplazamientos por las regiones heladas o un profundo conocimiento de las peligrosas corrientes marinas y las bruscas variaciones de la climatología) con la verificación de las funciones clave que precisa la buena marcha de esta zona protegida. Los nauttiqsuqtitt, es decir, los tutores inuits, son los ojos y los oídos del área de conservación marina. Dichos tutores, o administradores, reúnen información relacionada con el estado de salud y el grado de abundancia de la vida silvestre en distintos puntos del parque, por ejemplo, en Pond Inlet, donde han surgido inquietudes asociadas con el impacto del creciente tráfico marítimo y las pruebas de reflexión sísmica (consistentes en aplicar un impulso de energía sísmica para trazar así un mapa del subsuelo y detectar la presencia de bolsas de petróleo y gas). Los datos que obtienen los tutores, ya sea en relación con estas u otras prácticas, serán vitales para el futuro desarrollo de las políticas de gestión del mar. Además, los administradores nauttiqsuqtitt operan como enlaces e intérpretes culturales, intervienen en operaciones de búsqueda y rescate, vigilan las aguas a fin de señalar la presencia de navíos sin permiso de entrada en el área protegida, y dirigen ciertas actividades culturales, como la de llevar a los jóvenes de la comunidad nativa a campamentos de pesca en los que se ejercitarán durante toda una semana, o la de organizar excursiones para los más ancianos miembros de las poblaciones autóctonas, que de ese modo pueden visitar las tierras ancestrales.

Hasta los seis años, la existencia familiar de Mishak Allurut siguió las pautas que se habían venido observando durante generaciones. Dormía en los campamentos tradicionales, viajaba en función de las condiciones meteorológicas y obtenía el sustento gracias al buen conocimiento de la región de sus parientes y a sus hondos vínculos con la comunidad. Más tarde, su pequeño círculo se trasladó a Arctic Bay y se instaló, por primera vez en la historia del grupo, en una comunidad permanente, con lo que Mishak y sus hermanos y hermanas pudieron acudir al colegio. Dejó la escuela al cumplir los trece y trabajó en diversos empleos (como minero y funcionario encargado de la fauna silvestre, entre otras cosas). Sus colegas todavía recuerdan su aguda inteligencia y su generosidad, dos cualidades que, con el tiempo, sabría emplear para grandes fines.

Ya en su madurez, Mishak regresó a las aulas para aplicarse en el estudio. Supo combinar ese aprendizaje con sus facultades de experto observador del hielo y publicó trabajos de investigación en los que evaluaba los riesgos climáticos a los que las comunidades inuits se estaban viendo sometidas. Su innata curiosidad y el interés que siempre habían despertado en él las personas le llevaron a convertirse en un puente entre dos mundos y a defender con vehemencia la fusión entre los principios científicos y la cultura inuit. Estaba convencido de que la combinación de ambos saberes era la clave para comprender y proteger el Ártico y entender los cambios a los que está sometido.

En los últimos años de su carrera, Mishak pasó a formar parte del personal del Área Nacional de Conservación Marina de Tallurutiup Imanga, asumiendo la doble tarea de coordinar a los estudiosos extranjeros con la población local y actuar como traductor para los tutores nauttiqsuqtitt. Al hablar con fluidez tanto el inuktitut* como el inglés, y manejarse bien en los ámbitos científicos y culturales, Mishak desempeñó un papel clave, ya que gracias a él pudieron confluir las distintas competencias profesionales con los intereses que era preciso atender para crear el parque. Allí donde otros veían barreras divisorias entre las culturas implicadas, Mishak apreciaba la existencia de una vocación común. Así lo comentaba él mismo: «Tallurutiup Imanga es un proyecto de un país entero, del conjunto de Canadá, no solo de los inuits. Se trata de un Área de Conservación Marina reconocida en el mundo entero. Nosotros formamos parte de ese empeño, y nos enorgullecemos de ello».

* Una de las principales lenguas inuit de Canadá. Se habla en parte de Terranova y Labrador, así como en Manitoba, los Territorios del Noroeste y Nunavut (el mayor y más septentrional de los territorios canadienses). *(N. del T.)*

La mayor pasión de Mishak, sin embargo, consistía en conectar a los jóvenes con la cultura tradicional inuit. En lo que tal vez fuera un reflejo de la dualidad de su propia infancia, a caballo entre el nomadismo y la enseñanza media, Mishak y el resto de los tutores nauttiqsuqtitt llevaban a los jóvenes inuit al parque y hacían salidas para enseñarles tanto a cazar con los métodos tradicionales como a hacer iglúes y arpones. Para Mishak, esta labor equivalía a tender una especie de puente capaz de conectar a los seres humanos con la tierra y el hielo: «Sé que algunos muchachos y muchachas carecen de padres. Nosotros podemos darles la oportunidad de aprender. Tenemos ocasión de enseñarles los métodos tradicionales de arponear una foca. Eso les proporciona las habilidades necesarias para reflexionar sobre las características de su tierra y entenderla un poco mejor».

Antes de fallecer, víctima de un cáncer, el 13 de julio de 2023, Mishak ya había conseguido transmitir su pasión, su conocimiento y su cultura a la comunidad a la que pertenecía. En la cabina de traducción de las instalaciones del Área de Conservación hay una placa en la que se conmemora tanto su figura como su labor, pues no en vano estamos ante un discreto héroe cotidiano al que honra la comunidad a la que sirvió. En el retrato que flanquea el rótulo que ensalza su memoria, puede verse a Mishak de pie al borde del mar, con el sol a la espalda y los hielos estivales flotando libremente en el agua. Es posible que esa banquisa veraniega no se repita ya cuando sus siete hijos, sus quince nietos y su biznieto alcancen la edad que Mishak tiene en la imagen, pero gracias a su trabajo y al de sus compañeros de fatigas, otros muchos aspectos de su cultura perdurarán, y lo harán en ese entorno tan especial del parque de Tallurutiup Imanga que él ayudó a preservar.

Los tutores inuits, sin embargo, cumplen otro papel crucial. La inseguridad alimentaria de estas regiones tan septentrionales es un factor extremadamente frecuente: los precios de los víveres son muy superiores a los de cualquier ciudad del Canadá continental, mientras que los salarios y los índices de ocupación son bajos. Todos los productos frescos han de ser importados por vía marítima o aérea, lo que resulta a un tiempo caro y muy contaminante y, para colmo, no son los alimentos que integran la dieta tradicional local. Uno de los objetivos de la Asociación Inuit de Qikiqtani consiste en reducir la inseguridad alimentaria y en apoyar al mismo tiempo el consumo de la dieta tradicional y la cultura gastronómica de la región. Para ello, los tutores nauttiqsuqtitt asumen también la vital tarea de capturar animales marinos que después comparten con los miembros de su comunidad. El aprovechamiento compartido de los alimentos constituye una faceta relevante de la cultura inuit, dado que es a un tiempo un signo de respeto, un factor favorable al establecimiento de lazos culturales, y una solución práctica para quienes viven en una zona del mundo que muchas veces exige efectuar largos viajes para encontrar comida en cantidades suficientes. Además, para un pequeño grupo de expertos cazadores resulta bastante menos peligroso sortear las traicioneras condiciones de la región (la alternativa de que todo el mundo salga a buscar presas por su cuenta es mucho más arriesgada e incierta), así que está costumbre resulta de lo más acertada. Los aspectos prácticos de esta dieta también garantizan su sostenibilidad. La densidad de la población es baja, de modo que en las diferentes zonas propicias los cazadores capturan un número relativamente reducido de peces, aves y mamíferos marinos. En su siguiente batida, es muy probable que los propios animales se hayan desplazado, o que el tornadizo estado del mar y el hielo obligue a los ojeadores a dirigirse a un sitio distinto, lo que significa que el impacto que soporta la fauna se distribuye por una amplia zona. De hecho, con la aceleración del cambio climático hay muchas probabilidades de que los inuit tengan que recorrer distancias cada vez más grandes, y en condiciones crecientemente inestables, para hallar alimento y pertrechos.

Los inuits llevan miles de años residiendo en la región de Tallurutiup Imanga y se han pasado décadas realizando llamamientos orientados a la protección de su medio. Hoy parece que la voluntad política de atender sus peticiones ha cobrado impulso. La necesidad de conservar la biodiversidad y hacer frente al reto del cambio climático ha logrado que surjan algunas voces en el mundo occidental decididas a reconocer el valor nuclear de la cultura inuit, centrada en la certeza de que formamos parte de la naturaleza y de que no estamos ni al margen ni por encima de ella. El Área de Conservación de Tallurutiup Imanga es el fruto de una idea de la preservación oceánica que coloca a los pueblos indígenas en la médula del diseño, la gestión y los objetivos de un proyecto de protección medioambiental, y eso es justamente lo que le confiere mayores probabilidades de éxito a largo plazo.

Además, este enfoque está creando escuela. Si Tallurutiup Imanga se encuentra en el extremo meridional de la Última Región Helada, la zona protegida de Tuvaijuittuq se encuentra directamente en el epicentro de la misma. Tuvaijuittuq (que significa «el lugar en el que el hielo nunca se derrite», dado que allí se encuentra la capa helada multianual más antigua y gruesa de todo el Ártico) es un hábitat estival esencial para las especies que dependen de las condiciones glaciales, como la morsa y el oso polar. Situada en pleno Océano Ártico, frente a la costa noroccidental de la isla de Ellesmere, la zona de conservación marina de Tuvaijuittuq es otro de los resultados de la colaboración entre la Asociación Inuit de Qikiqtani y el gobierno de Canadá. El parque cubre una extensión de 319.000 kilómetros cuadrados, más del triple de la que tiene Tallurutiup Imanga, con lo que la superficie de las dos áreas protegidas juntas supera la de toda Alemania.

Tallurutiup Imanga y Tuvaijuittuq tendrán que capear las dificultades de un futuro complicado. Aunque el mundo se descarbonizara rápidamente, las emisiones que hemos lanzado a la atmósfera hasta la fecha bastan para provocar la desaparición de mucho más hielo en ambas regiones. Esto dará pie a nuevas demandas del mundo exterior. Habrá sectores, como el turismo y la pesca, que, al generar ingresos valiosos, puedan ser incorporados a un plan de gestión a largo plazo, aunque también podrían surgir presiones tendentes a expandir sus operaciones por encima de los niveles sostenibles. Es de esperar que se mantenga la exclusión de otras actividades productivas, como la minería y las prospecciones destinadas a descubrir nuevos yacimientos de combustibles fósiles. El derretimiento del hielo cambiará inevitablemente los flujos de nutrientes y las migraciones de los animales salvajes de una forma que todavía no podemos predecir, aunque está claro que afectará a la totalidad del ecosistema, y por tanto también a las comunidades inuits. No obstante, al tomar la visionaria medida de crear inmensas zonas marinas protegidas orientadas al bienestar de las comunidades autóctonas, la Asociación inuit de Qikiqtani y las autoridades de Canadá se han dado a sí mismas la mejor oportunidad de conservar las características únicas de la cultura y la vida silvestre de la Última Región Helada.

6

Los manglares

Los monos capuchinos de Costa Rica

Los bosques de mangles se hallan suspendidos entre dos mundos. Vistos desde el cielo, su denso dosel arbóreo no sugiere precisamente que nos encontremos ante un hábitat «oceánico» de crucial importancia. Sin embargo, todos los días la marea alta que inunda la zona cubre las raíces y la cepa de los árboles y convierte el bosque en un refugio para las crías de peces grandes y pequeños, y en un rico medio acuático propicio para los abundantes mariscos, que de este modo pueden alimentarse filtrando los nutrientes en suspensión.

En este entorno forestal, pocos árboles pertenecen realmente al género *Rhizophora*, es decir, a la familia del mangle, que es una planta específicamente acomodada a las condiciones de este entorno. Por consiguiente, lo que solemos denominar como manglares, o bosques de mangles, puede contener una variada gama de especies arbóreas, todas ellas dotadas de adaptaciones evolutivas que les permiten prosperar en las aguas salobres que bordean los litorales y los estuarios fluviales de los trópicos (pese a tratarse de unas condiciones que resultarían letales para la mayor parte de los vegetales). Son hábitats tan extraordinarios como únicos. Estos bosques de mangles constituyen un hogar en el que zumban los insectos, trinan los pájaros y chascan los crustáceos, pero se necesita un tipo muy particular de primate para prosperar en ellos: uno capaz de amoldar su comportamiento al ritmo de las mareas.

En 2001, durante el rodaje de *La vida de los mamíferos*, pasé varias semanas en uno de estos bosques con la esperanza de captar algunas escenas de la inusitada conducta de dos grupos independientes de monos, ambos pertenecientes a la misma especie y extremadamente inteligentes: los capuchinos. Queríamos abrir la serie mostrando que esa lúcida perspicacia permitía medrar a distintas especies de primates en una amplia variedad de condiciones, todas ellas difíciles: ¡aunque debo decir que ninguno de nosotros imaginaba que esa primera filmación fuera a tener lugar en un hábitat oceánico! Con todo, el equipo se había documentado leyendo diversos estudios científicos relativos a los métodos que usan los capuchinos para recolectar marisco en la bajamar de un bosque de mangles de Costa Rica, y a todos nos había parecido un planteamiento idóneo para la secuencia inicial del programa.

El capuchino pertenece a una especie formada por primates particularmente avispados. Muchas veces se los describe con el simple epíteto de «curiosos», pero si uno los observa de cerca durante un tiempo acaba comprendiendo que, a semejanza de los seres humanos, tienen la aptitud de prever el futuro y de elaborar planes para hacer frente a los problemas que este habrá de plantearles. Y como terminamos comprobando, esas son exactamente las características que precisa la explotación del complejo mundo de los manglares.

El rodaje se desarrolló en una antigua finca ganadera en la que también hubo en su día una plantación de mango. Lo interesante es que, al calor del admirable esfuerzo que Costa Rica viene realizando en los últimos cuarenta años para restaurar los bosques y la vida salvaje que ha perdido, el rancho llevaba ya camino de convertirse en una reserva natural en toda regla. Unos veinte años antes de nuestra visita, la zona había sido declarada espacio protegido por el gobierno del país a fin de velar por la preservación de los manglares, y los efectos ya se estaban dejando notar, dado que los bosques florecían espléndidamente. Los manglares formaban un festón verde en los límites de una abrigada bahía, y todas las jornadas, al cruzar a pie por la jungla de plantas semicaducifolias hasta alcanzar las llanuras mareales del bosque de mangles, las abundantes y bellísimas criaturas que nos rodeaban, dejándonos fascinados, nos obligaban a no perder de vista las razones de nuestra presencia en ese lugar y a hacer el difícil esfuerzo de concentrarnos en nuestro objetivo.

Era bastante común encontrar pericos de frente anaranjada y loros de nuca amarilla, y de vez en cuando veíamos, volando por encima de nuestras cabezas, la silueta perfectamente reconocible de los guacamayos escarlata, introducidos pocos años atrás en el área protegida. También llegamos a entrever fugazmente entre los árboles a algún que otro saltarín colilargo.* Con su escultural fijeza, las iguanas descansaban en el extremo de las ramas, como queriendo aprovechar el calor del sol, mientras los bramidos y guturales berrinches de los monos aulladores conseguían evocar invariablemente en nuestro ánimo la sensación de estar siendo observados por un ejército de seres mucho más aterradores que los auténticos alborotadores. Pese a no tratarse de un espacio intacto y puramente silvestre, estaba claro que la naturaleza se estaba regenerando.

Los monos capuchinos deben su denominación al hecho de que se les puede encontrar cierto parecido con los frailes del mismo nombre, que visten hábitos de color marrón oscuro rematados por una gran capucha que únicamente deja a la vista su pálido rostro. Estos monos son de talla mediana, ya que los machos adultos alcanzan el metro de longitud y pesos comprendidos entre los tres y los cuatro kilos. Sus largas colas prensiles les proporcionan el apoyo que necesitan para viajar de árbol en árbol. Suelen vivir en grupos de diez a treinta individuos y, curiosamente, los dos grupos de capuchinos de este manglar en particular estaban formados por un número de componentes próximo a la cifra más alta, lo que quizá fuera un indicador del valor nutricional de las diversas fuentes de alimentos a su alcance.

* Grupo de aves paseriformes de pequeño tamaño y vivos colores del trópico americano. *(N. del T.)*

La primera revelación que tuve durante el tiempo que pasé en el manglar se produjo al constatar que los capuchinos eran perfectamente conscientes del ritmo de las mareas. Soy incapaz de decir cómo habían llegado a saberlo o comprenderlo, pero todos los días, a los noventa minutos de iniciada la marea baja, allí estaban, disfrutando de los humedales costeros recién expuestos... Los científicos locales han estado muchos meses siguiéndolos y han descubierto que recorren un circuito claramente establecido, en el que aprovechan lo que ofrecen los mejores árboles frutales, visitan las zonas más adecuadas para la ingesta de hojas y larvas, y eligen el momento más adecuado de la bajamar para las proteínas marinas que claramente incluyen en su menú.

El singularísimo carácter de los manglares hace que resulten ámbitos especialmente buenos para el crecimiento de moluscos bivalvos como las almejas y las ostras. Dado que el agua del mar se mezcla con los detritos vegetales y el rico limo del fondo con cada marea alta, la zona está particularmente saturada de nutrientes. Esto es en parte lo que sostiene la gran cantidad de vida marina de un hábitat que solo existe, *de facto*, durante la mitad del día. Los animales filtradores o suspensívoros,* como la almeja y la ostra, obtienen su sustento tamizando cotidianamente grandes volúmenes de agua con las branquias, ya que las partículas alimenticias se adhieren al mucus que recubre esos órganos respiratorios. Este bosque de mangles estaba bien asentado, así que el agua era ideal para el crecimiento de las almejas. Sin embargo, a diferencia de las crías de peces, que flotan y son arrastradas al retirarse la marea, la mayor parte de las almejas permanecen donde están, a menudo enterradas en el lodo. Y los espabilados monos capuchinos se han dado cuenta de ese detalle.

Los científicos tienen constancia documental de que, en otros muchos lugares de su rango de acción, los capuchinos encuentran alimentos en sitios que es probable que otras especies desconoz-

* Respectivamente, según busquen de forma activa los lugares de alimentación o vivan fijados en algún sustrato recorrido por fuertes corrientes que les lleven el alimento a la boca. *(N. del T.)*

can. Es prácticamente seguro que esto se debe a su buena memoria y a su imaginación. Buscan comida en todas partes. Tienen una vista excelente, pero escaso sentido del olfato, así que para localizar los elementos nutritivos que no alcanzan a ver utilizan el cerebro. A diferencia de la mayoría de los animales, todo parece indicar que son capaces de imaginar que puede haber algo comestible bajo una hoja o una piedra, o aun en la cavidad de un árbol, así que, ni cortos ni perezosos, se lanzan a buscarlo y a cogerlo.

Era impensable seguir la pista de los capuchinos en el manglar, dado que se mueven en la maraña de raíces aéreas con una rapidez que no podríamos igualar. No obstante, dimos con una zona convenientemente despejada y bien provista de cangrejos, almejas y ostras, y allí nos apostamos, dispuestos a esperarles. Al cabo de un tiempo se presentó un tropel de capuchinos. Los más atrevidos del grupo metieron decididamente la mano en los orificios que tachonaban el fango. A algunos les sonreía la suerte y sacaban cangrejos... ¡pero los menos afortunados se retiraban precipitadamente con un chillido de dolor! Era un espectáculo fascinante. Sin embargo, la conducta que verdaderamente deseábamos filmar era la relacionada con el método que empleaban para localizar las almejas y zampárselas.

Los capuchinos se desplazaban siguiendo el flujo y reflujo de las mareas. Cada veinticuatro horas, el fondo cenagoso quedaba al descubierto aproximadamente cincuenta minutos más tarde

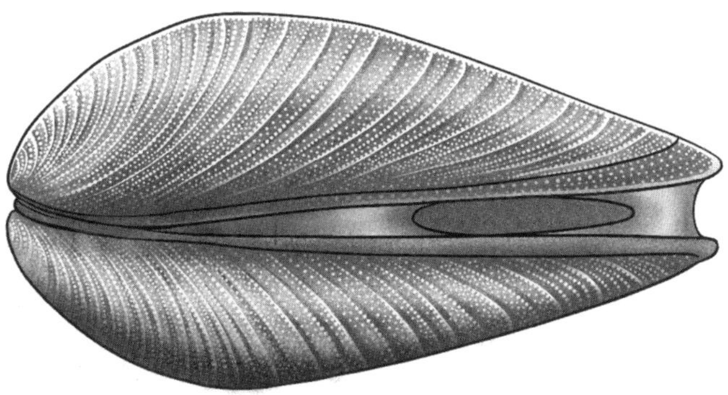

Las almejas tienen una fuerza enorme con relación a su tamaño. Tanto es así que su apertura no es cuestión de fuerza, sino de ingenio.

que el día anterior, y los monos ajustaban sus pesquisas a esa variación. Tras varias jornadas de rodaje comenzaron a hacer caso omiso de nuestra presencia, permitiendo que nos acercáramos para filmarles mientras exploraban el barro y descubrían el escondite de las almejas.

Los bivalvos cierran con tanta fuerza las dos mitades de la concha que ni siquiera un hombre consigue abrirlas sin la ayuda de un cuchillo u otra herramienta similar. Pero los capuchinos han ideado una manera de llegar a la carne del molusco. En cuanto se hacen con un ejemplar, lo colocan en una rama —elegida por su forma adecuada— y comienzan a golpearlo repetidamente. Al final, la almeja acaba tan cansada que tiene que relajar el músculo que la protege y el capuchino logra abrir la concha. Los monos más jóvenes aprenden esta técnica observando con toda atención a los mayores y practicando después una y otra vez. Algunos no alcanzan a pillarle el truco, pero la mayoría sale airosa del envite, así que el comportamiento se mantiene de generación en generación.

Aun así, está claro que no todas las almejas son iguales, y de hecho asistimos a situaciones en las que el tiempo necesario para agotar al molusco fue tan prolongado que la marea volvió a subir antes de que el primate consiguiera culminar el trabajo. No obstante, en esos casos el capuchino en cuestión parecía tener plena conciencia tanto del notable esfuerzo que ya había realizado como de que la perseverancia podría obtener recompensa, puesto que al retirarse ante el avance de la marea aprovechaba la marcha para seguir asestando porrazos a la almeja contra todas las raíces que le salían al paso.

D. A.

Entre dos mundos

Hay un lugar en el que los tiburones sobrenadan las huellas de los tigres. Dos superdepredadores en la intrincada maleza de un mismo bosque, separados por el arco orbital de la Luna y el pulso de la marea que barre el fangoso terreno, animada a su vez por la gravedad del satélite. Allí donde las poderosas aguas del Ganges, el Brahmaputra y el Meghna confluyen para formar el mayor delta del planeta, que vierte en la bahía de Bengala, se encuentra el archipiélago de los Sundarbans, un conjunto de islas repartidas, casi a flor de agua, en los diez mil kilómetros cuadrados de manglares que se aferran a esos puntos de sujeción isleños.

Los manglares tienden sin dificultad un puente entre dos reinos extremadamente distintos. En la bajamar, los árboles, frecuentemente provistos de largas raíces aéreas, despuntan por encima del suelo, en el que unas veces domina el cieno y otras la arena, creando un bosque intermareal que es posible recorrer a pie. Sin embargo, todos los días, con el ascenso del agua, el esponjoso terreno se convierte en océano. Las plantas que viven en este entorno son un milagro evolutivo, ya que poseen la facultad de medrar pese a tener que encajar uno de los cambios diarios más extremos que puedan darse en cualquiera de los hábitats del planeta.

Los Sundarbans son verdaderamente una de las maravillas del mundo natural y albergan numerosas especies marinas amenazadas en el resto del globo, como la marsopa sin aletas, el delfín del Irawadi y la tortuga olivácea, por no hablar de los gatos pescadores y las nutrias lisas. Más de cuatrocientas especies de pájaros disfrutan del festín que les ofrece la abundante población de insectos, peces pequeños y plantas de fruto, mientras que un sinfín de cangrejos actúan como miles de ingenieros zapadores del ecosistema, pues no en balde devoran las hojas muertas, reciclan los nutrientes, excavan túneles y remueven el suelo y los sedimentos, oxigenando con ello el substrato forestal. Y aún abundan más, pese a no suscitar excesivas reverencias, los copépodos, un tipo de crustáceo diminuto que boga a la deriva, según el capricho de las mareas. A semejanza del zooplancton, flotan sin rumbo mecidos por la columna de agua, dado que son demasiado pequeños para poder permitirse el lujo de avanzar en una dirección precisa. Prosperan en cientos de millares en ese cálido medio salobre y, de hecho, en algunos puntos forman enjambres tan densos que el agua misma parece adoptar tonalidades ahumadas. Puede que no sean las criaturas salvajes que muchos imaginamos cuando nos representamos la región de los Sundarbans, pero el impacto de estos minúsculos crustáceos en nuestra existencia es tan relevante que no resulta exagerado decir que no guarda proporción alguna con su tamaño.

Durante miles de años, tanto las comunidades locales como los emperadores mogoles dejaron que el archipiélago de los Sundarbans evolucionara libremente, pese al atractivo de sus nutridos bancos de peces. Las inundaciones cotidianas, unidas a la malaria y a las dificultades que presenta la navegación en una maraña forestal erizada de trampas vegetales, creaban unas condiciones demasiado hostiles para que nadie se animara a internarse en esos pagos. A finales del siglo XVIII, sin embargo, la Compañía Británica de las Indias Orientales comenzó a fraguar planes muy distintos. En tan solo unas cuantas décadas, sus agentes talaron los bosques de mangles en varios cientos de kilómetros cuadrados —con la vista puesta, obviamente, en desarrollar la agricultura—. Se levantaron riberas formando bancos de arena, se desviaron corrientes de agua y se crearon asentamientos. Como resultado de todas esas alteraciones, los copépodos, con su reducido tamaño de apenas un milímetro de longitud, empezaron a penetrar en el organismo de los seres humanos: bastaban unas pocas gotas de agua para infectarse (ingeridas quizá al enjuagarse la persona el rostro con el fin de mitigar el sofocante calor). El problema no emanaba de los copépodos en sí mismos, sino de las bacterias del género *Vibrio* que esos minúsculos crustáceos acumulan en sus tejidos interiores y exteriores. En un primer momento, los bacilos no tenían excesivo impacto, pero con el tiempo la repetida exposición permitió que los microbios se adaptaran a su nuevo entorno y desarrollaran la capacidad de infectar a sus huéspedes humanos. La infiltración se convirtió en una zoonosis, es decir, en una enfermedad susceptible de ser transmitida del animal al hombre.

No hay duda de que la dolencia tuvo que ser una experiencia horrible. Mucha gente debió de pagarlo con la vida. Aun así, no preocupó a nadie fuera de los límites de los Sundarbans. Más tarde, sin embargo, corriendo el año 1817, el vibrión evolucionó hasta el punto de poder provocar infecciones directas de humano a humano sin necesidad de pasar previamente por el reservorio intermedio que le habían venido proporcionando los pequeños copépodos. Eso permitía la propagación de la enfermedad, y con gran rapidez. En solo unos meses, el *Vibrio cholerae* desató una ola de muerte y terror en miles de kilómetros a la redonda. Poco después, el cólera colonizaba buena parte del mundo. Un simple brote se transformó velozmente en la primera pandemia de alcance global.

Los manglares dan cobijo a un ejército de criaturas fascinantes, pero la auténtica maravilla son los árboles mismos. Pese a que exista una familia vegetal formada por plantas conocidas con el nombre de mangles, al hablar de manglares nos estamos refiriendo en realidad a la espesura que forma la amplia variedad de árboles y arbustos capaces de crecer en este entorno. Una de las características interesantes de los sistemas que rigen los manglares es el hecho de que todos los bosques de este tipo cuenten habitualmente con muy pocas especies de árboles, pero faciliten en cambio el desarrollo de una nutrida multiplicidad de especies silvestres. En realidad, algunos de los bosques de mangles que presentan mayor biodiversidad contienen menos de cinco especies de árboles. Esto contrasta con otros tipos de bosques presentes en las mismas latitudes, que por regla general albergan una considerable pluralidad de especies vegetales.

Según el método de clasificación que uno elija, hay en todo el globo entre setenta y ochenta especies de árboles susceptibles de formar manglares. Todas ellas pertenecen a grupos taxonómicos distintos, pero han desarrollado adaptaciones similares para poder sobrevivir en unas condiciones tan difíciles. Constituyen, en conjunto, uno de los hábitats más importantes del planeta, ya que son cruciales para la vida, tanto terrestre como acuática.

Lo habitual es que los manglares crezcan en los trópicos y en un entorno extremadamente salino, tanto que las demás especies vegetales perecerían si se vieran expuestas a una situación similar. Toda la vegetación que sobrevive a esas concentraciones de sal ha perfeccionado fórmulas evolutivas muy ingeniosas para hacer frente a la presencia de cloruro sódico en el agua. Si alguna vez se ha sentido usted lo suficientemente motivado como para darle un lametón a una hoja de mangle (lo que no es aconsejable, dado que algunos son tóxicos), lo más probable es que haya percibido su acusado sabor salado. Esto se debe a que muchos tipos de mangles extraen la fracción dulce del agua de mar y se libran de la sal por secreción, cosa que logran gracias a las glándulas que poseen en las hojas. Otras especies optan por filtrar la sal tan pronto como penetra a través de las raíces, y unas cuantas han desarrollado incluso la curiosa táctica evolutiva de enviar la sal a la corteza o a las hojas marchitas, de modo que, al desprenderse de la envoltura y la hojarasca, la sal desaparece.

Muchos mangles, además, tienen raíces aéreas, que, hallándose fijas en tierra, crecen no obstante por encima del suelo. Estas estructuras adoptan muy diversas formas, y así pueden asemejarse a una maraña de zancos, de lápices, de cintas, de extremidades acodadas, de estacas y hasta de hongos. En un gran número de casos se trata de unas raíces especiales con función respiratoria, ya que poseen poros que permiten que el oxígeno penetre en el sistema radicular, con lo que la planta compensa la escasa oxigenación del cieno en el que crece. Algunos árboles disponen de raíces aéreas capaces de cumplir otro cometido más: el de ensanchar la base del árbol y hacer que el tallo principal resista la fuerza de la marea. La madeja de raíces también reduce la velocidad del agua que inunda periódicamente el bosque, lo que su vez provoca el asentamiento del limo en suspensión. Más tarde contribuirán también a consolidar esos sedimentos y a conseguir que se transformen en un barro espeso que, en ocasiones, alcanza un espesor de varios metros y captura por tanto enormes cantidades de carbono.

Los manglares crean así un sistema dinámico. Pueden expandirse en ciertas zonas y retraerse en otras, incluso en ausencia de toda intervención humana. Con el tiempo, el lodo que queda atrapado entre sus raíces puede terminar convirtiéndose en terreno firme. Cada pleamar añade una pequeña capa de sedimentos, así que el grosor de los estratos de cieno aumenta hasta acabar transformándose en suelo sólido. En ese momento, aparecen otras especies de plantas en sustitución de los mangles, generándose en consecuencia un nuevo pedacito de espacio forestal convencional allí donde en otra época solo podía medrar el manglar.

Algunos humedales costeros albergan tanto marismas de agua salobre (es decir, ecosistemas capaces de tolerar elevados índices de salinidad y cubiertos de pastos, juncos y plantas herbáceas) como manglares. Lo interesante es que, según sean las condiciones, como por ejemplo las diferencias de temperatura, uno de esos dos ecosistemas acabará por dominar al otro. De esta forma, los humedales de la costa se transforman de manera natural, pasando de llanuras marismeñas a manglares y de manglares a bosques terrestres. Esto significa que no todos los bosques de mangles desaparecen por la acción humana, y que los casos en que se recuperan o reaparecen tampoco son invariablemente fruto de un programa de restauración artificial. Dicho esto, y a pesar de que los registros que documentan estos cambios sean imperfectos, las estimaciones sugieren que, en el transcurso del siglo pasado, los seres humanos hemos destruido alrededor del 50% de los manglares, y que la mitad de los ecosistemas basados en el mangle se encuentran «en riesgo de colapso», según la clasificación que figura en la Lista Roja de Especies Amenazadas de la Unión Internacional para la Conservación de la Naturaleza.

Los avances del seguimiento por satélite nos han permitido tener una imagen mucho más clara de la extensión actual de los bosques de mangles. Cerca del 15% de las franjas litorales del mundo están cubiertas de manglares, lo que quiere decir que su extensión ronda los ciento cincuenta mil kilómetros cuadrados. Las mayores concentraciones de esta clase de ecosistemas se encuentran en Indonesia, Brasil, Australia, México, Nigeria, Malasia, Birmania, Bangladés, Cuba y Papúa Nueva Guinea. Desde el año 1996, hemos perdido 11.700 kilómetros cuadrados de estos bosques y ganado 6.455. En los últimos diez años, la tasa de deforestación ha descendido de forma espectacular, y según los datos de las Naciones Unidas, más del 40% de los manglares que todavía existen en el planeta están hoy protegidos. Pese a que sigamos quedándonos sin bosques de mangles, da la impresión de que la tendencia se ha invertido.

La otra característica clave de todo manglar es obra del océano, o, para ser más exactos, de las mareas. En algunas zonas, la amplitud de marea es extremadamente reducida —de un solo metro, nada menos—, pero en otras puede ser mucho más acusada, lo que da lugar a la aparición de bosques muy distintos. La mayor parte de los manglares se inundan dos veces al día, aunque algunos se hallan situados en espacios de marea diurna,* con lo que solo tienen una marea alta y una baja cada veinticuatro horas. De este modo, el hábitat de los manglares, increíblemente fecundo, es en realidad doble, uno marino y otro terrestre, así que está habitado por dos tipos de pobladores, cada uno de los cuales ocupa su particular nicho en estas espesuras, turnándose cíclicamente al toque de campana del cambio de marea.

En su condición de hábitat marino, el lento movimiento del agua y la intrincada jungla de raíces se combinan hasta constituir una perfecta guardería. Dado que la mayor parte de los manglares crecen en los trópicos, hay ocasiones en que se hallan cerca de los arrecifes de coral. Las últimas investigaciones han mostrado que, en tales casos, la supervivencia del bosque de mangles es crucial para la supervivencia del escollo coralino, puesto que muchas de sus más destacadas especies pasan la etapa juvenil en los manglares y no regresan al arrecife hasta alcanzar el pleno desarrollo. Con su metro y pico de longitud, el pez loro arcoíris es el mayor

* La formación de las mareas responde a los efectos gravitacionales de la Luna y el Sol. En los océanos, la atracción lunar provoca «protuberancias» en las masas de agua (y consiguientemente zonas de menor nivel, puesto que el mar se desplaza a las partes del globo que se hinchan). Los «abultamientos» provocan mareas altas, mientras que las regiones que transfieren el agua experimentan mareas bajas. Ahora bien, sabiendo que la órbita de la Luna forma un ángulo con la Tierra, está claro que algunas áreas quedan fuera de la parte crecida: en ellas solo hay una marea alta y una baja al día, y eso es lo que recibe el nombre de «marea diurna». *(N. del T.)*

pez herbívoro del Caribe, y como voraces vegetarianos los ejemplares de esta especie son vitales para la buena salud de los arrecifes de la región, dado que se pasan la mayor parte del día comiendo algas que, de lo contrario, terminarían cubriendo los corales. Los estudios efectuados han mostrado que los alevines dependen muy notablemente de los manglares, por lo que son muy pocos los peces loro adultos de los arrecifes caribeños que no dispongan de un bosque de mangles en las inmediaciones. Las formas juveniles de las tortugas y los tiburones también eligen preferentemente los manglares por constituir un buen refugio, dado que el reducido espacio que queda entre los intersticios de la enmarañada red de raíces dificulta extraordinariamente los movimientos de los grandes depredadores marinos.

Con todo, estos bosques de mangles no son solo para los ejemplares más jóvenes. En El Salvador, los pescadores cuentan que las tortugas carey (una especie que se halla en grave peligro de extinción) están optando por anidar en la tierra firme que queda entre los estuarios cubiertos de manglares. Esta conducta no solo se consideró extremadamente inusual, sino más que improbable, puesto que se creía que la tortuga carey estaba prácticamente extinta en esa región. Sin embargo, los pescadores estaban en lo cierto, y el descubrimiento fue motivo de una intensa emoción, puesto que no solo venía a confirmar el valor de los bosques de mangles, sino también la relevancia del conocimiento y la experiencia profesional de los habitantes locales de esa o cualquier otra zona. En la actualidad, se ha comprobado la existencia de varios de esos nichos de nidificación, lo que ofrece nuevas esperanzas a esa especie tan críticamente amenazada.

Como ya hemos comentado, algunos bivalvos como la almeja y la ostra se hallan presentes en todo el espacio que abarca la carrera de marea. Al ser animales filtradores, prosperan muy bien en estas aguas, que además de estar repletas de nutrientes cuentan con un elevado contenido de sedimentos. Esa es la razón de que abunden en cualquier bosque de mangles. De hecho, es muy habitual ver las raíces de los árboles cubiertas de racimos de ostras, o encontrar grandes colonias de almejas en el cieno o pegadas a las peñas y los troncos.

Al retirarse la marea y recuperar el bosque el suelo firme, aparece sin embargo una nueva comunidad. Como el horario de la marea tiene una variación diaria de unos cincuenta minutos (puesto que el influjo de la Luna se repite cada veinticuatro horas y cincuenta minutos), muchas de las especies que se instalan en los manglares han de ajustar sus pautas de conducta a fin de poder explotar los recursos que les ofrece la bajamar. Los murciélagos pescadores abandonan sus guaridas y, lanzándose en picado, se dedican... a pescar, claro está. Los flamencos buscan crustáceos e insectos, los cangrejos arborícolas de los mangles descienden de las ramas más altas para hurgar entre la madeja de raíces, y también los cérvidos como el chital moteado, en los manglares de la India, o el venado cola blanca en los de Florida, acuden a ramonear. De hecho, en los Sundarbans, el tigre de Bengala sigue los pasos de los grandes mamíferos, listo para saltar sobre sus principales presas, el chital y el jabalí, aunque se haya observado que estos felinos también devoran cangrejos y peces, ya que, en una clara adaptación a este insólito escenario forestal, han modificado igualmente su comportamiento.

No obstante, el caso más sorprendente de todos es, quizá, el de la rana cangrejera. Como es obvio, resulta verdaderamente asombroso descubrir a un sapo alimentándose de cangrejos, pero lo más pasmoso de todo es el lugar en el que los engulle. Es raro que los anfibios vivan en entornos de agua salada, dado que al tener una piel permeable no consiguen regular fácilmente los niveles de sus fluidos corporales. Si colocamos a uno de estos vertebrados en agua de mar, los líquidos internos del animal se extravasarán, con lo que se desecará por dentro y morirá rápidamente. Sin embargo, la rana comedora de cangrejos del Sudeste Asiático ha encontrado una notable solución a este problema. La fórmula que utiliza para conseguirlo sigue envuelta en el misterio, pero sabemos que este tetrápodo es capaz de retener la urea, es decir, el producto de desecho que generan muchos animales (y el principal componente de la orina humana). Con ello, las características químicas de los fluidos internos de la rana se vuelven bastante parecidas a las del agua de mar, lo que a su vez le permite vivir tranquilamente en el hábitat de los manglares. En cualquier caso, lo que hace que este truco resulte todavía más llamativo es que los niveles de urea a los que llega el cuerpo de la rana... ¡serían suficientes para matar a la mayor parte de los animales! Esta adaptación, tan ingeniosa como desconcertante, hace que la rana cangrejera, a diferencia de la mayoría de sus competidores, pueda explotar los abundantes recursos de los manglares.

Los bosques de mangles constituyen también una importante fuente de alimentos para nosotros. Son millones los pescadores que dependen de ellos, y no solo como lugares en los que mariscar, sino también porque muchos de los peces que capturan en alta mar han crecido en los manglares. En estos espacios a caballo entre el mar y la tierra se obtienen buenas cantidades de almejas, ostras y peces, y de hecho hasta puede recolectarse miel. Es tal la riqueza de estas espesuras que las comunidades cercanas consiguen volúmenes de comida relativamente amplios de forma sostenible. En realidad, hay regiones de Sudamérica en las que se ha desarrollado todo un folclore gastronómico y cultural en torno a la concha negra y el cangrejo rojo.

Aun así, es muy posible que el valor más destacable de los manglares para los seres humanos provenga de la protección que nos ofrecen frente a las inundaciones y el cambio climático. Hay pruebas claras de que, en 2004, los devastadores efectos del maremoto del Océano Índico se amortiguaron parcialmente en las zonas que conservaban espacios con manglares sanos, lo que evitó sin duda la pérdida de un sinfín de vidas y hogares. La densa y entrelazada maraña vegetal de los bosques de mangles también reduce otros episodios de anegamiento, ya que ralentiza y disipa el empuje de las marejadas ciclónicas. Por consiguiente, la simple existencia de los manglares protege la integridad de millones de casas y disminuye los daños materiales de forma muy considerable (entre 65.000 y 82.000 millones de dólares todos los años, según las estimaciones). Y por si esto fuera poco, no necesitan mantenimiento: de hecho, si se les deja en paz, ellos mismos se repueblan y extienden de forma tan sencilla como eficiente. Si tenemos en cuenta que el cambio climático no solo está aumentando la temperatura de los océanos, sino también incrementando el nivel del mar y alimentando tormentas cada vez más intensas y frecuentes, resulta bastante evidente que necesitamos recuperar los manglares cuanto antes.

Los bosques de mangles pueden mitigar asimismo el desbocado ritmo del cambio climático. El papel que desempeñan en cuanto a almacenamiento y extracción de dióxido de carbono es de alcance global. Por término medio, una hectárea de manglar secuestra unas 907 toneladas de carbono. Si hacemos una comparación, observaremos que los bosques boreales almacenan 350 toneladas por hectárea, los espacios forestales templados 340 toneladas por hectárea, y las tierras altas de los trópicos menos de 300 toneladas por hectárea.

Una vez más, lo que los convierte en ecosistemas sumamente eficaces en la captación y almacenamiento de carbono es su naturaleza dual, a un tiempo terrestre y marina. Como cualquier otro bosque, el crecimiento de los árboles y los arbustos absorbe dióxido de carbono de la atmósfera en el transcurso de la fotosíntesis. Dicha absorción se produce a través de las hojas; después el carbono se utiliza y se almacena en la porción leñosa de la planta al crecer, y finalmente se libera oxígeno, que es el «residuo» de este proceso metabólico. En los bosques de mangles es frecuente que

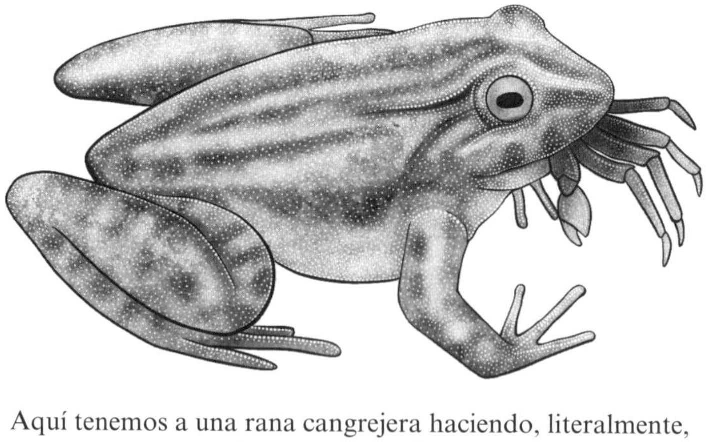

Aquí tenemos a una rana cangrejera haciendo, literalmente, honor a su nombre.

El ángel de mar es
una de las muchas criaturas
que abundan en las frías
y fértiles aguas del
Océano Ártico. Se trata de
un depredador formidable,
pese a sus modestas
dimensiones: su longitud
es de uno o dos centímetros.

Una manada de narvales se reúne en una quebradura de la banquisa de Nunavut, en el Ártico canadiense. Esta zona ha sido recientemente definida como la Última Región Helada, ya que, según las previsiones, el paulatino calentamiento del planeta podría convertirla en el último punto del Ártico en

perder su gélida cobertura estival. Nunavut también alberga dos enormes áreas marinas protegidas, un logro pionero cuya administración corre a cargo de la población inuit.

Un grupo de morsas se solaza a corta distancia de la isla ártica de Spitsbergen. Por regla general, estos grandes mamíferos se sirven de sus fuertes colmillos para auparse a la banquisa y descansar así entre una y otra expedición de caza. Por desgracia, cada vez se las ve con mayor frecuencia en las playas, en las que se congregan en enorme número, debido a la disminución de las placas de hielo marino de grosor suficiente como para sostener los mil quinientos kilos de peso de cada uno de estos ejemplares.

Las orcas se cuentan entre los cazadores más inteligentes y versátiles del océano. Al menguar el hielo marino del Ártico, estos cetáceos consiguen penetrar actualmente en regiones que antes les estaban vedadas, en las que dan caza a presas diferentes y compiten con otros depredadores.

Un bosque de mangles de los Emiratos Árabes Unidos. Esta vista aérea muestra la capacidad que tienen los manglares de prosperar en condiciones de elevada salinidad. Esta facultad no solo les permite proporcionar hábitats vitales tanto a las especies marinas como a las terrestres, sino proteger asimismo de las inundaciones a los asentamientos costeros.

Dos jóvenes tiburones limón (*Negaprion brevirostris*) recorren la linde de un manglar en las Bahamas. Es probable que, en su fase embrionaria, los escualos tuvieran su guardería en estos mismos parajes, hallando en ellos refugio durante las primeras fases de su ciclo vital. Ahora, pese a haberse convertido ya en ejemplares juveniles de dimensiones excesivamente grandes

para desenvolverse con facilidad en la característica maraña de raíces de este entorno, los tiburones regresan periódicamente al manglar para alimentarse en sus aguas más profundas y en los canales más anchos que median entre las plantas.

Un pez del fango reposa en el bosque de mangles del archipiélago de los Sundarbans, en la bahía de Bengala. Al ser un animal anfibio, capaz de «caminar» en tierra y de absorber asimismo el oxígeno del agua, la adaptación del pez del fango es ideal para el universo dual de los manglares. De hecho, se les ha llegado a observar trepando por las raíces de la vegetación de este particular bosque.

las raíces, las hojas y los troncos muertos queden enterrados y permanezcan cubiertos en el suelo pobre en oxígeno, lo que secuestra el carbono almacenado. Además, las ingeniosas estructuras radiculares también pueden capturar el carbono «exterior» que no forma parte del ecosistema que conforman. Las raíces aéreas ralentizan el fluir del agua y actúan como una red que retiene a la perfección los trozos de algas y hierba marina que arrastra la marea, con lo que, en lugar de pudrirse en la orilla y liberar el carbono que han almacenado, esos restos quedan depositados junto con el limo hasta formar un rico lodo en el que hormiguean cangrejos, gusanos, bacterias, nematodos y otras muchas criaturas que, en conjunto, descomponen la materia orgánica y forman uno de los suelos más ricos en carbono de todo el planeta.

Tanto la riqueza como la biodiversidad de los manglares contribuye a aumentar aún más su capacidad de almacenar carbono. Hasta las heces de los peces vienen a añadirse a este gran supersumidero de carbono. Muchos peces capturan el carbono orgánico al ingerir alimentos vegetales, como las algas. Tras defecar y retirarse la marea, sus desechos se hunden en el cieno y actúan a manera de fertilizante, lo que a su vez potencia el crecimiento de los árboles, con lo que se extrae todavía más carbono de la atmósfera. Además, debido a las características del limo que se acumula al pie de los bosques de mangles —poco oxigenado, muy salino y permanentemente empapado—, la descomposición del carbono orgánico puede producirse con gran lentitud, lo que significa que el carbono se almacena durante mucho más tiempo. En los manglares de Belice, se descubrió que las capas profundas del barro de los manglares se habían transformado en turba, y que los estratos más hondos, situados nada menos que a diez metros de la superficie, tenían una antigüedad superior a los seis mil años.

El mundo necesita tener manglares. Cuantos más logremos proteger, y cuanto mayor sea el número de los que dejamos recuperarse, mejor. En algunos lugares será demasiado tarde para que resurjan los bosques de mangles, ya que su antigua área de distribución habrá sido cubierta de cemento para levantar viviendas, puertos y otros elementos. Pero, afortunadamente, hay un gran número de sitios que un día estuvieron poblados de mangles y en los que sí existe la posibilidad de recuperarlos (siempre que haya incentivos adecuados en tal sentido). De hecho, un estudio global realizado en 2018 señaló la presencia de 8.120 kilómetros cuadrados de hábitats potencialmente favorables a los bosques de mangles y propicios al repoblamiento de ecosistemas basados en este tipo de árboles.

Habrá casos en los que se revele necesario que las comunidades locales o las organizaciones conservacionistas comiencen activamente este proceso, quizá eliminando las barreras que impiden el paso de las mareas o tal vez abriendo canales que permitan al agua de mar reproducir las condiciones propias del litoral marino, lo que preparará la costa para el posterior crecimiento de los mangles y eliminará la vegetación competidora. Aun así, la compleja biología de los manglares los convierte en candidatos idóneos para la recolonización natural. La propia naturaleza de su entorno es de índole dinámica. Buen ejemplo de ello es el hecho de que los cambios que experimentan los sedimentos arrastrados por los ríos puedan conseguir que una zona entre en transición y pase de ser un humedal a convertirse en una llanura mareal y, finalmente, en un ecosistema formado por mangles. Así que las especies de árboles que prosperan en los manglares también son expertas en colonizar nuevos hábitats potenciales, al menos siempre que tengan ocasión de hacerlo.

Por si fuera poco, las semillas de algunos mangles han desarrollado un conjunto de ingeniosas características que facilitan su propagación. Germinan sin desprenderse del árbol, y a menudo se convierten en plántulas estando todavía adheridas, así que se encuentran listas para echar raíces desde el instante mismo en que caen. Algunas emiten tallos lanceolados que llegan a alcanzar los 70 centímetros hallándose aún en la planta matriz, de modo que al perder su anclaje se hunden directamente en el barro y hacen un uso inmediato de su capacidad de crecimiento. Y dado que las probabilidades de caer en agua o en tierra son aproximadamente iguales, muchas de estas semillas también pueden flotar, lo que les permite viajar hasta alcanzar aguas lo suficientemente someras para poder hincarse en el barro y crecer. Por supuesto, no todas tendrán la suerte de llegar a una costa dotada de un hábitat perfecto para los mangles, pero habrá bastantes que lo consigan (las suficientes para que dichas aptitudes constituyan una ventaja evolutiva en esta especie).

En el actual momento de la historia humana, presidida por necesidades apremiantes, como las de restaurar la naturaleza, moderar el calentamiento global y protegernos de las violentas tormentas que alimenta ese mismo incremento general de las temperaturas que nosotros mismos hemos creado, los manglares son un aliado ideal. Allí donde les permitamos perdurar o volver a crecer, ofrecerán alimento y defensa frente a las inundaciones y favorecerán la reproducción y recuperación de innumerables especies marinas, ayudándonos simultáneamente a reducir nuestra huella de carbono y a restablecer el equilibrio de nuestro planeta.

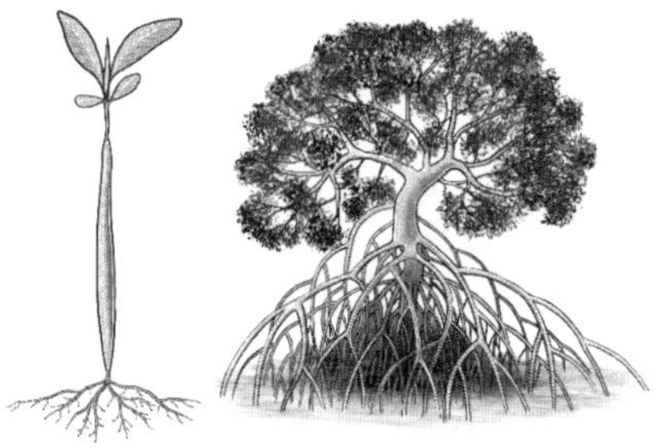

Golfo de Nicoya, Costa Rica

Ana Guzmán se encontraba en la linde de una plantación de caña de azúcar que limita con el golfo costarricense de Nicoya. Tanto desde el punto de vista personal como desde su perspectiva de bióloga marina, Guzmán se enorgullecía del programa de restauración de la naturaleza que su país había puesto en marcha, aclamado en todo el mundo. En los últimos cuarenta años, sus nimbosilvas o bosques nubosos, su abundante población de aves, y el fomento del ecoturismo habían venido convirtiéndose en un escaparate global capaz de demostrar que un país puede desarrollar su economía y sus servicios públicos sin dejar de proteger y restaurar al mismo tiempo sus maravillas naturales. La muy costarricense expresión de «¡pura vida!», entendida en sentido literal, ha terminado por evocar de forma inmediata el espíritu de su nación.

Si esa fama consiguió cuajar fue debido al amplio número de pruebas que avalaban esa imagen. No era difícil encontrar ejemplos de restauración forestal comparables a los mejores del mundo, o comunidades que prosperaban mediante la creación de empresas orientadas a trabajar con la naturaleza y no contra ella. Los científicos y los productores cinematográficos dedicados a rodar escenas de la vida silvestre se daban cita en este pequeño país centroamericano para examinar y documentar la asombrosa recuperación del universo natural. En el plano internacional, la exministra del gobierno costarricense, Christiana Figueres, había negociado poco antes, en 2015, el histórico Acuerdo de París para la reducción de las emisiones de gases de efecto invernadero. Lo había logrado en parte mediante hábiles gestiones diplomáticas, pero seguramente su posición también se había visto reforzada por la legitimidad derivada del buen ejemplo de su país de origen.

Los costarricenses se habían ganado a pulso el derecho a sentirse orgullosos de lo conseguido, pero Guzmán sabía que eso no quería decir que la labor hubiera culminado. Dejando a un lado el hecho de que las reservas naturales de Costa Rica se encontraran entre las más importantes del mundo y figuraran en las mejores rutas turísticas, lo cierto era que el país y sus ciudadanos seguían padeciendo los errores del pasado. En el punto en el que se hallaba, al borde mismo de una plantación de la provincia de Puntarenas, aquella noción de «¡pura vida!» parecía una quimera lejana. Los manglares no habían sido objeto de las atenciones reservadas a las selvas tropicales o los bosques nubosos. De hecho, entre los miembros del movimiento conservacionista todavía había muchos que parecían entender que los «manglares» estaban compuestos por una única especie arbórea.

Situada en la zona climática tropical que más conviene a los bosques de mangles, Costa Rica conserva aún cincuenta y dos mil hectáreas de ecosistemas de manglares y ha identificado otras catorce mil hectáreas con buenas cualidades potenciales para la restauración de este tipo de entornos, entre las que se encuentran algunos terrenos de la propia región de Puntarenas. En esta provincia de la fachada oriental del golfo (una ensenada de noventa kilómetros de longitud que separa la península de Nicoya del continente), existe un hábitat ideal para los manglares: el estuario de Puntarenas. Las cálidas aguas saladas del Pacífico barren toda esta zona baja dos veces al día al ritmo de las mareas del golfo de Nicoya, aunque las tierras solo quedan sumergidas en aquellos puntos en que la carrera mareal alcanza su nivel más alto, lo que crea un equilibrio perfecto en el que los manglares prosperan, pero la vegetación competidora muere. Todos los indicios sugerían a Ana que se encontraba en un paraje privilegiado para el desarrollo de los mangles, ya que las condiciones propiciaban de manera idónea su arraigo, crecimiento y difusión. Sin embargo, el conjunto de lo que alcanzaba a ver a su alrededor era simplemente devastador.

En épocas todavía recientes, los bosques de mangles de este espacio lo habían protegido de las recurrentes marejadas ciclónicas que generan las temperaturas tropicales de los sistemas climáticos del Pacífico. En él no solo tenían su criadero de alevines cerca del 80% de las especies piscícolas que capturaba la población local (como las corvinas, los pargos y los bagres, entre otras), también habían sido el hogar de muchos de los más célebres animales de la fauna terrestre y marina de Costa Rica, incluidos los monos capuchinos, el caimán, el perezoso y hasta la tortuga marina. Ahora, sin embargo, la mayor parte de los manglares habían desaparecido o se hallaban en malas condiciones. Los sedimentos habían colmatado los canales de agua y el suelo se elevaba cerca de tres metros sobre el nivel del mar, y debido a ello las mareas diarias no lograban penetrar ya entre las raíces aéreas. La caña de azúcar de una plantación de las inmediaciones había invadido poco a poco el espacio de los mangles y pasado a cultivarse ilegalmente en algunos de los terrenos «recuperados», aunque esa actividad agrícola se debiera más a la apatía que a la decidida voluntad de quienes la practicaban.

Ana Guzmán había dedicado toda su carrera a sus trabajos de biología marina, y se había especializado en las zonas de pesca y en la conservación. Siendo niña, su familia, instalada en San José, la capital del país, adquirió la costumbre de visitar la costa, lo que encendió en ella una fascinación que la indujo a formarse y estudiar la vida marina. No obstante, al llegar el momento de empezar una carrera universitaria, Guzmán decidió no limitar precipitadamente su visión con una especialidad y prefirió aprender todo cuanto le fuera posible del mundo natural en general, sin postergar ni la genética ni la botánica. Al final, el atractivo del océano permaneció firme en su ánimo, y la joven pasó a centrar su atención en los ecosistemas marinos costarricenses. Solo más tarde caería en la cuenta de lo importantes que eran los conocimientos de botánica para proteger a los peces.

Le encantaba la pureza de la ciencia, pero todavía le maravillaban más las interacciones entre las comunidades costeras y las poblaciones piscícolas de las que dependen. Esto último le hizo comprender la crucial necesidad de la conservación del medio si se quería disponer de un puente capaz de salvar la distancia que separa el universo de los datos de la realidad existencial de las sociedades pesqueras. Estudió las dinámicas oceánicas, pero comprendió que, en ocasiones, la mejor manera de protegerlas consistía en abordar los problemas precisamente en el lugar mismo en que las olas tocan tierra. Y esa es de hecho la razón, como decía al principio, de que una experta en biología marina estuviera en un punto situado a dos kilómetros del mar, dispuesta a embarcarse en una misión llamada a ocuparla durante varios años.

A pesar de su envidiable trayectoria como país dedicado a la protección de otros hábitats, Costa Rica llevaba tiempo quedándose sin manglares. En los últimos sesenta años, el cantón de Puntarenas,* en el que se encontraba Ana Guzmán, había perdido 766 hectáreas de este tipo de espacios forestales, y todo indicaba que la situación iba a seguir deteriorándose. Nuestra bióloga se

* Téngase en cuenta que Puntarenas es el nombre de una ciudad, de uno de sus distritos, de un cantón y de una provincia de Costa Rica. *(N. del T.)*

preguntaba si la presentación de un futuro alternativo, en el que los manglares pasaran a considerarse valiosos, lograría que la comunidad local se animara a crear un modelo de recuperación que abarcase la totalidad del golfo de Nicoya y acaso consiguiera extenderse incluso al conjunto de la América Central.

El golfo de Nicoya es el mayor estuario de Costa Rica y uno de sus caladeros más relevantes. Situado en la costa del Pacífico, se considera que los ciento cincuenta kilómetros de su litoral son una de las regiones más críticas de toda Centroamérica para la supervivencia de los pájaros costeros. De hecho, los estudios estiman que más de veinte mil aves utilizan la región en la temporada migratoria. En su estado natural, la costa septentrional del golfo se compone principalmente de llanuras mareales y manglares, pero con el paso del tiempo la zona ha desarrollado espacios para la agricultura, la construcción de viviendas, y, en menor medida, para el turismo. La aportación de dos grandes ríos, el Tempisque y el Grande de Tárcoles, dota a sus aguas de una gran cantidad de nutrientes, con lo que el golfo es la fuente de sustento de un importante conjunto de poblaciones de peces de interés comercial y de los gigantes que habitan en las zonas pelágicas, como las ballenas jorobadas, que visitan la región de forma periódica. No obstante, la realización de estudios científicos durante varios años, todos ellos vinculados con las capturas pesqueras del golfo de Nicoya, ha permitido detectar que la mayor parte de las especies piscícolas se hallan en franco declive. Pese al hecho indudable de que la causa de ese estado de cosas se deba en parte a la sobrepesca, los biólogos marinos han ido percatándose poco a poco de la intervención de otro factor significativo: la destrucción de los bosques de mangles, donde muchas especies de peces realizan el desove y donde crecen sus alevines, gracias a la abundancia de comida y a la protección derivada de la escasa profundidad de esas aguas y de la maraña de raíces.

Al comprobar que el cambio climático estaba incrementando tanto la frecuencia como la intensidad de las tormentas, Guzmán y sus colegas de la rama costarricense del Movimiento de Conservación Internacional empezaron a enterarse de que varias comunidades de Puntarenas y otras regiones del golfo de Nicoya estaban padeciendo inundaciones. Y había un patrón claro: las colectividades costeras más afectadas eran precisamente las situadas en las zonas en que se habían destruido los manglares. Esto constituía una prueba clara de que la pérdida de los bosques de mangles no era solo un problema medioambiental: estaba incidiendo directamente en la existencia y los medios de vida de los habitantes del golfo de Nicoya. Aquella constatación podía suponer un punto de inflexión.

En 2018, el Movimiento de Conservación Internacional inició un programa de varios años de trabajo cuyos objetivos se centraban en una comunidad específica. El plan consistía en recuperar un pequeño bosque de mangles situado en la isla de Chira, en pleno golfo de Nicoya. Se plantaron más de dos mil quinientas plántulas y los resultados, pese a tratarse de un proyecto de magnitud relativamente pequeña, fueron espectaculares. Tras haber comprobado en primera persona lo adecuada que era la región para una restauración de esa índole, Guzmán puso todos sus esfuerzos en un proyecto mucho más ambicioso: el mayor programa de recuperación de manglares de la historia de Costa Rica, y uno de los más relevantes y extensos de toda Centroamérica. La bióloga sabía que las razones de que muchos de los proyectos de restauración de los bosques de mangles fracasaran en el conjunto del globo eran principalmente dos: la ausencia de estudios científicos de la región en que se preveía llevar a cabo la recuperación (con el consiguiente desconocimiento del tipo de plantas que podían prosperar o no en la zona), y el hecho de que la comunidad local no se implicara en el proyecto. Sin embargo, Ana Guzmán estaba decidida a resolver adecuadamente ambos obstáculos desde el primer momento.

Varios expertos del Movimiento de Conservación Internacional y del gobierno costarricense colaboraron durante meses hasta realizar un concienzudo estudio científico del hábitat propio de los manglares del golfo de Nicoya. El equipo se propuso establecer el alcance de las pérdidas, señalar los lugares en que solían crecer los mangles con anterioridad, determinar la situación de los que todavía existían, y averiguar las reservas de carbono que habían almacenado. Una de sus labores más trascendentales consistió en trabajar al mismo tiempo con las comunidades locales, a fin de catalogar y cuantificar los beneficios derivados de la persistencia de estos peculiares bosques. De ese modo confirmaron que los manglares costarricenses creaban unas condiciones de vida ideales para los moluscos, los camarones y los cangrejos: las mareas les aportaban alimento en abundancia, y el barro y las raíces les proporcionaban refugio. Dado que en un bosque de manglares saludable es posible coger estos valiosos mariscos de manera sostenible y en cantidades razonablemente grandes, quedaba claro que el entorno tiene la capacidad de proporcionar comida e ingresos fiables a las comunidades de las inmediaciones, y esto, además, a lo largo de todo el año.

Tras reunir los datos en su totalidad, los expertos estuvieron por fin en situación de diseñar un plan aplicable al conjunto del golfo de Nicoya y de indicar asimismo el punto en que la restauración pudiera tener mejores repercusiones. Se seleccionaron tres localizaciones que sumaban una superficie total de seiscientas hectáreas cuadradas: un pequeño pedazo de tierra de notable importancia biológica situado en las proximidades de la desembocadura del río Seco (una zona en la que, en otro tiempo, se habían talado los manglares con el objetivo de crear estanques destinados a la cría de camarones); una inmensa superficie lindante con el cañamelar creado junto al punto en que el río Aranjuez vierte sus aguas en el Pacífico, y un espacio, igualmente vasto, del extremo septentrional del golfo de Nicoya. En los tres emplazamientos se daban aquellos elementos cruciales que la investigación de Ana Guzmán había juzgado esenciales para la restauración positiva de un manglar. Todas las ubicaciones habían sido en otra época un bosque de mangles, así que poseían la capacidad potencial de prosperar de forma natural tan pronto como se eliminaran las barreras humanas y se pusiera en marcha el proceso de regeneración. Además, en los tres espacios había comunidades que se habían visto afectadas por la pérdida de sus manglares, y que por lo tanto estaban más que dispuestas a participar y a proteger de manera permanente esos ecosistemas renovados.

Restaurar los espacios forestales en que prosperan los manglares no consiste simplemente en plantar árboles y dejarlos crecer, ya que el método que mejor funciona consiste en dejar que sean los propios árboles los que repueblen un ámbito dado. No obstante, para prosperar, los manglares necesitan unas condiciones muy especiales. El suelo ha de tener unos niveles determinados de salinidad, inundación mareal, humedad y oxígeno. Es preciso recrear tanto los canales por los que penetran las mareas como el cauce de los ríos, y lograr que el agua, dulce y salada, se interne en tierra tal como lo haría en condiciones naturales, y, por si fuera poco, es necesario erradicar las especies invasoras, como ocurre en este caso con la caña de azúcar. Es imprescindible conseguir que reviva el suelo mismo, antes de pensar siquiera en hacer renacer los bosques.

Para tener éxito, esta iniciativa visionaria iba a requerir la cooperación de una amplia coalición de entidades. El gobierno era dueño de la tierra, así que una de las claves del proyecto pasaba por animarlo a ver una vez más las cosas a través de un prisma vanguardista, centrado en considerar que la naturaleza y la economía forman parte de un mismo sistema. Se había dotado al SINAC costarricense (es decir, al Sistema Nacional de Áreas de Conservación, una organización gubernamental constituida para administrar los parques nacionales, los espacios forestales y la vida silvestre, todo lo cual dependía anteriormente de tres organizaciones independientes) de la potestad legal de procurar la confluencia del Estado, la sociedad civil y la empresa privada con el fin de promover la materialización de proyectos tan ambiciosos como este. Se trata de un enfoque que genera debates favorables en muchos países, pese a que sean todavía pocos los que los hayan llevado a la práctica en medida comparable a la de Costa Rica.

Aun así, una cosa es tener detrás el apoyo de la ciencia, el gobierno y una organización conservacionista con buenos recursos, y otra muy distinta pensar que eso por sí solo garantiza el éxito: a lo largo de sus muchos años de experiencia, Guzmán había comprendido que el factor más importante radicaba en la colaboración de una comunidad local capaz de entusiasmarse con la idea, de actuar con motivación y de percibir que en ese proyecto estaban en juego sus propios intereses. Y así llegamos al punto en el que José Jesús López y Odilie Carrillo pasan a ser los héroes de la historia.

López recordaba haber correteado de pequeño por el manglar. Tanto para sus amigos como para él mismo aquella fronda silvestre era un espacio lúdico sumamente entretenido: con la bajada de la marea, se ofrecían a sus exploraciones los numerosos canales del bosque, por no hablar del sinfín de escondites que encontraban o de los obstáculos naturales que les permitían inventar juegos. Aquellos saberes infantiles iban a convertirse, muchos años después, en una herramienta vital para la restauración del manglar.

Los científicos del SINAC y los activistas del Movimiento de Conservación Internacional se dieron cuenta de que el mero hecho de replantar mangles en aquellos terrenos no iba a tener un final feliz. El mundo del conservacionismo está plagado de ejemplos de proyectos de recuperación fallidos debido a diversas equivocaciones, como la de plantar árboles inadecuados en un sitio en modo alguno idóneo para la correcta influencia de las mareas; la de hacerlo en un punto en el que las características del suelo no eran las precisas en el momento de la plantación, o incluso la de haber iniciado el plan sin contar con la participación de la comunidad, impidiéndose así el seguimiento continuado de la buena marcha del proyecto. Habían pasado décadas desde la última vez que un bosque natural animara la zona. No se disponía ya, por tanto, de los miles de años de evolución que habría exigido el surgimiento de unos canales de agua convenientes, capaces de permitir que el agua del mar fluyera de manera natural al ascender la marea, y al no existir esas vías inmemoriales de inundación el suelo había perdido gran parte de su salinidad. El superpoder que proporciona a los manglares la facultad de crecer en espacios en los que muy pocas plantas consiguen sobrevivir era justamente el que ahora planteaba el mayor desafío para Ana Guzmán y sus colegas.

Sabían que su primer objetivo consistía en rehabilitar las condiciones medioambientales del lugar. Pero ¿cómo abordar una tarea de estas características? Ni siquiera podían pensar en eliminar el enorme volumen de sedimentos que se había ido acumulando, elevando el suelo tres metros por encima del nivel del mar. Además, la consecuencia más clara de las décadas que esas porciones de tierra habían vivido sin manglares se concretaba en dos hechos: que el suelo carecía de la salinidad necesaria, y que se encontraba tan compactado que no permitía la adecuada circulación de la humedad y el oxígeno.

La única forma práctica de restaurar una zona tan amplia pasaba por reconectarla a un tiempo con el océano y con los restos, aún saludables, del bosque de mangles, y luego ayudar a que la naturaleza siguiera su curso. Si esto funcionaba, los flujos de agua mejorarían el suelo y permitirían que los propágulos del bosque sano (los «propágulos» son las partes de la planta susceptibles de crecer y convertirse en otras nuevas) se extendieran por la zona recién restaurada. Desde el punto de vista científico el plan tenía sentido, al menos sobre el papel, pero dada la gigantesca magnitud del empeño, el equipo organizador necesitaba tener la seguridad de que acabaría dando resultado.

El mayor problema era que desconocían cómo había sido el discurrir de los riachuelos y los estuarios en épocas pasadas, cuando la zona entera estaba dominada por el bosque de mangles. El rastro de los antiguos canales de agua era muy débil y apenas se distinguía, así que no sabían cómo comenzar a restaurarlos de forma que los procesos naturales (como el ir y venir de las mareas y la periodicidad de las lluvias) pudieran acelerarse y seguir su curso. Igualmente relevante era la necesidad de vincular con la zona degradada el bosque de mangles que todavía se conservaba. Si se equivocaban, no solo fracasaría la restauración, también podría alterarse el flujo de agua que daba vida a la floresta sana y, por tanto, dañar e incluso destruir los manglares aún existentes.

Se trataba de una restauración de alto riesgo, y efectuada además a una escala jamás intentada con anterioridad en Costa Rica.

Las imágenes por satélite les fueron de gran ayuda. Desde esas alturas orbitales, podían identificarse parcialmente los vestigios de las más importantes vías de agua históricas. El hallazgo de viejas imágenes aéreas les proporcionó un puñado de pistas más, pero la verdadera clave habría de provenir de José Jesús López, ya que él recordaba a la perfección la ubicación real de los antiguos canales.

López es un hombre de sonrisa fácil, y le entra la risa al constatar la ironía de que, siendo niño, se considerara que el bosque de mangles era un simple «pantano cenagoso carente de toda utilidad», y de que ahora, muchas décadas después, se vea en la tesitura de echar mano de sus recuerdos infantiles para hacer valer su papel en la asociación comunitaria y aportar su granito de arena a la recuperación del «lodazal». Ana Guzmán comenta que ese es precisamente el viraje que está teniendo que dar toda Costa Rica, y tal vez el mundo entero: «Solo después de haberlos eliminado hemos comprendido el valor de estos espacios naturales. Y ahora queremos darle la vuelta a la situación y rescatarlos», señala.

Tras combinar los recuerdos de José Jesús con las modernas fotografías satelitales se consiguió restaurar el mapa capaz de ponerlos sobre la pista del tesoro. La comunidad, el gobierno y los científicos acordaron el enfoque a seguir: habría que excavar nada menos que treinta y dos kilómetros de canales, y diez de ellos se encontraban en zonas tan sensibles y de tan difícil acceso que resultaría imperioso realizar las obras a mano.

Así recuerda Ana Guzmán el proceso:

> Las primeras en presentarse fueron las mujeres. Habían comprendido la importancia de partir de cero, de nutrir de nuevo el ecosistema depauperado y de asumir un compromiso a largo plazo...

Y casi de inmediato, sonríe y añade:

> La mentalidad de las mujeres es totalmente distinta a la de los hombres. Ellas tienen muy en cuenta la necesidad de invertir energías en el futuro, y ese es justamente el factor crucial en materia de restauración de manglares. No son acciones cuyo resultado vaya a verse a corto plazo. Sin embargo, las mujeres son conscientes de que, si de-

dican tiempo a esta cuestión, las consecuencias serán positivas. Es como mirar por el bien de sus hijos.

Odilie Carrillo es la líder de la Asociación de Mujeres para la Conservación del Golfo de Nicoya. En las fotos tomadas durante la concreción del proyecto se la ve muchas veces, protegida del sol con un sombrero azul en el que puede verse el dibujo de un icono de rostro risueño que traduce a la perfección el optimismo de su propio carácter. Carrillo fue una inspiración para Ana Guzmán, a la que dirigía constantes preguntas, fruto de su interés por el pronto regreso de la bióloga, ya que ardía en deseos de añadir «nuevas hectáreas» al trabajo. Odilie y su asociación fueron la fuerza motriz que impulsó el avance de las 117 hectáreas recuperadas, más de la tercera parte del logro global.

Para llegar al emplazamiento en el que debían pasarse el día excavando a mano canales de agua, las mujeres tenían que recorrer a pie más de dos kilómetros cargando con todo el equipo y bregando con el espeso lodo, y la mayoría de las veces con temperaturas que superaban los 30 °C. Lo que espoleaba su entrega y perseverancia cotidianas era la seguridad de que la tarea acabaría beneficiando a la comunidad, aunque limitarse a señalar este único estímulo sería olvidar la vehemente dedicación y el magnífico buen humor de Odilie.

Al terminar al fin los canales, la naturaleza tomó el relevo y se echó a sus espaldas las labores más duras. El flujo y reflujo del agua volvió a vivificar la tierra, y al cabo de un tiempo la salinidad del suelo aumentó. La concentración de sal mató las últimas raíces invasoras de la caña de azúcar, así como las plantas terrestres que se habían propagado por la zona. Los cangrejos que la marea arrastraba empezaron a horadar el sustrato, iniciando así el proceso de oxigenación. Y finalmente, varios años después, el trabajo de la comunidad y el poder regenerativo de la naturaleza consiguieron transformar el suelo. Las primeras zonas de recuperación estaban por fin listas para recibir los mangles.

Gracias a sus especializados propágulos, capaces de arraigar y crecer por su cuenta y con independencia de que caigan en tierra o en agua, los mangles son una especie colonizadora de enorme eficiencia —siempre que las condiciones sean las correctas—. Debido a su entrelazamiento, las raíces de las plantas del manglar atrapan sedimentos, lo que genera un lodo espeso muy adecuado para el arraigo de sus propágulos. Muchas de las especies de este particular ecosistema producen plántulas capaces de crecer más de medio metro al año, con lo que rápidamente llegan a su madurez y pueden reproducirse a su vez. Ana Guzmán, José Jesús López y Odilie Carrillo sabían que, en cuanto consiguieran generar las condiciones adecuadas, el resto se resolvería prácticamente por sí solo, al menos en buena parte.

Hoy en día, la restauración de los manglares está ya muy avanzada. El cometido actual de la comunidad consiste en excavar unos canales de agua más pequeños con los que conectar los grandes, acelerando de ese modo el proceso natural de recuperación, ya que eso permite que el bosque reclame su viejo solar.

El gobierno está empezando a ver las ventajas de la operación, dado que puede situar la protección de los humedales costeros, y especialmente de sus manglares, como eje del compromiso adquirido al firmar el Acuerdo de París, lo que determina a su vez que sus objetivos climáticos sean más fáciles de alcanzar. Es la primera vez que se halla al fin en condiciones de incluir la reforestación de los manglares entre los elementos de su Plan de Pagos por Servicios Medioambientales, una fórmula con la que compensa a los agricultores y a las comunidades que optan por conservar los bosques presentes en sus tierras.

A su vez, la comunidad también se está beneficiando, y no solo debido a esas compensaciones económicas gubernamentales, sino también por disponer de una mayor protección frente a las inundaciones y poder recolectar alimentos de calidad, como los mariscos y los cangrejos. En un futuro no muy lejano, disfrutará igualmente de la recuperación de las poblaciones piscícolas y obtendrá los réditos derivados del incremento de las actividades del ecoturismo, como la observación de aves.

Y, por último, tanto Ana Guzmán como la comunidad científica consagrada a la conservación del mundo natural obtienen su recompensa. Ya hay un modelo que resulta favorable para todas las partes implicadas y, lo que es aún más relevante, se trata de una pauta que se ha revelado funcional en una zona extremadamente amplia. Guzmán tiene buenas razones para abrigar la esperanza de que este enfoque termine extendiéndose por toda Costa Rica y la América Central... y de que quizá logre propagarse, andando el tiempo, al resto de los hábitats del mundo provistos de la capacidad potencial de albergar un manglar. Sabe que es preciso actuar con urgencia, pero sus largos años de experiencia la han vuelto paciente: al fin y al cabo, siempre ha dicho que la restauración de manglares «no es un proyecto, es un proceso».

7

Las islas oceánicas y los montes submarinos

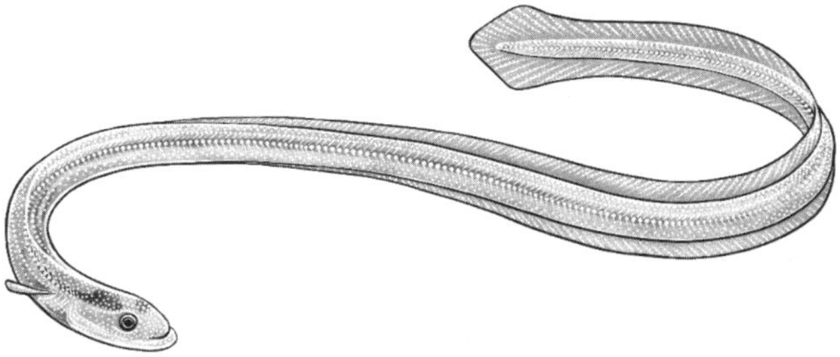

Las tortugas de la isla de Raine, en el límite septentrional del mar del Coral, entre Australia y Papúa Nueva Guinea

De haberse cumplido nuestras previsiones, deberíamos encontrarnos en la jungla montañosa del corazón de Nueva Guinea. El camarógrafo Charles Lagus y yo mismo acabábamos de pasar treinta días en el valle de Wahgi, en el centro de la isla, dedicados a la filmación de aves del paraíso, pero cuando nos disponíamos a unirnos a una patrulla para internarnos en un valle básicamente inexplorado, el del río Jimi, situado al norte del territorio, los guardias armados que debían acompañarnos tuvieron que retrasar inexcusablemente su llegada, no pudiendo ofrecernos protección hasta un mes más tarde. ¿Qué podíamos hacer?

Esto ocurría a mediados de la década de 1950. No había forma de contactar por radio ni por teléfono con mis jefes de la cadena televisiva de la BBC, en Londres, así que era yo quien tenía que zanjar la cuestión. Sopesé cuidadosamente las opciones, y no tardé en tomar una decisión. Habría sido absurdo regresar a Londres para retornar a Nueva Guinea tres o cuatro semanas después, y estábamos poco más o menos a una hora de vuelo de una de las mayores maravillas del mundo natural: la Gran Barrera de coral. Contrariamente a lo que pudiera suponerse, este gigantesco arrecife no es una especie de vasto muro submarino de coral, anclado unos cuantos kilómetros mar adentro y dispuesto en paralelo a la costa oriental de Australia. Se trata de un serpenteante laberinto de escollos e islas. Algunas de ellas son relativamente grandes y montañosas, pero otras muchas apenas pasan de ser simples bancos de arena. Yo quería trasladarme, en particular, a una de esas tierras a flor de agua: la isla de Raine. Las islas oceánicas y sus equivalentes sumergidos, los montes submarinos, son escalas importantes para los animales que realizan migraciones, y en este sentido Raine era particularmente célebre. Ya desde la infancia me habían fascinado las imágenes de las multicolores colonias de coral, con su infinita variedad de formas, y también aquellas islas casi abrumadas por la inmensa cantidad de aves marinas que acudían a ellas en época de cría. Siempre había anhelado contemplar esas maravillas con mis propios ojos, y esta era mi oportunidad.

Telefoneé a un amigo de Australia. ¿Quién podría mostrarnos la Gran Barrera de coral? Mi interlocutor conocía al guía idóneo: un conocido suyo que respondía al nombre de Vince y vivía en Cairns, que en aquel entonces era la ciudad con aeropuerto internacional más septentrional de Queensland. Este tal Vince había construido con sus propios medios un pequeño barco de metal, y ahora se pasaba el día entero navegando en él, consagrado a la exploración del arrecife. Sería el perfecto cicerone. Dos días después nos plantamos en Cairns, quedamos con Vince, y comenzamos a planear los lugares que podíamos visitar.

La sugerencia de Vince fue muy sencilla. ¿Por qué no partir de Cairns y navegar rumbo al norte, siguiendo el arrecife, deteniéndonos a investigar por el camino cualquier isla o bajío que nos resultara particularmente atractivo hasta llegar a la isla de Raine, en el límite septentrional de la cadena de corales? Casi cuatrocientas millas nos separaban de nuestra isla. Ni siquiera él había viajado nunca tan lejos, y tampoco conocía a nadie que lo hubiera hecho. Se decía no obstante que la isla de Raine albergaba una de las colonias de cría de aves marinas más grandes y diversas de todo el arrecife, y también era la mayor zona de reproducción del mundo para las tortugas verdes, que visitaban anualmente sus costas a millares. Por desgracia, la temporada reproductora estaba tocando a su fin. Sin embargo, Vince estaba convencido de que no era imposible dar con un puñado de parejas rezagadas y, aunque no fuera así, solo por las aves merecía la pena realizar la visita. Si realmente queríamos ir, él estaba decidido a llevarnos.

A la mañana siguiente compramos provisiones y nos pusimos en marcha. Navegamos sin descanso, día tras día y siempre hacia el norte, deteniéndonos solo de cuando en cuando para explorar los prodigios que nos ofrecían los arrecifes, poblados de esas fantásticas colonias pétreas que edifican los corales y animan las vibrantes irisaciones de una miríada de peces. El decimocuarto día, avistamos al fin la isla de Raine.

Resultaba indudable que habíamos encontrado la meta buscada, ya que, a modo de referencia, y por incongruente que pudiera parecer, una torre se alzaba en el extremo oriental de la isla. La construcción, de mediados del siglo XIX, servía de baliza a los barcos europeos, a los que indicaba el comienzo de una ruta que atravesaba el dédalo de islas y cayos que forman la Gran Barrera. Y por fortuna, el terreno era un auténtico hervidero de aves marinas, más numerosas y apiñadas de lo que jamás me hubiera sido dado contemplar.

Las más abundantes eran dos especies de charranes: el blanco y el maorí. Había asimismo tres representantes del grupo de los piqueros: el común, el pardo y el patirrojo. A mis ojos, sin embargo, los ejemplares más impresionantes, y desde luego los menos conocidos, eran las fragatas, que destacaban por su satinado plumaje negro, sus casi dos metros de punta a punta de las alas y la acentuada bifurcación de sus largas colas.

Las fragatas pasan la mayor parte de su existencia lejos de tierra firme, ya que viven en alta mar y se alimentan sobre todo de lo que roban a otras aves más pequeñas, a las que acosan hasta hacerles desistir de sus capturas. En último término, no obstante, los adultos abandonan necesariamente las alturas, puesto que, al igual que cualquier otra ave, han de hacer la puesta sobre una base sólida. En nuestra isla, los machos peleaban unos con otros por los mejores puntos de nidificación y, una vez se apropiaban de un espacio adecuado, se negaban obstinadamente a abandonarlos y ponían todo su empeño tanto en ahuyentar a sus rivales como en atraer a las hembras. Para ello, inflaban el enorme saco carmesí que poseen en la parte ventral de la garganta, desplegando y batiendo al mismo tiempo sus inmensas alas.

Pese a haber acabado ya la temporada de puesta de las tortugas, lo cierto es que todavía quedaban unas cuantas. En nuestra primera excursión por la isla, pudimos observar la sinuosidad de unos veinte rastros: eran claramente la serpenteante ruta de los reptiles, decididos a abrirse paso entre las colinas arenosas. Aunque en esa época lo ignorara, hoy sé, gracias a los científicos, que más de sesenta mil hembras recorren anualmente inmensas distancias para avistar esta pequeña y remota isla. Las pocas que todavía estaban por allí eran simplemente las últimas de la temporada.

Todas las mañanas encontrábamos algunas. Habían conseguido arrastrarse tierra adentro e internarse lo suficiente para quedar fuera del alcance de la marea alta. Una vez hecho esto, su siguiente tarea consistía en excavar en la arena, moviendo sus potentes aletas delanteras. Dado que de vez en cuando giraban un tanto, los agujeros en los que trabajaban adquirían forma circular, y tan pronto como la hondura del hueco alcanzaba los treinta centímetros empezaban a valerse también de las aletas traseras, hasta que, finalmente, la parte superior de sus caparazones quedaba prácticamente al mismo nivel que la superficie intacta de la playa. Entonces, utilizando alternativamente las aletas traseras, primero una y luego la otra (nunca de forma simultánea), las tortugas comenzaban a cavar un pequeño agujero para depositar los huevos, conocido como «cámara de desove». La pala de las aletas traseras de estos animales sorprende por su versátil movilidad, y en este trance las hembras las utilizan para retirar pequeñas cantidades de arena. Mientras dura la operación, la tortuga llora para eliminar la arena que se le mete en los ojos. Se oye un coro de jadeos, ya que también emiten sonoros resuellos, seguidos invariablemente de una súbita inhalación, como si continuaran en el medio marino y se dispusieran a efectuar una nueva inmersión. El agujero del nido no debe ser excesivamente hondo, pues el desarrollo de los huevos necesita el calor del sol. Sin embargo, ha de tener al mismo tiempo un mínimo de profundidad, ya que de lo contrario quedaría al alcance de los depredadores. Cumplidos todos estos requisitos, la madre pone alrededor de un centenar de huevos, rellena el orificio y vuelve al mar. Cada una de las hembras puede repetir este agotador proceso una media docena de veces en una sola temporada.

Es difícil imaginar la cantidad de crías que emergen en las playas de la isla de Raine en un solo período de puesta. No obstante, este gran número resulta fundamental, dado que lo más probable es que únicamente el uno por mil de los recién nacidos alcance la madurez. Pocos minutos después de haber eclosionado los huevos y de aflorar las tortuguitas, las aves ya han dado buena cuenta de casi todas. Y las que consiguen llegar al agua aún tienen que burlar el ataque de los carnívoros oceánicos. Solo una exigua minoría alcanza la relativa seguridad del mar abierto.

La torre que habíamos visto al llegar, obra de los presos europeos, se levantó con maderos de deriva de los barcos naufragados en las inmediaciones y con la piedra caliza que los reclusos extraían en la propia isla. Todavía hoy pueden verse las fosas que cavaron a modo de cantera, y en muchas de ellas se amontonan esqueletos de tortugas. Según parece, algunas hembras, después de terminar la puesta y partir en busca de una pendiente que las devolviera al mar, se dirigieron sin saberlo al interior. Algunas debieron de caer en las hoyas que habían abierto los trabajadores de la atalaya y, una vez allí, perdidas o tendidas sobre la espalda, quedaron atrapadas y perecieron.

Sus huesos y caparazones cubrían toda la isla. Muchas de aquellas osamentas, desmembradas y blanqueadas por el sol hasta alcanzar una palidez nival, presentaban ahora una extraña belleza, como si de un paisaje abstracto se tratara. Algunos esqueletos permanecían completos, conservando así la estructura que habían poseído en vida del animal. Se los veía aquí y allá, tendidos sobre el costado o la espalda, semienterrados en el cambiante arenal.

En la actualidad, la vida silvestre de Raine, con el consentimiento y la cooperación del pueblo wuthathi, en cuyo territorio tradicional se encuentra la isla, cuenta con la debida protección.

Una tortuga verde en plena puesta. Para eclosionar satisfactoriamente, los huevos precisarán de un sutil equilibrio entre la profundidad a la que sean depositados y la temperatura a la que se vean expuestos.

En el mundo de hoy, notablemente más peligroso para las tortugas y las aves marinas que en 1957 (cuando visitamos la zona con nuestro improvisado cicerone), esta labor de preservación ha adquirido un carácter más acuciante todavía. No obstante, ahora existe al menos un pormenorizado proyecto científico que supervisa la situación de las tortugas. Un conjunto de vallas y de modificaciones del paisaje les impide caer por los pequeños acantilados naturales del lugar o en las hondonadas que excavaron mucho tiempo atrás los convictos que construyeron la torre.

No obstante, tal como sucede en muchas islas oceánicas, las mayores amenazas contemporáneas a que han de hacer frente las tortugas de Raine provienen de regiones mucho más lejanas: la altura que alcanzan en nuestros días las pleamares (debido a su vez al aumento del nivel del mar) inunda todos los años muchos de sus nidos. Y hay asimismo otro peligro que, para colmo, resulta ser, además, invisible.

Mientras permanece en el interior del huevo, el factor que determina el sexo de la tortuguita en desarrollo es la temperatura del nido en el que se encuentra. Las temperaturas altas tienen como resultado el nacimiento de hembras, mientras que las bajas producen machos. En las últimas temporadas de desove, más del 90% de las tortugas nacidas en Raine han sido de sexo femenino. En épocas pasadas, este porcentaje no era tan elevado porque los distintos lugares de anidación de la isla se encontraban a profundidades ligeramente distintas o porque los huevos eclosionaban en diferentes períodos de la temporada. Sin embargo, con el calentamiento general del planeta, los nidos de la isla de Raine se hallan hoy a una temperatura que únicamente produce hembras.

Todo parece indicar que la isla de Raine está abocada a asistir, de forma casi inevitable, al desplome de la población de tortugas verdes, a menos que consigamos detener rápidamente el calentamiento global o que los conservacionistas de la región intervengan de manera determinante.

D. A.

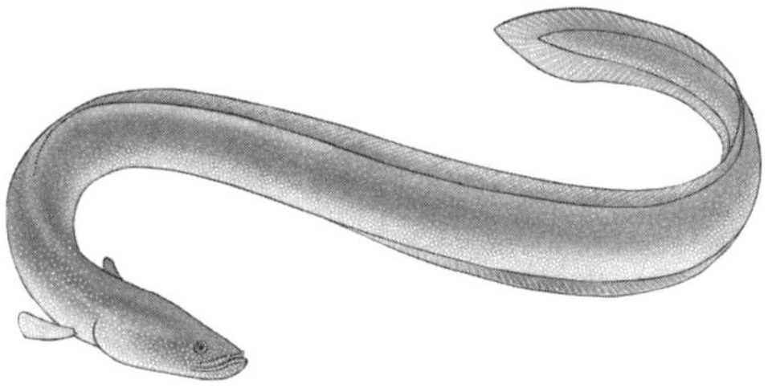

En las remotas extensiones del Pacífico, a más de un día de navegación de la isla habitada más próxima, cientos de tiburones martillo describen lentos círculos en torno a un monte submarino. Entretanto, frente a las costas de Nueva Zelanda, un denso banco de peces se mece perezosamente sobre la cima de un volcán extinto: están tan apretujados que apenas se distinguen los corales de aguas profundas y las esponjas de un metro de diámetro que crecen bajo de ellos. Al otro lado del mundo, veinticuatro especies distintas de ballenas y delfines nadan en busca de las islas oceánicas de las Azores, y cuando finalmente las alcanzan, muchos de esos nómadas del océano habrán realizado viajes de varios miles de kilómetros. Las islas oceánicas, los volcanes y las crestas subacuáticas, conocidas generalmente como montes submarinos, son unos espacios de importancia crucial para la vida en nuestro planeta, pues suponen un refugio natural para las grandes especies migratorias de los mares.

Ahora bien, ¿qué son exactamente estos montes submarinos? ¿Y por qué la vida marina los convierte en zonas tan marcadamente activas? Si nos fijamos en la mayor parte de los hábitats terrestres del globo observaremos que la descripción de su esencia y funcionamiento resulta razonablemente sencilla. Los avances en materia de imágenes satelitales, sumados a los siglos de pacientes estudios que ya llevamos efectuados, nos permiten señalar con cierta seguridad qué son las praderas, los desiertos o los bosques caducifolios, indicar aproximadamente la superficie terrestre que vienen a cubrir, y exponer, siquiera en términos generales, cómo opera la vida en esos ámbitos. Puede que surjan pequeñas objeciones en cuestiones de detalle, y quizá exista un margen de incertidumbre respecto al volumen de las poblaciones, pero, en esencia, conocemos bastante bien el asunto que estamos tratando. Sea como fuere, lo que confiere un alto grado de emoción al estudio de los montes submarinos es justamente el hecho de que el viaje de descubrimiento científico se halle, en este campo, en una etapa de desarrollo mucho más temprana.

En la actualidad, consideramos que un monte submarino es un pliegue orográfico del fondo oceánico caracterizado por ser independiente, estar aislado y elevarse al menos un millar de metros sobre el suelo en el que se asienta. Esto distingue a los montes submarinos de las inmensas cordilleras subacuáticas, como la dorsal mesoatlántica, con una longitud de 16.500 kilómetros. Estas cadenas montañosas son elementos geológicos extremadamente importantes, tal como ocurre en tierra, pero los montes submarinos no funcionan de la misma manera, y de hecho es frecuente considerarlos como oasis que tachonan las desérticas vastedades oceánicas, pues no en vano son protuberancias únicas de las profundidades.

En cualquier caso, estamos empezando a constatar que, en la mayoría de los casos, estos picos se encuentran en torno a los puntos calientes del océano, en los que la corteza terrestre resulta ser más delgada. Esto se debe a que la mayor parte de los montes submarinos son volcanes, o lo fueron en otro tiempo. Hasta ahora, los científicos han señalado su presencia o bien en las llamadas zonas de subducción, es decir, en los puntos de colisión entre dos placas tectónicas, o bien en las áreas de expansión de los fondos marinos, en los que se produce la separación de dos placas tectónicas, como su propio nombre indica. Ambas situaciones permiten que el magma forme volcanes al ascender desde las profundidades de la Tierra.

Los montes submarinos son el resultado de este proceso, y pueden adoptar un gran número de formas. Los hay que no llegan a romper la superficie del agua y ver la luz del día, pero otros, como los que dan lugar a los archipiélagos de Hawái y las Galápagos, acaban transformándose en islas oceánicas. Este tipo de espacios insulares brotan directamente del fondo de las grandes cuencas oceánicas y deben distinguirse de las islas continentales, como Groenlandia y Tasmania, que son simplemente parte de una plataforma continental que no ha quedado sumergida debido al nivel actual del mar. Con el tiempo, las olas y la lluvia pueden erosionar las islas oceánicas hasta el punto de deshacerlas y hacer que se hundan bajo el agua. Hay ocasiones en que el desgaste de los elementos crea montes submarinos de cima plana —denominados «guyots»—, y también casos, si se dan las circunstancias adecuadas, en los que este proceso puede alumbrar uno de los paisajes más bellos de la Tierra.

En las aguas cálidas e iluminadas por el sol, una isla volcánica puede proporcionar el sustrato rocoso que necesita el coral para convertirse en un arrecife. A continuación, en un lento proceso de varios miles de años, los bajíos coralinos pueden crecer hasta rodear la isla. Más tarde, al ir hundiéndose el núcleo volcánico de la isla, los pólipos continúan medrando y dan lugar a la aparición de un «atolón», es decir, un arrecife circular que bordea una laguna central. Las Maldivas, en el Océano Índico, y Kiribati, en el Pacífico, son ejemplos de este tipo de formaciones. Cabe decir a este respecto, como simple curiosidad, que las Bermudas, frecuentemente descritas como el único atolón del Atlántico (integrado por más de cien islas y un abundante número de arrecifes), son no obstante un archipiélago surgido en torno a la caldera submarina de un volcán, y aunque ese origen les confiera un parecido notable con los atolones y les permita también cumplir funciones similares para la vida silvestre, lo cierto es que su génesis se debió a causas diferentes.

Las estimaciones relativas al número de montes submarinos varían enormemente. Podemos afirmar con seguridad que, entre los que se elevan mil metros por encima del suelo oceánico y los que superan esa altura, hay al menos catorce mil quinientos. No obstante, existen estudios que sugieren que, en el conjunto de las cuencas oceánicas del mundo, la cifra global de montañas sumergidas podría ascender nada menos que a cien mil. Ocurre sencillamente que, por el momento, no podemos saberlo.

Los satélites de baja altitud son capaces de detectar protuberancias en la superficie del océano causadas por los montes submarinos más grandes y cercanos a la superficie (de hecho, incluso pueden verse ampliando simplemente las imágenes de alta mar que figuran en Google Maps). Sin embargo, para localizar los más pequeños y profundos, o para cartografiar *de facto* el tamaño y la profundidad reales de un monte submarino dado, lo que necesitamos es un sónar. Y teniendo en cuenta que, según creemos, al menos la mitad de los montes submarinos del planeta se encuentran en pleno océano, lo habitual es que ese tipo de verificaciones impliquen realizar un largo viaje por mar a fin de utilizar *in situ* dicho sistema de detección. No es de extrañar, por tanto, que se hayan levantado tan pocas cartas marinas de estos accidentes geográficos, como tampoco lo es que se sigan descubriendo otros muchos.

De hecho, a principios de 2024 el buque de investigación *Falkor*, del Instituto Oceanográfico Schmidt, descubrió, valiéndose de satélites, cuatro montañas submarinas en aguas internacionales, no lejos de las costas de Guatemala. Lo primero que trataron de detectar fue la atracción gravitatoria de ese monte submarino, ya que su masa hace que el agua tienda a confluir sobre su cima, lo que genera pequeñas protuberancias en la elevación superficial del océano. Acto seguido, al llegar el navío al lugar identificado con los datos satelitales, los científicos desplegaron un sónar multihaz y obtuvieron mapas pasmosamente detallados de las escarpadas laderas de un conjunto montañoso con picos superiores a los dos mil metros de altura.

Los barcos pesqueros llevan décadas empleando el sónar para localizar y capturar enormes cantidades de peces en los montes submarinos, desde granaderos chatos y espléndidos ejemplares de palometas rojas, hasta depredadores pelágicos como el atún. Gracias a ello (dado que los peces de valor comercial son muy numerosos en las inmediaciones de los montes submarinos), sabemos desde hace tiempo que son espacios en los que a menudo se encuentran abundantes formas de vida, al menos en comparación con las extensiones de alta mar que los rodean. Sin embargo, todavía no sabemos a qué se debe esa profusión. Una de las teorías en boga sostiene que los montes sumergidos, al ser estructuras que sobresalen de un lecho oceánico por lo demás carente de obstáculos particulares, alteran el flujo de las corrientes marinas, desviando así las surgencias de aguas ricas en nutrientes que ascienden desde las profundidades y tienden a alcanzar la superficie. Este fenómeno fomenta la proliferación de vida marina, lo que explicaría que los grandes nómadas que recorren las regiones pelágicas se sientan atraídos a estas áreas, que acaban convirtiéndose en puntos calientes repletos de alimento para todos y cada uno de los niveles de la cadena trófica.

Pese a que este planteamiento tenga mucho sentido desde el punto de vista lógico, lo cierto es que la idea resulta problemática. De acuerdo con los estudios que se han realizado hasta el momento, todo parece indicar que esas surgencias del entorno de los montes submarinos no se producen con excesiva frecuencia, y que en los períodos en que sí se dan rara vez duran más allá de unos pocos días, un lapso de tiempo muy inferior al que sería preciso para mantener poblaciones piscícolas locales de carácter permanente (y menos aún en las cantidades observadas). Hay que tener en cuenta, además, otro hecho fundamental: el de que la fotosíntesis solo puede ocurrir en la llamada «zona fótica». Por lo tanto, ¿cómo aplicar la teoría de la surgencia de nutrientes a los montes submarinos sumergidos a gran profundidad, muchos de los cuales también parecen atraer numerosos cardúmenes?

Algunos científicos han intentado darle la vuelta al planteamiento y han sugerido que el alimento podría quedar «atrapado» en la cumbre del monte submarino. En este caso, la tesis se apoya en la idea de que las corrientes oceánicas trasladan el zooplancton a la cima de estas crestas subacuáticas. Sabemos que, por la noche, el zooplancton tiende a alimentarse en la superficie del océano, puesto que es allí donde se encuentra el grueso del fitoplancton del que se nutre. Después, a lo largo del día, sus componentes nadan hacia aguas situadas a profundidades superiores a los cien metros con el fin de evitar a los depredadores (se han llegado a registrar nubes de zooplancton ochocientos metros por debajo de la superficie). Sin embargo, cuando estos cúmulos de protozoos y larvas flotan sobre un monte submarino situado a profundidades inferiores a las que frecuentan durante la alimentación nocturna, quedan atrapados en la cima y se convierten en presa fácil para los peces que se nutren de ellos. Como es obvio, esto se traduce en una concentración de la población piscícola, que, al acumularse en torno a los montes submarinos, atrae a especies situadas en los escalones superiores de la cadena alimentaria.

Hasta el momento, solo se han estudiado cerca de trescientos montes submarinos (es decir, entre el 0,3 y el 1 % del total de los que existen, según consideran los científicos), por lo que es muy probable que estas teorías estén llamadas a experimentar todavía un gran número de cambios. Lo que sí podemos sostener es que, por alguna razón, el zooplancton, los grandes invertebrados y los bancos de peces más voluminosos se acumulan en las inmediaciones de los montes submarinos, y que esto atrae en muchos casos a especies oceánicas viajeras de mayor tamaño, como los tiburones, las rayas, los delfines, los atunes y las ballenas, todas ellas especies que, en muchos casos, parecen buscar deliberadamente los montes submarinos en el transcurso de sus prodigiosas migraciones.

De hecho, los montes submarinos, aparentemente aislados, están mucho más interconectados de lo que pensábamos al empezar a investigarlos. El hecho de que muchas de esas elevaciones del fondo oceánico (o agrupaciones de las mismas) se encuentren separadas por enormes distancias fue lo que condujo originalmente a la hipótesis de que se trataba de formaciones solitarias desde el punto de vista biológico. Esto implicaría que los miembros de una especie instalada en un monte submarino no tendrían vínculo alguno con los ejemplares afincados en otro, y que por lo tanto no podrían producirse intercambios genéticos entre ellos. Esta idea se basaba en lo que sabemos de la vida terrestre que prospera en las islas, donde es habitual encontrar especies que llevan muchísimas generaciones viviendo en un territorio aislado, adaptándose a esas condiciones singulares hasta el extremo de desarrollar características distintas a las de sus parientes de otras islas o del continente. Sin embargo, y a pesar de que haya efectivamente unas cuantas especies endémicas de los montes submarinos, sabemos que la mayor parte de las formas de vida de estas particulares regiones guarda una estrecha relación con el resto de los habitantes del océano. Por ejemplo, las larvas pueden flotar entre los plegamientos del lecho oceánico, mecidas por las corrientes, y los adultos de muchas especies parecen salvar intencionadamente grandes distancias para llegar a una de esas protuberancias submarinas en particular.

Las anguilas japonesas son peces de agua dulce que desovan en el mar. A pesar de su nombre, pueden encontrarse en gran parte del Asia Oriental, pero solemos conocerlas cocinadas a la parrilla y servidas en rodajas, una presentación culinaria que se denomina *unagi* en japonés. Son un plato muy apreciado y sabroso, de célebre valor nutricional, que además forma parte de la herencia cultural nipona. No obstante, lo más extraordinario es su ciclo de vida, ya que eso es lo que las convierte en animales auténticamente notables. Pese a que llevemos siglos consumiéndolas, sus zonas de desove han sido un misterio hasta hace muy poco (y no es de extrañar que se tratara de un rompecabezas de difícil resolución, dado que las anguilas pasan por cinco etapas distintas en su ciclo vital). Una vez eclosionados los huevos, las larvas viven una primera etapa en alta mar. Solo más tarde, al rondar la edad de dieciocho meses, empiezan a parecerse a las anguilas adultas, pese a ser transparentes y de tamaño muy reducido: estos alevines, que reciben el nombre de «angulas», se dirigen ahora a la costa. Al alcanzar una longitud aproximada de seis centímetros tienen ya la fortaleza suficiente para penetrar en los estuarios, cediendo aparentemente al irresistible impulso de remontar la corriente de los ríos. Pasan hasta diez años en estos cursos de agua dulce, internándose a menudo muchos kilómetros río arriba, alimentándose de invertebrados y creciendo hasta el medio metro de longitud. Una vez que adquiere sus dimensiones finales, la piel del animal cambia: pierde los tonos grises y castaños de la parte superior y el color blanco de su zona ventral y se cubre de una librea totalmente plateada. Llega así a la última fase de su vida, en la que estos peces, convertidos ya en anguilas, regresan al océano para desovar. Pero ¿dónde se encuentran las vitales áreas de desove de una especie tan relevante? Tras muchos años de indagaciones, un grupo de investigadores de la Universidad de Tokio consiguieron detectar al fin su rastro. Recurriendo al análisis genético, lograron demostrar que las larvas de anguila descubiertas en dos montes submarinos situados a poniente de las islas Marianas (aproximadamente a medio camino entre Japón y Papúa Nueva Guinea) descendían de unas anguilas japonesas que habían realizado, para desovar, una migración que las había alejado más de dos mil kilómetros de su hábitat de agua dulce. Lo que todavía no sabemos con certeza es el motivo que las indujo a elegir ese lugar, aunque se cree que guarda relación con las corrientes oceánicas.

La historia de la anguila japonesa pone de manifiesto la importancia de los montes submarinos y subraya la necesidad de concebir una nueva forma de proteger tanto los océanos como los ríos del planeta. Las poblaciones de anguila japonesa han disminuido significativamente en los últimos años, con lo que la especie se halla ahora en peligro de extinción. Resulta difícil determinar si esta disminución se debe al calentamiento del agua de mar (que altera las corrientes oceánicas), a los daños que han encajado los montes submarinos a causa de las capturas de los buques factoría, a la contaminación de los ríos o a la sobrepesca de los alevines y los adultos inmersos en el ciclo vital anterior al desove. Lo más probable es que haya que atribuirla a una suma de todos esos factores. En cualquier caso, lo que muestra la historia de la migración de la anguila es otra cosa: si un monte submarino que se alza a dos mil kilómetros de tierra firme puede revelarse significativo para un pez de agua dulce, hay que concluir necesariamente que el océano es un medio mucho más interconectado de lo que hasta ahora habíamos creído, lo que a su vez viene a indicar que precisa de una forma de protección que tenga muy presente esa circunstancia.

Según algunas estimaciones, si sumáramos las respectivas superficies del conjunto de los montes submarinos y las islas oceánicas, el área total alcanzaría el tamaño de Europa. El solo dato de esas dimensiones basta para señalar que se trata de un hábitat oceánico trascendente. No obstante, es posible que su misma dispersión incremente aún más su relevancia. Los peces martillo comunes, cuyo peligro de extinción es crítico, efectúan sus migraciones entre las islas oceánicas del Pacífico Oriental agrupándose en grandes bancos. El zifio, uno de los mamíferos marinos menos conocidos del mundo, viaja desde las latitudes superiores hasta las Azores al llegar el otoño. Estos animales pertenecen a una familia difícil de observar (de la que conocemos veintidós especies a día de hoy), con lo que es raro dar con algún ejemplar y no resulta fácil estudiarlos. Todo ello explica que todavía no entendamos la razón de que sean tantos los que efectúan ese periplo.

La frecuencia de captura de los marrajos sardineros y de aleta corta, los atunes blancos y los peces espada es muy superior en los montes submarinos que en cualquier otro punto del océano. Es difícil discernir a ciencia cierta si los encontramos allí porque ese es justamente el punto en que los pescamos o porque se trata del lugar en el que pasan el grueso de su existencia, pero está claro que viajan de forma regular de un monte submarino a otro y que dichos espacios son importantes, tanto para estas especies pelágicas como para otras muchas de la misma índole.

Por lo que hemos alcanzado a saber hasta ahora, da la impresión de que muchos de los nómadas del océano se dirigen intencionadamente a los montes submarinos, sobre todo en el caso de las ballenas, los delfines, los atunes y los tiburones. Según se cree, estos peregrinos localizan los plegamientos gracias a dos señales: el singular efecto que ejercen los montes submarinos en las corrientes oceánicas y su privativa impronta geomagnética. Esta huella específica se generó cuando el magma volcánico que dio lugar a la elevación subacuática se enfrió y pasó al estado sólido, puesto que en ese proceso los átomos de hierro quedan bloqueados y dispuestos de manera particular en la roca. Con el paso del tiempo, el campo magnético del monte en cuestión tiende a desvanecerse, lo que añade características únicas a esa marca.

Sea como fuere, los montes submarinos no solo son importantes para los nómadas oceánicos que los visitan, dado que muchos de estos espacios cuentan con una comunidad no menos valiosa de residentes. Se han encontrado densas masas de corales de aguas profundas en los plegamientos submarinos de todo el mundo. La primera sorpresa que trajo este descubrimiento fue el hecho mismo de que los corales pudieran crecer en condiciones tan radicalmente diferentes de aquellas en las que acostumbramos a ver a los pólipos coralinos más conocidos: los que forman arrecifes en aguas someras. Los corales de esas zonas de escasa profundidad necesitan agua templada y gran cantidad de luz solar, ya que, de lo contrario, las algas microscópicas que les proporcionan energía no podrían realizar la fotosíntesis. Sin embargo, los corales de aguas profundas prosperan en aguas frías situadas más allá del umbral de posibilidad de la fotosíntesis. Para paliar esa dificultad, los pólipos insertos en el exoesqueleto coralino extienden sus tentáculos y atrapan partículas de nutrientes, por lo general criaturas microscópicas y fragmentos de organismos muertos (a los que se conoce comúnmente con el nombre de «nieve marina»). Esta forma de obtener alimento es mucho menos eficiente que la conseguida por medio de la luz solar, cuya presencia cotidiana resulta bastante más fiable que la de esa comida móvil. De hecho, esa es justamente la razón de que los corales de aguas profundas prosperen a un ritmo mucho más lento que el de sus parientes de aguas superficiales, ya que no crecen más de un milímetro al año (aunque pueden vivir siglos).

Lo que resulta fascinante es que, al parecer, existen regiones del mundo en las que el predominio estacional de un clima u otro afecta asimismo a los corales de aguas profundas. En aquellos períodos del año en que los días tienden a ser más soleados y cálidos, las aguas someras producen un mayor número de microorganismos, así que el volumen de nieve marina aumenta en idéntica medida, fortaleciendo con ello el crecimiento de las formaciones coralinas de las zonas abisales. En invierno, las aguas de la superficie reciben menos luz solar, lo que disminuye la masa de fitoplancton y ralentiza por tanto el desarrollo de los pólipos de las zonas profundas.

Pese a ser menos conocidos y de progresión más pausada que sus parientes de las zonas cálidas, lo cierto es que, a su manera, la espectacularidad de los arrecifes de coral de aguas profundas no tiene nada que envidiar a la que exhiben los corales de las aguas superficiales (a los que sin embargo se fotografía mucho más): podemos encontrarlos formando grandes matas zigzagueantes de color blanco brillante unidas a grupos de octocorales blandos de intensos tonos rojos (cuyos pólipos asoman al exterior como una floración), o mezclados con los inmensos esqueletos del coral azul entreverados de esponjas, frágiles ofiuras pentarradiales y euriálidos como las estrellas serpiente. Diversos peces de crecimiento lento y marcada longevidad recorren estos viejos bosques polícromos, mientras los pulpos, que se dedican a cazar entre ramas y abanicos calcificados, conviven con los cangrejos araña, aficionados a pavonearse entre las añosas estructuras.

Los montes submarinos son hábitats vitales para los corales de aguas profundas, ya que los pólipos necesitan crecer sobre una base sólida. A mar abierto, donde el lecho es fangoso, la dura roca de las montañas volcánicas es un campo de aterrizaje perfecto para los pólipos jóvenes, cuyas larvas flotan libremente y reciben el nombre de «plánulas». Una vez asentados, comienzan a crecer y se vuelven sésiles (lo que significa que quedan permanentemente sujetos a un mismo sustrato y que no forman arrecifes, sino montículos o rodales). Según sea la especie de coral a la que nos refiramos, estos asentamientos pueden alcanzar alturas de varias decenas de metros o extenderse en horizontal, a semejanza de los hongos. Los científicos han descubierto montes submarinos cubiertos de prósperos bancos de coral cuya antigüedad se cifra en miles de años. Los de época más inmemorial de cuantos se han hallado hasta la fecha son los corales negros, cuya implantación se remonta a la Edad de Bronce.

Aunque también se han encontrado muchos que han quedado reducidos a escombros...

En la segunda mitad del siglo XX, las flotas pesqueras comenzaron a equiparse con barcos de gran tamaño provistos de dispositivos modernos. Congeladores industriales, sistemas capaces de procesar el pescado y mantenerlo fresco hasta llegar a puerto, radares y GPS con los que facilitar la navegación, sónares para conocer el relieve submarino y detectar los bancos de peces, y redes y cabrestantes más resistentes e idóneos para desplegar aparejos más grandes, susceptibles de llegar a profundidades superiores a las de sus predecesores y de operar en terrenos más accidentados. Estas flotas pesqueras de altura, con capacidad para faenar en zonas muy remotas, podían recorrer largas distancias y explotar caladeros en cualquier parte del mundo. Además, el desarrollo de los sistemas de seguimiento global y la ubicua disponibilidad de los datos hizo posible que algunas iniciativas, como la del Observatorio de Pesca Mundial, levantaran una precisa cartografía planetaria de todos los ámbitos de operación de los buques pesqueros. Al comparar las posiciones de esos navíos con las ubicaciones conocidas de los montes submarinos, se observaron dos cosas: que las flotas de altura (al igual que las ballenas, los tiburones y los delfines) recorrían grandes distancias para llegar a esas elevaciones subacuáticas, y que sus sónares detectaban unas aglomeraciones masivas de peces idénticas a las descubiertas por los científicos.

Los potentes arrastreros de esa época largaban sobre los montes submarinos sus redes lastradas y extremadamente fuertes, y muchas veces hacían algo más que capturar los peces que buscaban, ya que arrasaban los jardines de corales y esponjas que en ocasiones tenían varios siglos de antigüedad, impidiendo así la perpetuación de esos ecosistemas tan delicados y de tan lento crecimiento. Además, la notable distancia que separa estos montes submarinos hacía que resultara económicamente más sensato utilizar los arrastres en el conjunto de un mismo monte (y a menudo varias veces) que trasladar el buque a un nuevo caladero, de modo que era frecuente que se provocara la destrucción completa de esos entornos. Venía a ser como talar un bosque para cazar ciervos.

Los montes submarinos son particularmente vulnerables al uso de los métodos de arrastre de fondo, y, en consecuencia, la explotación de estos caladeros conoce episodios de auge y depresión. No obstante, los problemas no vienen solo por la actividad de los barcos arrastreros. La captura con palangre pelágico, practicada tanto en los montes submarinos como en los alrededores de las islas oceánicas, atrapa de manera incidental un gran número de especies protegidas por su situación de riesgo, como las tortugas marinas y los tiburones. Y no es de extrañar, de hecho, dado que esas especies viajan con regularidad hasta los montes submarinos y en grandes cantidades, por lo que, de no adoptar activamente medidas tendentes a remediarlo, será inevitable que sigan quedando enganchadas en las distintas artes y redes de pesca.

A pesar de todo, aunque la pesca industrial peque de excesos en el volumen de capturas y utilice equipos altamente perjudiciales, lo cierto es que, desde el punto de vista biológico, no hay ninguna razón que nos impida pescar cantidades razonables de peces sin destruir el ecosistema oceánico. De hecho, son muchas las comunidades pesqueras que han estado haciendo exactamente eso mismo durante miles de años. En las aguas costeras y en las plataformas continentales se encuentran especies piscícolas que no solo desovan con regularidad, sino que tienen un rápido crecimiento. Si mostramos la voluntad y la previsión necesarias para cuidarlas (capturando solo cantidades sostenibles, y con artes de pesca de impacto adecuadamente moderado), esos caladeros podrían proporcionar alimentos y medios de vida de forma indefinida. Con todo, el caso de los montes submarinos es muy distinto.

Una vez dañados, los ecosistemas de los montes submarinos tardan muchísimo en recuperarse: centenares e incluso miles de años. Si evaluamos las consecuencias de lo que ya se ha hecho bajo la escala de tiempo del ser humano, es probable que los montes submarinos que hayan sufrido la agresión de los arrastreros nunca vuelvan a producir volúmenes de capturas comparables a los del período inicial de su explotación. Muchos de los peces que residen en ellos de forma habitual crecen muy lentamente, y además es frecuente que las especies que viajan para alcanzar esos plegamientos, y que son de vital importancia para el conjunto de los océanos, ya estén amenazadas.

La inmensa mayoría de los montes submarinos descubiertos hasta la fecha se encuentran en aguas internacionales, y, en la mayor parte de los casos, la pesca industrial que se practica en sus inmediaciones corre actualmente a cargo de las flotas de altura de un simple puñado de países (siendo además frecuente que sus barcos cuenten con los fuertes subsidios de sus respectivos gobiernos). Sin embargo, las especies y los hábitats que han destruido en las últimas décadas formaban parte de un patrimonio global común, es decir, de un activo que pertenece a todos los seres humanos y al resto del mundo natural. Dada la desmedida importancia que tienen los montes sumergidos para la vida marina, y teniendo en cuenta que los beneficios económicos que procuran a las compañías pesqueras son relativamente bajos, todo parece indicar que una de las ventajas más claras para el conjunto de las especies biológicas de la Tierra pasaría por protegerlos, ya que eso redundaría en un bien general.

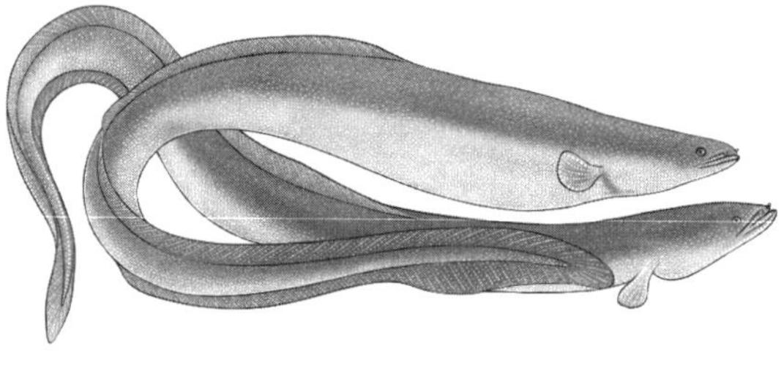

Papahānaumokuākea

El Papahānaumokuākea es un espacio de carácter sagrado y honda significación. Según el Kumulipo, un antiguo poema cosmogónico hawaiano, se trata del lugar en el que se originaron todas las formas de vida, iniciadas a partir de un único pólipo de coral. Los nativos hawaianos que siguen las prácticas culturales de su pueblo acuden a Papahānaumokuākea en algún momento de su vida a fin de conectar con los dioses, y de hecho, ese es también el ámbito al que regresan todas las almas tras la muerte del cuerpo. Al presentarse la oportunidad de dar un nombre a este legado natural, los ancianos optaron por la voz «Papahānaumokuākea», que honra a la madre tierra (Papahānaumoku) y al padre cielo (Wakea), cuya unión engendró la totalidad del archipiélago hawaiano.

> Papahānaumokuākea, una de las áreas oceánicas más extraordinarias del planeta, es el cuerno mismo de la abundancia. Recibe el nombre de āina momona, y en él tiene su sede toda regeneración, ya que se trata de un ámbito propicio para el renacimiento, la recuperación y la renovación. En esta actualidad nuestra, en la que asistimos al desfallecimiento que se abate sobre tantas y tantas regiones del planeta, la zona nos recuerda la realidad que debería tener el planeta y el aspecto que presenta el océano si se le permite prosperar de manera natural.

Hace ya un cuarto de siglo que la conservacionista Aulani Wilhelm cubrió por primera vez los cerca de dos mil kilómetros que separan Honolulú de Midway, en Papahānaumokuākea, pero cuando habla de ese viaje su voz todavía deja traslucir claramente el respeto que le inspira este rosario de islas, arrecifes y montes submarinos, que tuvo el privilegio de visitar.

Desde aquel primer contacto, Wilhelm ha trabajado como directora del Monumento Nacional Marino de Papahānaumokuākea y como asesora de la Casa Blanca en materia de conservación marina, siendo además una de las muchas nativas hawaianas que han contribuido a convencer a los sucesivos presidentes estadounidenses de la conveniencia de promulgar un ambicioso plan, desarrollado por la comunidad local, destinado a convertir la iniciativa de recuperación marina de la región de Papahānaumokuākea en una de las aventuras conservacionistas más notables e inspiradoras del planeta.

El archipiélago de Hawái tiene motivos para sentirse aislado desde el punto de vista geográfico, y desde luego Papahānaumokuākea es un lugar auténticamente remoto. Situado justo en el centro del Pacífico, los territorios más cercanos son los de Japón al oeste, la Baja California al este, Rusia al norte y el estado australiano de Queensland al suroeste. El Océano Pacífico es tan inmenso que, en su seno, tendría fácil cabida la totalidad de la masa emergida de la Tierra. Si observamos el mapamundi, la propia zona de Papahānaumokuākea apenas es un pequeño punto dentro de la gigantesca superficie del Pacífico, aunque si medimos su extensión de punta a punta, la distancia que cubre equivale a la que media entre Londres y Roma. Esa lejana ubicación, unida a la fecundidad de sus aguas, convierte a este conjunto de islas y atolones en residencia habitual de una abundante vida salvaje y en punto de referencia para las especies migratorias.

Aun así, pese a que nunca haya dejado de ser un distante espacio sagrado, lo cierto es que no siempre ha logrado aislarse del mundo. En el siglo XIX, centenares de miles de aves marinas de la zona fueron aniquiladas para obtener huevos y plumas, y se extrajo asimismo el guano en muchas de sus islas a fin de emplearlo como fertilizante. En 1909, la preocupación que generaba en el presidente Theodore Roosevelt esa matanza le animó a poner en marcha unas cuantas medidas de protección inmediata con la intención de detener la masacre. Además, tanto a lo largo del XIX como a principios del XX llegaron a la región, procedentes de tierras lejanas, diversos grupos de cazadores que acabaron, en cantidades asombrosas, con las especies marinas, muchas de las cuales habían recorrido grandes distancias para llegar a Papahānaumokuākea. Era algo así como presentarse en un vasto autoservicio especializado en la procura de productos animales. La carnicería se cobró la vida de millones de tiburones, ballenas y pájaros. Tenemos constancia de que un solo barco mató mil quinientas focas en una breve visita, con lo que la población de focas monje hawaianas quedó reducida a la exigua cifra de un millar de individuos. Se diezmaron los bancos de ostras, entre ellas más de ciento cincuenta mil ostras perlíferas de labios negros en tan solo dos arrecifes. Los cazadores de plumas también liquidaron inmensas cantidades de aves marinas. La pesca colocó igualmente la diana en los pepinos de mar, los peces de arrecife y los tiburones, buscados como fuente de alimento y cebo. Por su parte, los empresarios de una fábrica dedicada al enlatado de carne de conejo soltaron enormes cantidades de ejemplares en la zona, los cuales dejaron rápidamente arrasada buena parte de la vegetación de muchas de las islas.

A pesar de todo, serían las tortugas marinas las que hicieran cobrar conciencia de la magnitud de la destrucción a Aulani Wilhelm: «Cuando vine al mundo, hace ya cincuenta años, solo quedaban sesenta y siete tortugas verdes hawaianas. ¡Sesenta y siete! —exclama—. Se trata posiblemente de la especie marina más emblemática de todo Hawái... Es triste que, siendo tan importante para nuestra cultura, se encuentre luchando a duras penas por su supervivencia».

«La noche da a luz a las tortugas de lomo áspero», nos dice el canto del mito de la creación de Kumulipo. La tortuga verde hawaiana, o *honu*, ocupa en la vida de los hawaianos de hoy un lugar tan axial como el que tuvo en la existencia de las innumerables generaciones de antepasados que se encargaron de la transmisión oral de este poema. La grácil y tranquila confianza que demuestra en el agua recuerda a la de muchos hawaianos, que parecen tener una afinidad natural con el océano.

Prácticamente la totalidad de esta población de tortugas verdes marinas nace en las pequeñas islas de los French Frigate Shoals,* que forman parte de Papahānaumokuākea. Estas dimi-

* Es decir, los «Bajíos de las Fragatas Francesas»: se trata de un conjunto de bancos de arena asentados en un antiguo atolón de las islas de Sotavento de Hawái. El nombre se debe al explorador galo Jean François de La Pérouse,

nutas lenguas de arena, que rara vez se elevan más de un metro sobre el nivel del mar, apenas son una sucesión de puntos increíblemente pequeños y frágiles en la titánica vastedad del Pacífico. Al eclosionar los huevos, enterrados en la arena durante casi dos meses, los diminutos recién nacidos deberán sobrevivir a los picos y los dientes de los depredadores que se lanzan sobre ellos mientras atraviesan el arenal y se zambullen en las someras aguas de los bajíos. Luego pasarán varios años en pleno océano, donde las tortuguitas se alimentarán de las balsas de la vegetación flotante, y finalmente, tras alcanzar la talla suficiente, se dirigirán a las principales islas hawaianas en busca de nuevos nutrientes. Es frecuente afirmar que las tortugas verdes son la única especie herbívora de reptil marino capaz de vivir a base de algas y pastos marinos. Y así es, al menos en gran medida, aunque también se ha observado que comen invertebrados, restos de peces e incluso esponjas. Con esta dieta, centrada básicamente en el consumo de plantas, las tortugas alcanzan una longitud comprendida entre 90 centímetros y 1,25 metros, y pese a su nombre, lo más frecuente es que su coloración vire al marrón oscuro o adopte tonos aceitunados.

En la etapa adulta, las hembras regirán sus días en función de un ciclo que habrán de mantener durante buena parte de su vida, cuya duración total se sitúa en torno a los setenta años. Esto las llevará a efectuar periódicamente, con el fin de realizar la puesta, una migración de dos mil kilómetros, que las trasladará de las zonas de alimentación cercanas a las costas del archipiélago hawaiano a la playa en la que vinieron al mundo, en Papahānaumokuākea. Se estima que la población de tortugas verdes hawaianas desova, en el 96% de los casos, en un puñado de islas de pequeñas dimensiones situadas en la zona de Papahānaumokuākea. Por consiguiente, no resulta difícil entender por qué su número global disminuyó tan drásticamente cuando esas mismas islas se convirtieron en el foco de los intereses económicos. En 1882, el

quien estuvo a punto de perder dos navíos en su ruta de Monterrey a Macao al intentar superar esos escollos. *(N. del T.)*

cuaderno de bitácora de un único buque señala que la tripulación consiguió capturar, en solo tres días, 103 tortugas verdes en uno de los islotes de Papahānaumokuākea. Otros visitantes decidieron desenterrar huevos de tortuga y comérselos. Y más tarde, al aumentar el tamaño y la durabilidad de las artes de pesca, serían muchas las tortugas verdes que acabarían transformadas en capturas accesorias o que perecerían tras quedar enganchadas en redes a la deriva, ya fuera porque se habían perdido o porque sus propietarios las habían abandonado en el mar, convirtiéndose en «redes fantasma». En la década de 1970, la situación de la tortuga verde hawaiana era la de una especie prácticamente extinta.

Tal como ocurre en otros muchos montes sumergidos y en un sinfín de islas oceánicas, también Papahānaumokuākea sirve de refugio o de oasis a las especies piscícolas que se desenvuelven en los desiertos del océano abierto. Sin embargo, el mayor peligro para ellas se debía precisamente a la remota ubicación de estos cobijos. Muchas veces, el hecho de hallarse lejos de cualquier ser humano puede resultar beneficioso para la vida silvestre, pero en el caso de Papahānaumokuākea la distancia dio facilidades a los visitantes que, al carecer de vínculos con el entorno, dado que procedían de un gran número de naciones diferentes, se sentían autorizados a llevarse todo cuanto quisieran. Sería fácil argumentar que, al encontrarnos en una época en la que esas islas estaban deshabitadas, nadie se preocupaba lo más mínimo por su futuro (una manera muy europea de ver el mundo), pero nada más lejos de la realidad.

La inmensa importancia de Papahānaumokuākea para la cultura autóctona de los hawaianos permitió que los pescadores y los ancianos del archipiélago, testigos del gran perjuicio que se estaba causando tanto a los caladeros como al hábitat en general, sintieran la acuciante necesidad de cambiar las cosas. Todo lo que precisaban era el empujón de algún acontecimiento que obligara al resto del mundo a prestarles atención. Y ese impulso llegó finalmente al producirse el blanqueamiento masivo de los corales.

Las tierras emergidas de Papahānaumokuākea, conocidas entonces con el nombre de Islas de Sotavento de Hawái, llevaban casi cien años gozando de cierta protección (obtenida, como recordaremos, gracias al plan que Theodore Roosevelt elaborara con el fin de preservar a las aves marinas). Hasta ese momento, sin embargo, se había hecho muy poco para extender ese amparo a los seres vivos del océano. Desde el punto de vista político, la protección de pequeñas porciones de terreno resulta mucho más sencilla que la salvaguarda de los centenares de miles de kilómetros cuadrados que ocupa una zona cualquiera del océano. Sin embargo, en el plano biológico, esa actitud apenas tiene sentido, dado que, en un conjunto de islotes como este, la tierra y el mar forman realmente parte de un mismo ecosistema. Las focas y las aves marinas que pasan tiempo en tierra firme sufren graves apuros si se agotan los nutrientes oceánicos que precisan, y la defensa de una playa en la que anidan las tortugas ofrece beneficios muy limitados si las hembras reproductoras mueren poco después en las redes de pesca olvidadas. En 1998, sin embargo, todo cambió.

Aulani Wilhelm recuerda con claridad el momento en que el primer gran episodio de blanqueamiento coralino global —atribuido al cambio climático— barrió muchos de los arrecifes del planeta. Fue una noticia alarmante, y por primera vez los ciudadanos comenzaron a preguntar a sus respectivos gobiernos qué medidas iban a adoptar sobre el particular.

> El Congreso estadounidense y el presidente Bill Clinton se hicieron la siguiente reflexión: «¿Dónde se encuentran los arrecifes de coral de Estados Unidos?». La mayor parte de la gente señaló Florida, pero un pequeño grupo de asesores dijeron: «De ningún modo. En las islas hawaianas, y más específicamente en las Islas de Sotavento de Hawái». En fin... no era precisamente un sitio del que hubiera oído hablar el grueso de la administración estadounidense, así que los responsables políticos siguieron sin saber a ciencia cierta qué era lo que estaba pasando. ¿Qué había en ese archipiélago? ¿Qué debíamos saber al respecto?

Este deseo de entender si el cambio climático estaba incidiendo realmente en los arrecifes de Estados Unidos fue el elemento desencadenante de dos esfuerzos paralelos que, además de confluir, terminarían teniendo efectos espectaculares. El primero se concretó en una significativa inversión de tiempo y dinero, lo que permitió acometer investigaciones científicas y recopilar datos en Papahānaumokuākea. Se encargaron análisis ecológicos rápidos y periódicos, que combinaban indagaciones de un gran número de ámbitos distintos centradas simultáneamente en un mismo lugar, y gracias a estas iniciativas se consiguió la convergencia de muchas y muy diversas áreas del conocimiento, de entre las que destacan el estudio de las plantas, los mamíferos, las aves, los reptiles, los corales, los invertebrados, la contaminación y la temperatura.

En el caso de un ecosistema como el de Papahānaumokuākea, las evaluaciones ecológicas rápidas son la forma más adecuada de obtener una imagen de conjunto de la interacción entre las presiones que se dan en tierra firme y en el mar, lo que a su vez facilita la comprensión de los desequilibrios que pudieran estar afectando al sistema (como los debidos, por ejemplo, a la sobrepesca de una misma especie o a las olas de calor marinas que se producen como consecuencia del cambio climático). Sin embargo, por muchos datos que se reúnan, su significación será muy escasa si no existe un verdadero deseo de cambiar las cosas. Demasiadas veces se ha constatado que, sabiendo lo que es preciso hacer, las medidas no llegan porque falta la voluntad de aplicarlas o el respaldo que exigiría su puesta en marcha. En esta ocasión, por fortuna, las cosas fueron muy distintas.

La atención del gobierno estadounidense ofreció a los ancianos y a los pescadores nativos de Hawái la oportunidad que estaban esperando. Llevaban tiempo preocupados por los daños infligidos a la vida marina del entorno de esas islas, que consideran sagradas, y habían estado elaborando planes para devolverle su antiguo vigor. Y fue justamente en esa coyuntura, surgida en el momento exacto, cuando la ciencia, los conocimientos locales y la determinación política acertaron a sumar sus fuerzas.

Pese a que esa encrucijada llegara en el momento oportuno y fuera el factor decisivo para la puesta en marcha del proyecto de restauración, Aulani Wilhelm señala —un cuarto de siglo después— que la razón por la que ha perdurado pertenece a la categoría de lo atemporal:

> Los nativos de Hawái somos parte integrante de este lugar, y si se tiene en cuenta que nuestra cultura evolucionó de hecho mediante la observación y la experiencia de nuestra tierra y nuestro mar, con sus vientos, sus aguas y sus estrellas, que ascienden y declinan a diario sobre nuestras cabezas, uno puede entender perfectamente que la perspectiva que tenemos del entorno esté íntimamente entrelazada con su misma protección.

En diciembre de 2000, el presidente estadounidense Bill Clinton rubricaba una orden ejecutiva destinada a crear la Reserva del Ecosistema de los Arrecifes de Coral de las Islas de Sotavento de Hawái. Fue un acontecimiento de gran trascendencia, tanto para el pueblo hawaiano como para el movimiento global en favor de la conservación del océano. Sin embargo, aquello solo había sido el inicio de un proceso más amplio.

Aulani Wilhelm, que asumió responsabilidades de primer orden, fue testigo del constante y veloz crecimiento de la reserva. En un principio trabajó como directora adjunta del parque marino, y más tarde ocupó, hasta 2006, el más alto puesto de dirección. Con el tiempo, las imágenes de ese espacio natural, rodadas por el oceanógrafo francés Jacques Cousteau, animaron a George W. Bush a convertirse en el tercer presidente de Estados Unidos en proporcionar protección a las Islas de Sotavento de Hawái, a las que declaró monumento nacional. Fue un gesto político inteligente, ya que la creación de un monumento nacional por parte del presidente cobra efecto prácticamente de inmediato y solo puede revocarse mediante la promulgación de una ley en el Congreso, mientras que el proceso jurídico que precisa la asignación efectiva de la categoría de santuario a un espacio determinado tarda mucho tiempo en adquirir concreción legal. Aulani Wilhelm fue nombrada superintendente del monumento, y pocos meses después, el presidente Bush materializaba el anhelado deseo de los hawaianos nativos, cambiando oficialmente el nombre de Islas de Sotavento de Hawái por el de Papahānaumokuākea.

A lo largo de la década siguiente, Papahānaumokuākea se desenvolvió muy bien. No solo se descubrieron algunas especies nuevas y se recuperaron otras ya conocidas, sino que la importancia cultural de la zona adquirió el brillo de todo cuanto logra recordarnos con la suficiente fuerza persuasiva que las diferentes generaciones vivas tenemos la responsabilidad de cuidar de nuestro mundo. En 2016, al visitar la reserva, el presidente estadounidense Barack Obama cuadruplicó la superficie del monumento nacional de Papahānaumokuākea, extendiendo su alcance hasta los límites mismos del territorio estadounidense. De este modo, una vez adquirida la mayor superficie posible, Papahānaumokuākea quedó convertida en lo que en su día fue la región marina protegida más amplia del planeta, ya que cubría una superficie de más de un millón y medio de kilómetros cuadrados, superando así la de todos los parques nacionales de Estados Unidos juntos.

Pese a que los titulares mediáticos tiendan a centrarse en la lista (desde luego impresionante) de los numerosos presidentes estadounidenses, tanto demócratas como republicanos, que han prestado apoyo al parque de Papahānaumokuākea, Aulani Wilhelm no duda en absoluto en atribuir casi enteramente el mérito de tan notable logro a los centenares de ancianos nativos del pueblo hawaiano, así como al sinfín de científicos, pescadores y líderes comunitarios, cuyo trabajo, incansable y sostenido durante varias décadas, ha sido el auténtico artífice de este logro:

> Estoy plenamente convencida de que, si esta área marina protegida ha cumplido ya un cuarto de siglo de vida, es porque cuenta con el sólido respaldo intergeneracional de nuestra comunidad nativa hawaiana. El apoyo político suele revelarse efímero, pero si se cuenta con el aval de la comunidad, si existen vínculos culturales profundos, no solo con el espacio en sí, sino también con los mecanismos que han de regir su gestión, la toma de decisiones que da continuidad a la protección de ese patrimonio se revela duradera.

Gracias a ellos ya no tenemos que preguntarnos qué repercusiones podría tener la preservación de una amplia región oceánica, dado que ahora podemos comprobarlo con nuestros propios ojos.

Wisdom ha visto de todo. Nadie conoce su edad con exactitud, pero desde luego supera los setenta años, lo que significa que las visitas que realiza anualmente al atolón de Midway, en Papahānaumokuākea, le habrán dado ocasión de presenciar un gran número de cambios. *Wisdom* regresa con puntual precisión al mismo lugar del atolón de Midway en el que, hasta la fecha, ha dejado un mínimo de treinta y cinco huevos.

Wisdom es una hembra de albatros de Laysan, y también, hasta donde nos es dado saber, el ejemplar más anciano del mundo de su especie. Los investigadores la anillaron originalmente en 1956, y todos los años aguardan con ansia su regreso. En sus descripciones, Aulani Wilhelm señala que las aves de esta especie —denominada *mōlī* en hawaiano— «son una suerte de gaviotas gigantes, aunque con unos asombrosos ojos almendrados, como los que acaso tuviera Cleopatra, pues no en vano se cuentan entre las criaturas más espléndidas del mundo». Los albatros han alimentado durante mucho tiempo las supersticiones de los marineros, ya que el avistamiento de una de esas aves se consideraba signo de buena fortuna en un viaje, mientras que la ausencia de su silueta en el firmamento era augurio de un futuro siniestro. Y lo cierto es que no resulta infundado tenerlos como talismanes, puesto que los albatros son marinos inmejorables.

Con dos metros de envergadura y unas proporciones corporales perfectas, el albatros de Laysan cabalga los vientos y aprovecha el soplo ascendente de las olas para elevarse sin esfuerzo. Los ejemplares de esta especie pueden cubrir distancias inmensas con precisión milimétrica. Tenemos constancia del viaje de uno de ellos, y sabemos que partió del estado de Washington, en la costa occidental de Estados Unidos, y regresó a Midway haciendo un promedio de 550 kilómetros al día. Otro de sus congéneres encontró el camino de vuelta al pequeño atolón de Midway tras despegar de un punto de las Filipinas, a unos siete mil kilómetros de distancia de su destino. Estas aves pueden permanecer larguísimos períodos en alta mar. De hecho, entre los tres y los cinco años (contados a partir del momento en que han echado las plumas y aprendido a volar), la mayor parte de los albatros no tocarán tierra un solo instante. Se alimentan lanzándose en picado y buceando para atrapar peces, calamares y crustáceos. Evitan la deshidratación gracias a una ingeniosa adaptación evolutiva a la que los aficionados a la observación de aves llaman *tube-nose*, o «nariz de tubo». Y es que, en efecto, el albatros y sus parientes, como los petreles y las pardelas, poseen un par de tubos nasales en la parte superior del pico, y sobre ellos unas glándulas especializadas capaces de filtrar el exceso de sal presente en su torrente sanguíneo junto con la cantidad de agua precisa para generar una solución salina. Esta suerte de «salmuera», que se secreta por las fosas nasales (es decir, por los «tubos» a que los que antes aludíamos), permite al animal beber agua de mar sin que los niveles corporales de sal alcancen valores peligrosos. Dichos tubos realizan igualmente funciones olfativas, ayudándoles a detectar el olor que generan las proliferaciones de plancton o los grandes bancos de peces.

Tras sus largos vagabundeos marinos, los albatros hacen algo más que regresar a su atolón de origen, ya que retornan al metro cuadrado exacto del que partieron y se reúnen, año tras año, con la misma pareja. Juntos, el macho y la hembra incuban un único

El albatros de Laysan.

huevo. Dada esa asombrosa capacidad para el vuelo y la realización de grandes viajes, los *mōlī* ocupan un lugar muy especial en la cultura nativa de Hawái. Así nos lo explica Aulani Wilhelm:

> La gente veneraba a los *mōlī*. Al ser las aves que vuelan a mayor altura y las que más se acercan al cielo, sus plumas se usaban para destacar el rango de nuestro más encumbrado jefe, y debo añadir que, gracias a la protección que les brinda la reserva, el volumen de las poblaciones de *mōlī* es hoy cuarenta veces mayor que el de épocas anteriores. Prácticamente la totalidad de la especie del *mōlī*, es decir, del albatros de Laysan, vive en Papahānaumokuākea, así que sin este parque no quedaría un solo *mōlī* en el mundo.

En la actualidad, Papahānaumokuākea cuenta con la colonia de albatros más abundante del planeta y alberga casi la totalidad de la población mundial de las variedades de Laysan y de patas negras. También es la mayor colonia de cría de aves marinas del globo, ya que en la región residen anualmente más de catorce millones de pájaros.

Uno de los elementos que han determinado de manera crucial la recuperación de Papahānaumokuākea ha sido su tamaño. Algunas especies, como el tiburón, la foca, la tortuga verde y el atún necesitan moverse en grandes espacios. Las zonas marinas protegidas de pequeñas dimensiones también son importantes, pero si lo que se busca es la recuperación a gran escala de aquellas especies que recorren grandes distancias, es preciso disponer de espacios tan amplios como sea posible. Y ha sido justamente esa magnitud lo que ha dado pie a una restauración ecológica en Papahānaumokuākea superior a todo cuanto hayan conocido los siglos en cualquier otro punto de la Tierra.

Hasta la creación del Monumento Nacional de Papahānaumokuākea, se había venido suponiendo que ningún área protegida podría alcanzar la envergadura que exige la migración de aquellas especies piscícolas que recorren grandes distancias (como el atún blanco o de aleta amarilla). Sin embargo, la gigantesca extensión de este monumento nacional ha hecho que las aguas de la inmediata periferia del área protegida hayan disfrutado también de beneficios extremadamente sustanciales. Hasta tal punto es así, que la captura de atunes en esa zona externa ha aumentado en más de un 50 %, lo que, para la economía y la cultura hawaianas, en las cuales el atún ocupa un lugar central, es una noticia excelente.

Además, esta mejoría ha influido enormemente en la percepción mundial que se tenía hasta ahora de la protección marina. La iniciativa conservacionista de Papahānaumokuākea ha demostrado que la creación de amplias zonas cerradas a la actividad pesquera es de gran ayuda para la recuperación de las poblaciones de aquellas especies que pasan el grueso de su existencia recorriendo las inmensidades del océano. Este es uno de los resultados más relevantes a los ojos de Aulani Wilhelm, que arde en deseos de esgrimir este ejemplo para conciliar las posiciones, aparentemente irreconciliables, de proteccionistas y pescadores: «Preservar el océano no significa estar contra la pesca —asegura—. La actividad pesquera es fundamental para el bienestar de los seres humanos. Los hawaianos lo sabemos muy bien. Los objetivos de la pesca saludable y los proyectos de conservación son los mismos: más peces, mayor abundancia y océanos mejor saneados».

Las poblaciones de tortugas verdes hawaianas también han aumentado. Actualmente, resulta difícil pasar un rato nadando, haciendo surf o navegando junto a las costas de Hawái sin ver algún ejemplar deslizándose suavemente entre dos aguas, mordisqueando los pastos marinos o asomándose a la superficie para respirar y observar el entorno. También sorprende verlas tomar el sol de cuando en cuando en las playas de Papahānaumokuākea. Todas las tortugas verdes pisan tierra firme para desovar, pero solo en Papahānaumokuākea se las ha visto solazarse de esa forma en la orilla, y esta es una de las numerosas maravillas y anécdotas que nos ofrece esta increíble área marina protegida.

La blanca arena de las playas de la región también aparece cubierta de focas monje hawaianas (una especie que se hallaba en grave peligro de extinción, como ya hemos visto), y las aguas que las circundan albergan nada menos que veinticuatro especies de ballenas y delfines. Los enormes tiburones tigre, llegados desde regiones lejanas situadas a miles de kilómetros, patrullan las aguas someras a escasos metros de la costa.

De manera similar, no queda prácticamente un solo centímetro de tierra en el interior que no haya sido reclamado por las aves marinas. En el momento presente, se trata de hecho del lugar más importante del planeta para muchas especies amenazadas. Enormes bandadas de pardelas, gaviotines y petreles sobrevuelan las alturas describiendo vastos círculos, y en las islas más grandes se asientan ahora las mayores colonias de albatros del mundo. Si uno de los polluelos de *Wisdom* alcanzara los sesenta o setenta años, quién sabe qué riquezas biológicas le será dado contemplar en Papahānaumokuākea.

En esta reserva, la recuperación ha superado todas las expectativas, así que el futuro podría brindarnos concentraciones de vida silvestre jamás vistas por ningún ser humano en los últimos ciento cincuenta años. No obstante, las personas que han contribuido a crear el parque de Papahānaumokuākea se apresuran a señalar que el monumento, que ofrece efectivamente protección y refugio a las especies marinas, es sin embargo incapaz de evitarles los efectos del cambio climático o la contaminación. Si la cuasi totalidad de las tortugas verdes hawaianas anidan en una minúscula lengua de arena a flor de agua, ya que apenas supera en unos centímetros el nivel del mar, ¿cómo iba a lograr mantenerlas a salvo a largo plazo? No existe una sola fórmula de conservación local capaz de detener el aumento del nivel del mar.

En términos generales, lo ocurrido en Papahānaumokuākea resulta muy aleccionador. Sin embargo, lo que ahora debemos hallar son métodos para animar a otras personas a dar pasos similares. El planteamiento que defiende Aulani Wilhelm se aparta de la argumentación que se esgrime habitualmente en favor de las áreas marinas protegidas:

> La gente solía decirnos: «¿De qué están protegiendo la zona?». Y nosotros respondíamos: «La pregunta adecuada no es "de qué", sino "para qué" la defendemos». Si se instituyó la reserva de Papahānau-

mokuākea fue por su valor intrínseco, porque es inestimable en sí misma, y por la trascendencia que tiene para nuestra cultura.

Puede que esa sea la lección más importante que el mundo puede aprender de Papahānaumokuākea. Pese a haber dado unos beneficios económicos considerables y permitido extraer notables réditos políticos, su éxito se ha debido sobre todo al hecho de ser relevante para la sociedad hawaiana. Hoy en día, los movimientos conservacionistas tienden a hablar el lenguaje de la economía con el fin de mostrar la faceta rentable del mundo natural, que es lo que las empresas y los mercados respetan. Como es obvio, ese es un aspecto destacado, pero los resultados de la reserva de Papahānaumokuākea sugieren que el valor de un espacio natural para la cultura y la percepción identitaria, es decir, la valía que tiene en virtud de su simple existencia, es ya una razón poderosa para proteger los espacios especiales de nuestro océano y garantizar que perduren al margen de los ciclos políticos o las oscilaciones del mercado. Solo así podrán seguir siendo de particular significación, tal como lo fueron para nuestros antepasados, y para quienes vengan después de nosotros.

8

El Océano Antártico

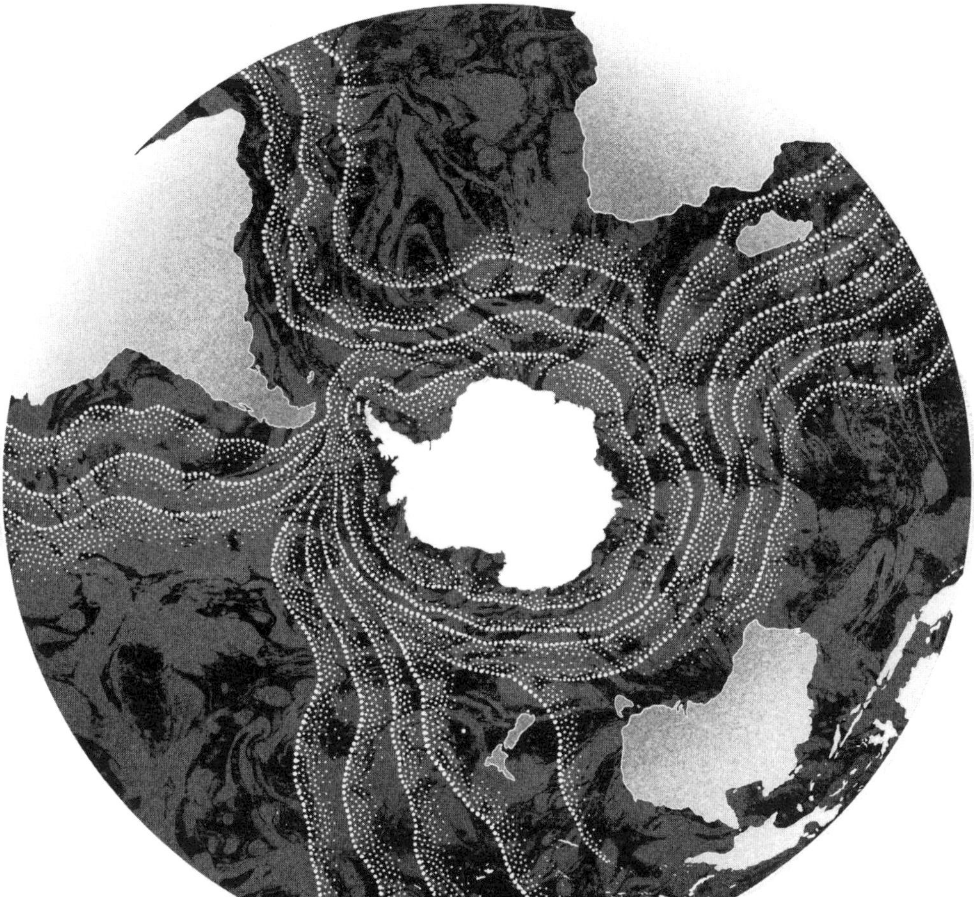

Rodaje de un capítulo dedicado a los elefantes marinos de la isla de San Pedro

Visité por primera vez la isla de San Pedro en el mes de diciembre de 1980, es decir, en pleno verano austral. Tras alimentarse en el mar durante el invierno, los elefantes marinos macho llevaban ya varias semanas en tierra, con el fin de reclamar la posesión de los sectores mejor ubicados de las playas y hacerse con los harenes de hembras que se habían congregado en la costa.

La mayor parte de los machos se hallaban casi al borde de la inanición, dado que no habían vuelto a realizar incursiones de pesca por miedo a quedar desplazados del particular escalafón de la jerarquía social al que habían conseguido auparse tras duras peleas. Es posible que llevaran cerca de tres meses viviendo exclusivamente de la grasa almacenada, pero aun así su tamaño seguía siendo tan impresionante que continuaba intimidando a cualquiera. El viento que acostumbra a barrer con furia el Océano Antártico, a veces sin tregua y durante varios días (lo que puede revelarse extraordinariamente problemático para cualquier técnico de sonido que deba grabar en su radio de acción), había amainado bastante, tanto como para hacernos creer que yo mismo, como presentador del programa, podía caminar entre aquellas moles y explicar ante la cámara los pormenores del episodio.

Encontramos una playa ocupada por unos treinta o cuarenta elefantes marinos. Yo había planeado abrirme paso entre ellos para explicar con calma los detalles de los hábitos reproductivos y la jerarquía social de la especie, y aunque me había procurado un palo de buen tamaño por si tenía que mantener a raya a alguno de los machos particularmente agresivo, me sentía un tanto indefenso.

Los machos más poderosos, los «dueños de la playa», consiguen reunir nutridos harenes de hembras. Estos machos alfa se tienden a lo largo de la orilla y emiten un característico sonido gutural de baja frecuencia para dejar claro su dominio. Al acercarme a ellos, noté que el bramido vibraba en mis entrañas, y tuve que hacer grandes esfuerzos, ya que debía situarme en una posición lo suficientemente alejada para que el sonido no tapara mi discurso ante la cámara, y al mismo tiempo lo bastante próxima al macho dominante de la playa para que nuestro protagonista permaneciera en plano. Puede que me acercara un pelín más de lo aconsejable, porque el animal dio un brusco giro en mi dirección, y con una rapidez muy superior a lo que su enorme volumen habría presagiado. Estaba claro que pensaba defender con precisión su territorio y los trofeos que atesoraba en su interior. El susto consiguió recordarme la tremenda fuerza que se precisa para seguir siendo el amo de la playa en el vasto Océano Antártico.

Los mares que rodean la isla de San Pedro y el resto de los espacios insulares subantárticos son excelentes lugares para la vida marina que prospera en aguas frías. Las islas de la región son en realidad las cumbres de una cordillera submarina cubierta en gran parte por el océano, el llamado Arco de las Antillas australes, o dorsal de Scotia, que en otra era formó parte de un puente continental que conectaba la Antártida con Sudamérica. De hecho, el mayor flujo oceánico del globo, la potente corriente circumpolar antártica, topa con todas estas puntas emergidas y se ciñe parcialmente a su perfil. Cuando esta inmensa corriente (que, según las estimaciones, transporta un volumen de agua ciento cincuenta veces superior al de todos los ríos de la tierra juntos) tropieza con la dorsal de Scotia, su masa obliga a ascender a la superficie una enorme cantidad de agua rica en nutrientes, lo que crea grandes proliferaciones de fitoplancton e inicia una de las cadenas tróficas más copiosas del planeta.

Los elefantes marinos australes ocupan la cima de esta cadena alimentaria. Pueden llegar a medir cinco metros de longitud y alcanzar pesos superiores a las cuatro toneladas. Parecen torpes y desgarbados en tierra, pero en estas gélidas aguas son los amos del lugar. Tienen la capacidad de pasar meses enteros en el mar, donde se dan verdaderos festines de calamares, tiburones, rayas, mariscos y cualquier banco de peces local que encuentren en sus correrías. Son buceadores prodigiosos y descienden periódicamente hasta los dos mil trescientos metros de profundidad, para lo cual aguantan la respiración durante veinte minutos o más.

La grasa que desarrollan a lo largo del invierno, que los mantiene calientes en las bajas temperaturas de su medio, les sostiene más tarde en los largos meses de privaciones que han de superar para conservar la posesión de un espacio de playa en la temporada de cría. Sin embargo, fue precisamente esa adaptación la que estuvo a punto de costarles la extinción.

En 1775, al recalar en la isla de San Pedro el capitán Cook documentó la existencia de vastas colonias de focas, y su informe encontró lectores muy atentos a su descripción. De este modo, no tardaron en llegar cazadores de focas, todos ellos interesados en las muchas especies que allí se encontraban, dado que su grasa era una buena fuente de ingresos. En la mayor parte de los casos se dejó en paz a los elefantes, ya que era mucho más fácil matar a los lobos marinos. Poco tiempo después, sin embargo, las poblaciones de ballenas del Océano Antártico quedaron tan mermadas que los balleneros optaron por recurrir a los elefantes marinos, a fin de transformar la grasa en el aceite que ya no alcanzaban a conseguir con los arpones.

En las postrimerías del siglo XIX, los elefantes marinos australes consiguieron salvarse gracias a los peculiares principios de la economía. Si se quería que la caza de focas resultara rentable, era imprescindible poder acabar con grandes cantidades de animales, dado que para llegar hasta ellos había que recorrer enormes distancias y emplear mucha mano de obra. Por consiguiente, al disminuir la población de elefantes marinos y hallarse además sumamente dispersa, la inversión dejó de dar beneficios, y de ese modo los restos de las antiguas grandes manadas consiguieron persistir hasta el día en que finalmente se prohibió la caza por completo.

En la época en que los filmamos, corriendo el año 1980, el número de ejemplares estaba empezando a recuperarse, con lo que en la actualidad sus cifras rondan, como mínimo, los setecientos cincuenta mil individuos. Cuando pienso en algunos de los sitios en que tuve ocasión de rodar en los inicios de mi carrera, me alegra muchísimo saber que las maravillas que tienen oportunidad de ver los científicos y los equipos de filmación que ahora visitan esas playas son todavía más impresionantes que las que yo mismo pude contemplar.

D. A.

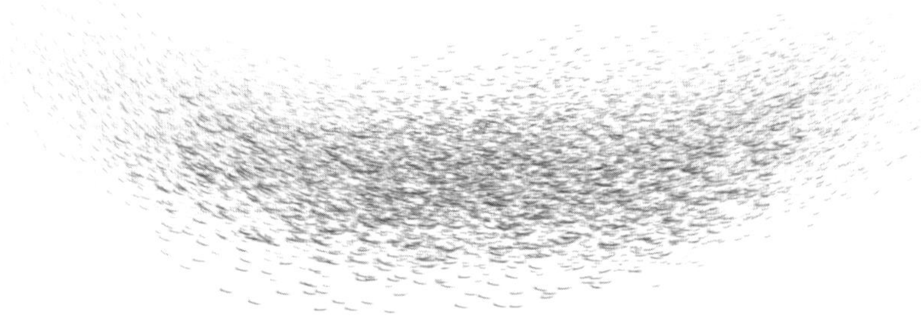

Rebasados los cuarenta rugientes y superados los cincuenta furiosos hasta internarnos en los aulladores sesenta,* llegamos a un continente extremadamente indómito y remoto, tanto que en él no ha habitado jamás un solo pueblo indígena ni existen asentamientos permanentes. De hecho, hemos tenido que esperar hasta el año 1983 para disponer de una cartografía adecuada de su relie-

* Son los nombres con los que se señalan en las antiguas cartas marinas las regiones comprendidas, respectivamente, entre los paralelos 40°, 50° y 60° sur, debido, obviamente, a los fortísimos vientos que los azotan. *(N. del T.)*

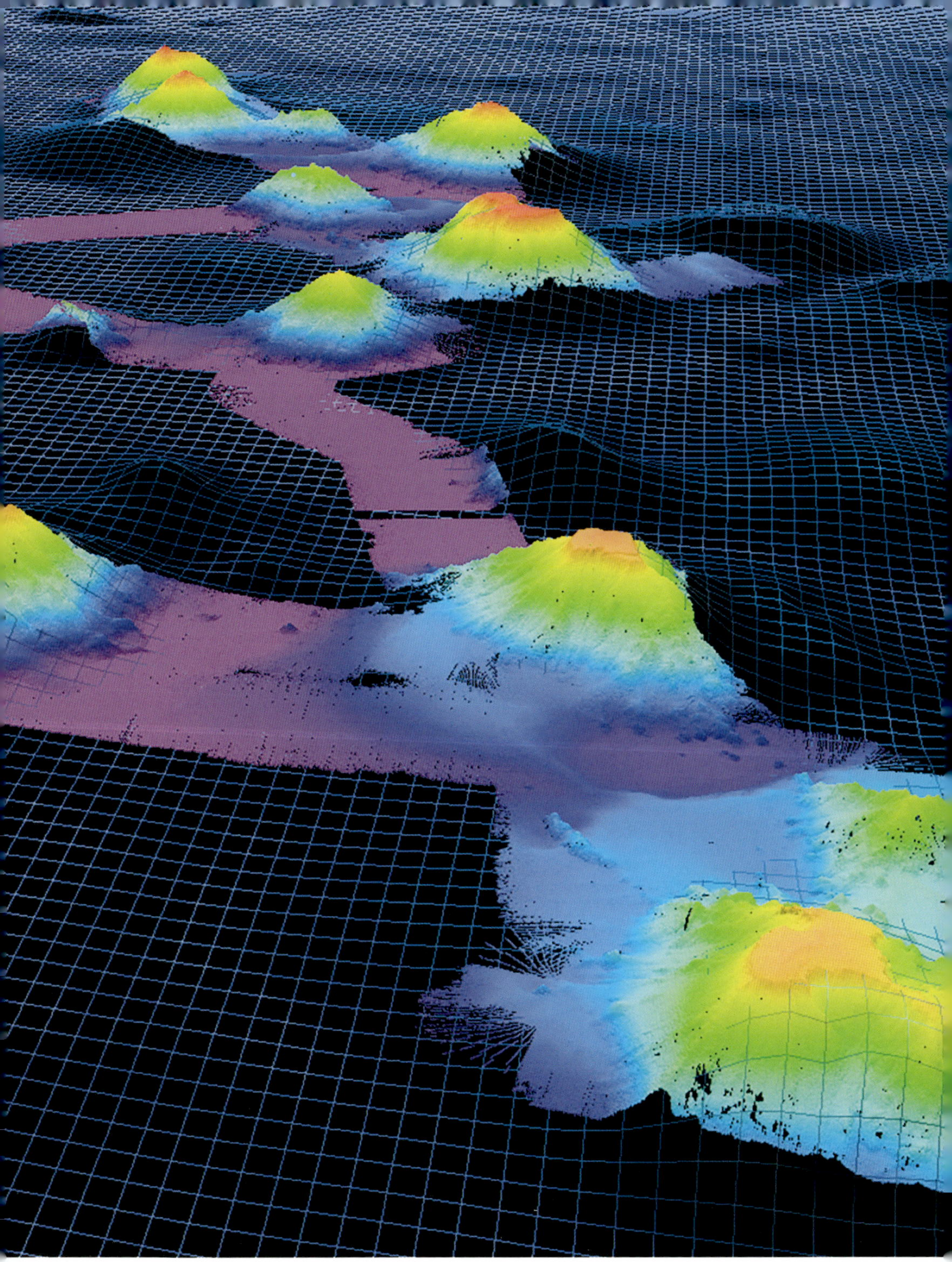

Gracias al sónar multihaz, los científicos han logrado descubrir y cartografiar en el Océano Atlántico, frente a la costa de Massachusetts, montes submarinos como los que figuran en la imagen. Todos los años se detectan accidentes geográficos nuevos en el fondo del mar, lo que nos hace comprender mejor la importancia que tienen estas formaciones para la vida marina.

Una inmensa tormenta se cierne sobre una diminuta isla de coral de las Maldivas. Este país insular está formado por más de mil islas. Esta cantidad, que puede parecer grande, apenas pasa de ser una pequeñísima fracción de las más de seiscientas mil islas que existen en el mundo.

Una tortuga verde nada en el Pacífico Sur, frente a las costas de la Polinesia Francesa. Es la única especie herbívora de tortuga, ya que se alimenta principalmente de pastos marinos y algas. Sabemos que las hembras emprenden largas migraciones para cubrir la distancia que media entre las zonas en que se alimentan y las playas que las vieron nacer, a las que más tarde regresan con el fin de desovar a su vez.

David Attenborough y un elefante marino fotografiados en 1992 en la bahía de San Andrés, en la isla de San Pedro. Corriendo el año 1980, David había realizado ya una primera filmación en dicha isla para el documental *Life on Earth*, pero años después regresó con el fin de rodar los capítulos de una nueva serie, en esta ocasión centrada por entero en la Antártida.

Una nutrida colonia de pingüinos rey en la bahía de San Andrés, en la isla de San Pedro.

Una gran colonia de pingüinos barbijo se acomoda sobre un iceberg en
el Océano Austral, cerca de la isla Coronación, una de las que integran
el archipiélago de las Orcadas del Sur, en la Antártida. A cierta distancia
se distingue claramente la presencia de tres arrastreros dedicados a la captura

de kril, rodeados de los surtidores de varias ballenas. El kril es la base en que se sustenta el ecosistema de este océano, pero en los últimos años la pesca de estos pequeños crustáceos planctónicos ha crecido de forma muy significativa.

El vuelo de un petrel gigante frente a este iceberg, que flota, esculpido por el oleaje, en el Océano Austral, cerca ya del continente antártico, nos da una idea de las dimensiones reales de esta masa de hielo.

ve, ya que hasta entonces desconocíamos su orografía. En nuestro hiperconectado mundo, la expresión «última región salvaje» suele asociarse a una sorprendente cantidad de ámbitos, pero si hay una zona a la que todavía quepa aplicarla sin discusión alguna, esa es sin duda la que forman el Océano Antártico y el continente al que baña por los cuatro costados: la Antártida.

Son realmente pocos los lugares de la Tierra, si es que hay alguno, cuyas características vengan tan definidas por la latitud en que se encuentran. No en vano se asignan términos como el de los «aulladores sesenta» a los vientos que braman entre los paralelos situados al sur del ecuador, entre los 60 y los 70 grados. Es una forma de señalar la naturaleza de los imaginarios círculos concéntricos que parten del Polo Sur, compartimentan la gélida masa continental de la Antártida, cruzan los hielos permanentes de la banquisa de su periferia, continúan por un segundo anillo de hielo marino (este ya sujeto a las variaciones estacionales) y desembocan en el propio Océano Antártico.

Hay que ser extremadamente resistente (o estar al menos muy bien adaptado) para poder sobrevivir en este entorno. En la superficie helada, los pingüinos emperador macho pasan cuatro meses a la intemperie, y sin comida, en uno de los entornos más hostiles del planeta. Cada uno de ellos cuida de un único huevo y le aporta el calor necesario para que el polluelo de su interior logre superar el invierno, protegido por un repliegue especial de piel al que damos el nombre de «bolsa de anidamiento». En el fondo del mar, las esponjas, las arañas marinas, los crustáceos y los gusanos alcanzan tamaños mucho mayores que los de sus parientes de aguas cálidas, aunque todavía desconocemos la razón exacta de este gigantismo de las aguas frías. Los dracos o peces de hielo, que viven a temperaturas bajísimas (suficientes para congelar a las especies de las zonas tropicales y templadas), cuentan con unas proteínas anticongelantes en el torrente sanguíneo que limitan la cristalización de sus fluidos internos, lo que permite que el punto de congelación de su sangre se sitúe ligeramente por debajo de la del agua de mar. Y ni siquiera eso es lo que más sorprende de su sistema circulatorio, ya que estos animales carecen de glóbulos rojos, con lo que su sangre es translúcida. Nadie puede asegurar con certeza cuál es el valor evolutivo de esta adaptación, que, de hecho, debería ser perjudicial, ya que al no tener glóbulos rojos les resulta más difícil transportar el oxígeno a sus distintos órganos. Sin embargo, para compensar ese déficit, han desarrollado una piel sin escamas que les permite absorber directamente el oxígeno disuelto en el agua del mar.

El Océano Antártico es realmente un lugar de situaciones extremas.

Se formó hace aproximadamente treinta millones de años, en una época en que la deriva tectónica abrió el pasaje de Drake y separó América del Sur de la punta septentrional de la Antártida, dando lugar a la aparición de la más joven de las cinco cuencas oceánicas del planeta. La exacta extensión del Océano Antártico ha generado un gran número de debates técnicos y políticos, pero si examinamos una imagen satelital de la zona, parece claro que nace en las costas de la Antártida y conecta los cinco grandes cabos del hemisferio sur, a saber, el de Buena Esperanza en África, el de Hornos en Sudamérica, el Sudoeste en Nueva Zelanda, el Sureste en Tasmania, y el Leeuwin en Australia. Su profundidad media oscila entre los cuatro mil y los cinco mil metros, pero las aguas de su superficie, pese a estar extremadamente frías, se cuentan entre las más fértiles del mundo, y son por tanto escenario de algunas de las mayores concentraciones conocidas de vida marina. Hay cientos de rorcuales comunes, y nadan tan apretadamente que su titánico resuello, al condensarse en la fría atmósfera, da la impresión de generar nubes bajas. Enormes grupos de pingüinos nadan a gran velocidad y brincan fuera del agua cada pocos metros. Y las focas y las aves marinas cubren a rebosar las playas de las islas más remotas.

La principal razón de esta superabundancia es la constante mezcla de agua que se produce a causa, justamente, de las condiciones extremas que reinan en esta región salvaje del casquete inferior de nuestro planeta. Al llegar el invierno, las horas de luz solar menguan poco a poco y los meses de oscuridad se abaten sobre el continente austral, con lo que el océano que circunda la

Antártida comienza a congelarse. En la superficie se forman unas diminutas agujas de hielo conocidas con el nombre de «frazil» o hielo cristalino. El proceso de congelación extrae el agua dulce del mar, lo que, al dejar la sal en la solución, da lugar a una de las aguas más densas y salobres del planeta. Billones de toneladas de esta agua densa descienden miles de metros hasta alcanzar el fondo del Océano Antártico. Entretanto, en el mar, los potentes e incesantes vientos del oeste —que no encuentran obstáculo continental alguno en su camino— arrastran las aguas de la superficie, con lo que la masa acuática de las profundidades, rica en nutrientes, asciende de los abismos para llenar el vacío dejado por las que se han visto desplazadas.

Este es el proceso que impulsa la mayor corriente oceánica del globo: la corriente circumpolar antártica. Se mire por donde se mire, estamos ante una fuerza colosal dotada de un formidable empuje. Es la única corriente oceánica del mundo cuyo alcance puede considerarse auténticamente global, dado que forma una suerte de bucle irregular e ininterrumpido que parte de la Antártida —en torno a la cual fluye en sentido horario— para rodear después la Tierra entera. Esta corriente, que se inicia al sur del paralelo 40°, llega a tener doscientos kilómetros de anchura en algunos de sus tramos, lo que no le impide seguir ejerciendo presión sobre el agua situada cuatro mil metros por debajo de la superficie.

Según se cree, la corriente circumpolar antártica desempeña un papel vital en la mezcla del agua de los océanos del mundo, lo que a su vez influye de manera decisiva en el hecho de que los hielos de la Antártida tengan carácter permanente. Los océanos Índico, Atlántico y Pacífico llevan las aguas relativamente cálidas de sus respectivas cuencas hasta el Océano Austral y es esta corriente la que mezcla todos esos aportes y los moviliza siguiendo una ruta aproximadamente circular en torno al Océano Antártico, lo que garantiza la presencia de una barrera constante de agua fría entre el hielo de la Antártida y las aguas superficiales, más cálidas, que llegan del ecuador.

Estas condiciones únicas crean la característica probablemente más importante para el conjunto de la vida silvestre que prospera en este Océano Austral: la convergencia antártica. Pese a que su ubicación exacta fluctúe en función de las estaciones, este fenómeno establece una verdadera demarcación biofísica, similar al límite de la vegetación arbórea del Ártico. En esta última región, la frontera del crecimiento del bosque señala la latitud que separa la zona en que los árboles consiguen crecer de las áreas situadas más al norte, en las que hace demasiado frío y solo hay tundra, hielo y océano. De manera parecida, la convergencia antártica traza la divisoria a partir de la cual las aguas frías y densas del sur se hunden bajo las masas marinas relativamente más templadas, llegadas de latitudes algo más septentrionales. Esto provoca una serie de surgencias de nutrientes, y estas catalizan los vastos procesos de floración del fitoplancton que alimentan a su vez las cadenas tróficas de la vida marina del Océano Antártico. Las temperaturas de las aguas superficiales que se encuentran a uno y otro lado de la línea de convergencia son tan diferentes que gran parte de los animales oceánicos de respiración pulmonar son también muy distintos en dichas zonas, hasta tal punto que rara vez traspasan ese límite acuático. Las verdaderas especies antárticas, como la foca de Weddell y el pingüino emperador, solo pueden vivir de forma permanente en las frías aguas que se abren al sur de la convergencia antártica.

Lo mismo puede decirse de la criatura posiblemente más importante de todo el Océano Austral: el kril antártico. Quien navegue por dicho océano y observe que el agua adquiere un tono rojizo, ya se trate de una faja de un par de metros de anchura o de una vasta banda de varios kilómetros, puede estar seguro de dos cosas: en primer lugar, que se halla al sur de la convergencia, y en segundo lugar que está en presencia de una acumulación de varias decenas de miles de minúsculos animalitos que muy probablemente estén a punto de atraer, por decenas, a otros seres mucho más grandes. El kril antártico es un pequeño crustáceo parecido a la quisquilla, aunque en este caso la pigmentación natural de su caparazón sea de un vivo color rojo. Tal como sucede con muchas especies de agua fría, el kril crece con notable lentitud y tiene una esperanza de vida sorprendentemente larga. Sus huevos eclosionan en las oscuras profundidades del Océano Antártico. Después, las larvas dedican varios días a nadar hacia la superficie para alimentarse con el fitoplancton. Estos alevines tardarán tres años en adquirir la longitud definitiva de los adultos, que es de cinco a seis centímetros.

El kril ha desarrollado un gran número de adaptaciones únicas, y gracias a ellas consigue sobrevivir al invierno antártico. A medida que avanza la estación de la oscuridad, baja de forma igualmente paulatina la cantidad de luz solar que permite realizar la fotosíntesis al fitoplancton, con lo que el volumen de estos organismos vegetales también disminuye. Al ver reducida su principal fuente de alimento, el kril ralentiza su metabolismo, y, si es posible, cambia de dieta y opta por otros alimentos alternativos, como las algas del hielo, los detritos del fondo marino, y hasta el mismo zooplancton. Más notable aún es lo que han demostrado recientemente algunos estudios científicos, y es que las hembras del kril se encogen en la estación invernal y reabsorben su fisiología sexual externa, volviendo así, *de facto*, a su etapa juvenil, en la que sus necesidades energéticas eran menores. Esta disminución de tamaño les permite utilizar las proteínas de su propio cuerpo como combustible, sobreviviendo de ese modo a los períodos de escasez. Con la reactivación de la primavera, las hembras del kril retoman su morfología sexual y recuperan la plena madurez reproductiva justo a tiempo para la estación de cría...

Siempre y cuando no hayan sido pasto de sus numerosos depredadores, claro está.

En el Océano Antártico, las relaciones entre cazadores y cazados suelen ser más sencillas que las de otros hábitats. Lo más frecuente es que la cadena trófica dependa del kril. El elemento sustancial de la dieta de los pingüinos, los peces, las focas y los calamares es precisamente el kril. Sin embargo, en el caso de las ballenas barbadas, que se alimentan por filtración (como sucede con las jorobadas, las azules y los rorcuales) y deben su nombre a las barbas que poseen en la boca, el kril es una parte extremadamente importante de la cadena trófica, que en esta ocasión es muy simple. Las ballenas azules, por ejemplo, ingieren enormes cantidades de kril. Puede haber hasta diez mil kriles en un solo metro cúbico de agua, y los cetáceos de esta especie pueden tragárselos íntegramente de un solo golpe. Las ballenas dependen hasta tal punto del kril que se ha descubierto una relación directa entre las tasas de embarazo de las jorobadas y la disponibilidad de kril en una determinada zona (de modo que la alta densidad de kril se traduce en un mayor número de ballenatos al año siguiente). Como sabe bien todo el que conozca los principios de la estadística, la existencia de una correlación no es una indicación de causalidad, pero en este caso el elevado grado de correspondencia, unido a la ausencia de otros factores potenciales, sugiere de manera clara que es preciso tomarse en serio la posibilidad de un vínculo entre las poblaciones de kril y el número de nacimientos entre las ballenas jorobadas. Por eso es una suerte que el kril antártico sea una de las especies más numerosas del planeta, ya que, en el Océano Austral, se estima que sus efectivos se elevan a unos setecientos billones de ejemplares.

En su forma más sencilla, la vida en el Océano Antártico encuentra su fundamento en las condiciones extremas que genera la acción combinada de las corrientes y las surgencias. Ambos movimientos traen desde las profundidades los nutrientes que precisa el crecimiento del fitoplancton, del que se alimenta el kril, que es lo que comen a su vez muchas de las especies que viven en la zona o que acuden a ella en sus migraciones.

De hecho, también los seres humanos hemos llegado a la región antártica en oleadas, unas veces movidos por el afán de descubrimiento y otras por el ansia de explotación.

Siglos de debate y misterio han envuelto la realidad de lo que se escondía más allá de las tierras conocidas, cuyo término venía marcado por los cabos más meridionales de los antiguos mapamundis. El enigma atrajo la atención de figuras extremadamente influyentes, y una de ellas fue la de uno de los primeros astrónomos, el egipcio Ptolomeo, que creía que la Tierra, a la que ya atribuía forma esférica, necesitaba contar con un continente en su porción inferior para conservar el equilibrio en el espacio. Otro de esos estudiosos de prestigio fue el cartógrafo flamenco del siglo XVI,

Abraham Ortelius, que concibió un atlas mundial que actualmente se considera el primero de carácter auténticamente moderno, al que puso el sugerente título de *Theatrum Orbis Terrarium* [Teatro del globo terráqueo]. Este hermoso mapa incluye la mención de una «tierra austral ignota», situada entre el archipiélago sudamericano de la Tierra del Fuego y el fin del mundo.

En el transcurso de los dos siglos siguientes, algunos barcos se internarían de forma esporádica en el abismo cartográfico del Océano Austral, unas veces por propia voluntad, pero generalmente a causa de la hostilidad de las condiciones climáticas, que desviaban del rumbo previsto a los navegantes. Los que terminaron viéndose en tan inhóspita región referían haber encontrado témpanos de hielo, islas rocosas y una inmensidad de pingüinos y focas. En 1771, convencidos por estos informes de que aquellas legendarias tierras del sur debían de ser reales, los británicos encargaron al marino y cartógrafo James Cook que diera con ellas y las reclamara.

Fue una época de verdadera exploración y grandes contrastes. En el Londres que James Cook conoció existían ya el palacio de Buckingham, la catedral de San Pablo y la calle Oxford, pero ninguno de los habitantes de esta próspera capital, que a punto estaba de entrar en la era de la revolución industrial, sospechaba siquiera que la humanidad pudiera desconocer por completo la realidad de una masa continental en el extremo más meridional del planeta. Cook no llegó a avistar jamás las costas de la Antártida, pero fue el primero en descubrir muchas de las características definitorias del Océano Austral. Muchos de los animales que llevaba a bordo murieron debido a la súbita bajada de las temperaturas que se produjo al cruzar lo que hoy conocemos con el nombre de convergencia antártica. Demostró que el Océano Austral daba ininterrumpidamente la vuelta al mundo, y señaló que las condiciones eran extremadamente hostiles para la vida humana, hasta el punto de que sus averiguaciones determinaron que muchos europeos perdieran la esperanza de reivindicar todo derecho de asentamiento en la Antártida y cualquier idea de convertirla en base de reabastecimiento para el comercio y la exploración internacionales. Aun así, el elemento llamado a tener un mayor impacto a largo plazo en la vida silvestre del Océano Austral fue el informe en el que este marino británico refirió la existencia de enormes poblaciones de focas y ballenas. Desde la noche de los tiempos, el compañero de viaje de todo «descubrimiento» se llama «explotación», y desde luego ese presagio de rapiña no tardaría ya en zarpar.*

En 1786, poco después de que Cook hubiera avistado ballenas y lobos marinos en las inmediaciones de las islas subantárticas de San Pedro y Sandwich del Sur,** llegaron los cazadores británicos y estadounidenses. Se estima que, en los treinta y cinco años siguientes, se masacraron más de un millón de lobos marinos, y esto solo en la isla de San Pedro. Pero la matanza no acabó ahí. Entre el año 1786 y la moratoria impuesta a la caza comercial de ballenas (establecida algo menos de dos siglos después), se acabó con la vida de varios millones de focas de Weddell, lobos y elefantes marinos del Océano Antártico. En el siglo XX, los distintos países del mundo mataron aproximadamente tres millones de ballenas, y cerca de la mitad de ese número fue arponeado en la región antártica. Era muy frecuente que los balleneros se dirigieran a lugares marcados por la presencia habitual de bancos de kril, ya que a menudo las ballenas acudían a esas mismas zonas. Aunque es probable que supieran que los cetáceos perseguían el kril, desde luego no podían saber que las surgencias venían a ser esencialmente un

* Al mencionar ese «descubrimiento», el autor hace un doble guiño a la historia y a la región, ya que, en efecto, *Discovery* era justamente el nombre de uno de los dos barcos de la segunda y tercera expedición al Pacífico de James Cook, aunque él mismo capitaneara el navío gemelo *Resolution*. De hecho, *Discovery* será también el distintivo del navío en el que Robert Falcon Scott viaje a la Antártida entre 1901 y 1904, en su primer intento fallido de alcanzar el polo sur. *(N. del T.)*

** Estas últimas denominadas islas Esquivel, según la reciente propuesta de la República Argentina, que rechaza las toponimias inglesas (de hecho, fue Cook quien bautizó así, en el año 1775, a las ocho islas más meridionales del archipiélago en honor de John Montagu, cuarto conde de Sandwich y primer lord del Almirantazgo en esa fecha). *(N. del T.)*

mapa para la localización de las ballenas barbadas, ya que basta con encontrar un afloramiento de ese tipo para hallar tanto los nutrientes como el kril y las ballenas.

La existencia de este rico océano y de las fáciles presas que ofrecía no tardó en divulgarse. Las embarcaciones dedicadas a la caza de focas y ballenas se lanzaron a las traicioneras condiciones del Antártico, y ya en 1822 existen registros de muchas colonias de focas prácticamente devastadas, con solo unos cuantos individuos dispersos que debían su suerte al hecho de que su escaso número invalidaba el esfuerzo de su captura.

Podría cederse a la tentación de echar la vista atrás y demonizar las cacerías de focas y ballenas, pero en estos casos el contexto es realmente fundamental. Es innegable que se trató de acciones brutales y que las condiciones de los trabajadores eran espantosas. Hubo además muchos casos en que las empresas y los gobiernos explotaron deliberadamente a las comunidades pobres. Sin embargo, hay una gran diferencia entre las campañas de los primeros cazadores, que mataban para conseguir unas sustancias que no sabían obtener de ninguna otra manera (principalmente aceite), y el rastreo industrial de ballenas y focas al que se asistió en las últimas décadas del siglo XX, dado que en esos años ya había alternativas para la mayor parte de los usos dados a los productos derivados de los cetáceos.

No sabemos a ciencia cierta qué impacto tuvo en el Océano Antártico la eliminación de esos millones de superdepredadores. Es verdad que existen inventarios comerciales relativos a la caza de ballenas y focas, pero nadie tenía motivo alguno para estudiar el ecosistema en general. Podríamos suponer, razonablemente, que esa gran mortandad de mamíferos marinos dio lugar a una superabundancia de kril y de peces, dado que sus principales depredadores habían desaparecido. No obstante, los estudios que se ocupan de averiguar el número de ballenas y focas que actualmente regresan al Océano Austral sugieren lo contrario. Ahora sabemos que la simple presencia de grandes poblaciones de ballenas en el mar estimula *de facto* la floración del fitoplancton. Las heces de los cetáceos contienen una elevada concentración de hierro, nitrógeno y fósforo, y en general, las ballenas defecan en la superficie del agua o en sus inmediaciones, con lo que sus deyecciones fertilizan el agua y favorecen el crecimiento de las plantas microscópicas. Los investigadores de la Universidad de Stanford han llegado a afirmar que las ballenas son «plantas móviles dedicadas a procesar kril». El kril es rico en hierro, así que al ingerir grandes cantidades de kril y expulsar sus excrementos, las ballenas concentran primero y liberan después un hierro que de lo contrario quedaría atrapado en el organismo de los kriles, poniéndolo así a disposición del fitoplancton. Hoy creemos por tanto que el incremento del número de ballenas provoca en realidad un aumento del kril, no su disminución.

Las prohibiciones de la caza comercial de focas y ballenas, establecidas a mediados del siglo XX, han tenido una eficacia extraordinaria. En el Océano Antártico, todas las especies de esos animales están en plena recuperación, y muchas de ellas están prosperando además a un ritmo muy superior al de cualquier predicción. Actualmente se estima que hay tres millones y medio de lobos marinos y setecientos cincuenta mil elefantes marinos. Por otro lado, el número de todas las especies de ballenas barbadas que viven o visitan el Océano Austral también está aumentando. No obstante, es preciso señalar que la restauración de algunas especies de ballenas avanza con mucha más lentitud que la reposición de otras. Pondré un ejemplo: la situación de las ballenas azules está mejorando, pero en el Océano Antártico la población de esta especie sigue siendo muy escasa, ya que se estima que solo hay entre setecientos cincuenta y dos mil ejemplares, lo que significa que todavía queda un largo camino por recorrer antes de que su número alcance la magnitud que le correspondería de manera natural. En cualquier caso, la impresión general es la de que se está produciendo efectivamente una recuperación. Por lo demás, las fértiles aguas salvajes del Océano Antártico han respondido con un notable incremento del volumen de kril.

Sea como fuere, lo cierto es que la historia reciente de la actuación humana en el Océano Austral no se resume únicamente en ese expolio. La región antártica ha sido también escenario de encomiables descubrimientos geográficos y científicos, y una buena oportunidad para la cooperación global. Si pensamos en las dificultades que conlleva la exploración y el descubrimiento de un entorno tan extremo, quizá lo primero que nos venga a la mente sean las heroicas hazañas de resistencia frente a las adversidades de hombres como Amundsen, Mawson, Scott o Shackleton. Sin embargo, el siglo XX también ha sido testigo de una era de expediciones más sosegada, aunque no por ello menos impresionante.

En nuestros días, en la Antártida y el Océano Austral trabajan unas cinco mil personas en verano y mil en invierno: se trata del personal que participa en las expediciones dedicadas a investigar y a realizar estudios en esa zona del planeta. Todos esos individuos viven en una parte del mundo que no pertenece a ningún país en particular y que ha quedado reservada para la realización de indagaciones científicas de índole pacífica. Los organismos científicos de las cincuenta y siete naciones que han rubricado hasta la fecha el Tratado Antártico son los encargados de organizar las expediciones, y todos sus integrantes comparten los datos que obtienen. Es uno de los mejores ejemplos de que las naciones pueden dejar a un lado sus diferencias y cooperar en nombre de la ciencia, y la razón por la que tantas veces se asegura que la Antártida es el laboratorio del planeta. Las distintas expediciones han descubierto una gran cantidad de especies desconocidas, y están llevando a cabo la inestimable labor de supervisar la evolución del agujero de ozono y desempeñando un papel fundamental en la modelización y predicción del clima. Es muy fácil dar todo esto por sentado, pero a punto estuvo de no ocurrir... Y tampoco hay garantía de que continúe.

El 1 de diciembre de 1959, doce países (Argentina, Australia, Bélgica, Chile, Francia, Japón, Nueva Zelanda, Noruega, Sudáfrica, la Unión Soviética, Gran Bretaña y Estados Unidos) aparcaron sus reivindicaciones territoriales y firmaron el Tratado Antártico a fin de regular las relaciones internacionales en todo lo relativo al único continente que carece de una población humana indígena. Fue sin duda un logro extraordinario, sobre todo teniendo en cuenta que se dio en el marco de la Guerra Fría.

Sin embargo, siguieron existiendo desequilibrios, ya que, si bien el continente antártico quedó reservado para la ciencia, el régimen de los mares que lo rodean continuó siendo de libre acceso para todos. La pesca de kril comenzó a principios de la década de 1960, debido a que la Unión Soviética dio por hecho (de forma incorrecta, como acabamos de detallar) que la falta de ballenas había dado lugar a una abundancia de kril y que este podía usarse en la elaboración de una amplia variedad de productos, incluida la mantequilla hecha a base de estos crustáceos. No obstante, fueron muchos los científicos que discreparon de ese planteamiento, con lo que la pesca de kril pasó a formar parte de los motivos de preocupación del ecosistema antártico, cada vez más acuciantes. Lo que se temía era que la explotación del kril hiciera peligrar el futuro de las formas biológicas acantonadas en las aguas antárticas, y esta inquietud condujo a la firma de un tratado llamado Convención para la Conservación de los Recursos de la Vida Marina Antártica, e impulsó asimismo la creación de una activa comisión internacional que todavía perdura en nuestros días: la Comisión para la Conservación de los Recursos de la Vida Marina Antártica, o CCRVMA.

La CCRVMA consiguió llevar más allá el alcance del Tratado Antártico y legitimó que sus principios de conservación se aplicaran hasta el límite mismo de la convergencia antártica, lo que hizo que algunas especies —por ejemplo, el kril— quedaran incluidas en el marco de actividades que desarrollan en esa región los países miembros. Lo que se esperaba era que las décadas de sabia administración de la que había disfrutado el continente antártico pudieran beneficiar ahora al Océano Austral. Sin embargo, y dejando a un lado el loable carácter de los objetivos y las ambiciones de la CCRVMA, lo cierto es que la realidad práctica de las peculiares condiciones que rigen en esta región tan salvaje y remota está causando una serie de problemas importantes. La particular peripecia del bacalao austral es posiblemente la que mejor simboliza esta afirmación.

Al igual que otras muchas especies del Océano Antártico, el bacalao austral es un pez longevo que crece muy lentamente. Tarda más de diez años en alcanzar la madurez, y por regla general patrulla a profundidades comprendidas entre los doscientos y los dos mil metros, siempre en busca de calamares, crustáceos y peces. Lo más probable es que los consumidores que degustan su carne al vapor, en lo que la hostelería denomina filetes de «lubina chilena», no sospechen que lo que tienen en el plato ha sido arrancado a los abismos marinos del Océano Antártico y perteneció en su día a un animal de aguas profundas de dos metros de longitud, cien kilos de peso, hocico extremadamente largo, dos filas de dientes y una gran boca.

La preciada lubina chilena tuvo tanto éxito que el pez acabó ganándose el mal nombre de «oro blanco». Por su parte, los pesqueros, que perseguían a la especie con sedales de varios kilómetros de longitud, se hicieron tristemente célebres, ya que capturaban albatros y otras aves marinas al faenar en pos de esos valiosos cardúmenes de bacalao austral. La CCRVMA trató de regular su pesca, pero la zona a vigilar era tan inmensa, y la demanda tan elevada, que podemos estar prácticamente seguros de que, en un principio, las capturas ilegales y las no declaradas superaron con mucho el límite acordado. En realidad, se estaba aplicando la política del apresamiento de especies de vida corta y rápida reproducción de los océanos de latitudes medias a los animales de crecimiento lento y dilatada longevidad que pueblan el lejano Océano Antártico. El desastre estaba servido. Sencillamente, la biología no tenía forma de lograr que esas especies australes, como el bacalao del que estamos hablando, pudieran seguir el ritmo de la demanda industrial, dado que tardaban mucho tiempo en alcanzar la edad fértil. Si se continuaba por ese mismo camino, la población de bacalao austral correría un grave peligro.

Pese a que existan muchas probabilidades de que siga habiendo notables volúmenes de capturas de bacalao austral que esquivan la normativa y no se declaran a las autoridades, la verdad es que en los últimos años ha habido varias audaces tentativas de proteger el Océano Antártico, y de hecho la CCRVMA no solo ha tenido cierto éxito en la reducción del atrapamiento incidental de aves marinas en los caladeros de bacalao austral, sino que también ha avanzado en la regulación de las pesquerías sujetas a su jurisdicción. En 2016 se creó en el mar de Ross la mayor zona marina protegida del planeta. Abarca una superficie global de 1,55 millones de kilómetros cuadrados (de los cuales, cerca de 1,1 millones disfrutan de una protección total). Asimismo, la región proporciona refugio, en diferentes épocas del año, a más del 50% de las focas de Weddell del Pacífico Sur, a la cuarta parte de los pingüinos emperador, y al 33% de los pingüinos de Adelia del mundo.

Alentados por este logro, los científicos y los grupos conservacionistas han aunado esfuerzos para proponer la nueva creación de tres enormes zonas marinas protegidas en la Antártida Oriental, el mar de Weddell y la Península Antártica. Si el plan recibe luz verde, el área preservada del Océano Austral rondaría los cuatro millones de kilómetros cuadrados. Este tipo de planteamientos vienen a reconocer que esta región responde punto por punto a la definición de lo que son los bienes comunes del planeta, lo que significa que no pertenecen a nadie, pero son vitales para el género humano.

Sin embargo, tal como sucede en buena parte del mundo marino, el futuro del Océano Austral no está claro.

Por un lado, el Tratado Antártico, cuyo radio de acción está ampliándose gracias al trabajo de la CCRVMA y se aplica a muchas de las formas de vida de ese océano, es uno de los acuerdos internacionales más vanguardistas que la humanidad ha logrado concebir hasta la fecha. El deseo de preservar una zona que va más allá de las fronteras nacionales y dedicarla a la exploración pacífica y a la ciencia, con el fin de brindar al conjunto de la humanidad los beneficios de esos estudios, es verdaderamente digno de elogio. Al mismo tiempo, sin embargo, los desafíos son inmensos.

En nuestros días, hay barcos descomunales que navegan bajo bandera de países muy distantes de la Antártida (como Noruega y China) que extienden sus gigantescas redes para extraer miles de toneladas de kril del Océano Austral. Las instalaciones para el procesado de la pesca que llevan a bordo esos navíos convierten el kril en comida para las mascotas, pienso para las piscifactorías y suplementos dietéticos. Estos buques factoría son tan sofisticados que pueden permanecer navegando un año entero. La idea de que tal

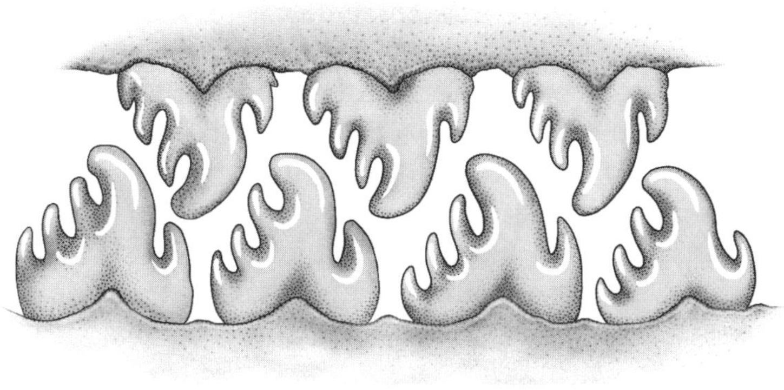

La dentadura de la foca cangrejera, endémica del Océano Austral, está extremadamente evolucionada. La forma de los dientes permite tamizar el agua y filtrar los pequeños crustáceos, como los kriles, y lo cierto es que estas focas rara vez comen cangrejos, si es que llegan a hacerlo.

vez convenga reducir los niveles de capturas legales de kril en vigor suscita hoy un vivo debate, pero se haría con el fin de satisfacer las necesidades de algunas especies marinas, como las ballenas y los pingüinos. No obstante, y con independencia de los porcentajes que puedan alcanzar los volúmenes permitidos, parece claro que también merecería la pena preguntarse si la fabricación de alimentos para mascotas y de suplementos para la salud es realmente el mejor uso que puede darse a una especie que sustenta una de las cadenas tróficas más importantes del planeta.

Y no olvidemos que hemos llegado a abordar estas cuestiones antes de considerar siquiera el problema del cambio climático.

El Instituto de Prospección Antártica Británico sostiene que el Océano Austral es el mayor sumidero de calor y carbono del mundo. Sus estudios revelan que, hasta la fecha, el Océano Austral ha absorbido cerca de las tres cuartas partes del calentamiento global inducido por el ser humano. Se trata de una región vital para nuestro futuro, pero apenas hemos empezado a comprenderla. Hasta la fecha, la ciencia sugiere que, si el calentamiento del Océano Austral aumenta, crecerá también el volumen de hielo antiguo que se derrita, disminuyendo al mismo tiempo la formación de hielo nuevo. En consecuencia, las aguas superficiales tenderán a ser menos densas, así que también menguarán las cantidades de agua que se hundan en las profundidades, lo que reducirá la capacidad de absorción de carbono del océano. Al mismo tiempo, la desaceleración del ciclo oceánico hará ascender a la superficie un menor volumen de agua profunda antigua, que consiguientemente carecerá de los nutrientes necesarios para impulsar el crecimiento del fitoplancton —el cual habría absorbido parte del carbono de la atmósfera—. Estamos ante un ejemplo clásico de lo que es un ciclo de retroalimentación negativa, y en este caso sus consecuencias son globales. El Océano Austral es una especie de planta motriz de las corrientes oceánicas globales. Si el ciclo oceánico que genera se ralentiza, también disminuirá la velocidad de la cinta transportadora de agua oceánica que circunvala el mundo, lo que a su vez reducirá su capacidad de transferir el calor de las aguas tropicales a las regiones más frías. Esto tendrá importantes efectos desestabilizadores en todo el mundo, entre ellos la desaceleración de la corriente del Golfo.

Muchos de los primeros signos de peligro que están saltando en todo el mundo debido al rápido calentamiento general se dejan sentir en los extremos austral y boreal. Sin embargo, tal como advierten actualmente los científicos polares, lo que sucede en los polos no permanece cautivo en ellos.

En cualquier caso, el Océano Austral está absorbiendo, al menos por el momento, crecientes cantidades de dióxido de carbono atmosférico. Como es obvio, esto resulta positivo para el cambio climático a corto plazo, pero también está volviendo más ácidas sus aguas. Si el agua gana acidez, el carbonato de calcio se disuelve con facilidad, lo que es una mala noticia para criaturas como los mariscos, que utilizan ese compuesto para formar sus caparazones y esqueletos. Con el tiempo, la acidificación del océano podría ralentizar todavía más las cadenas tróficas, y cabría incluso la posibilidad de que llegara a detenerlas por completo. Un estudio de 2021 concluyó además que el aumento de la acidez del océano podría dificultar la etapa embrionaria del desarrollo del kril antártico, lo que sería muy preocupante para gran parte de la vida que se desenvuelve en el Océano Austral.

Los científicos antárticos reconocen sin reservas que solo estamos empezando a comprender la complejidad de este entorno. No obstante, una cosa clara es que, si conservamos intacto el Océano Austral, tendremos un aliado en la lucha contra el cambio climático. Puede que no lo vean con los mismos ojos quienes han de enfrentarse a sus olas de veinte metros de altura, a las temperaturas inferiores a los 50 °C que reinan en su superficie y a los vientos de más de cincuenta nudos que lo azotan. Sin embargo, quienes vivimos en climas más tranquilos tenemos muchas razones para estar agradecidos, y no solo a ese océano, sino también a los valientes que cooperan para alcanzar una comprensión más cabal del único continente del planeta en el que no vive nadie, pero es necesario para todos.

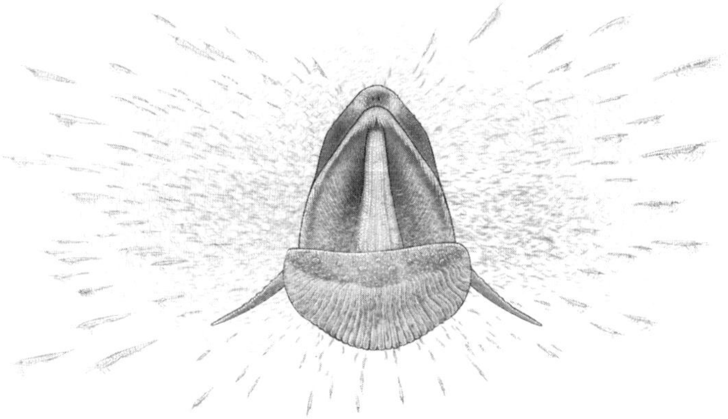

El Área marina protegida de las islas de San Pedro y Sandwich del Sur

Inigo Everson escudriña el mar desde la punta Coronel Zelaya (o King Edward Point).* No está lejos de la estación de investiga-

* Una vez más, la política vuelve dispares las toponimias geográficas, según reivindiquen su soberanía las naciones —en este caso Argentina y Reino Unido, respectivamente. *(N. del T.)*

ción que, sesenta años más tarde, acabaría poniendo su nombre a uno de los edificios de sus instalaciones, a fin de honrar las décadas de trabajo científico que efectuó nuestro protagonista en la isla de San Pedro. «No vi ni un solo lobo marino», comenta al recordar aquella primera inspección. Esta se produjo a mediados de la década de 1960, y en aquellos días los avistamientos de lobos marinos quedaban diligentemente consignados en los cuadernos de campo. En la actualidad hay 3,5 millones de lobos marinos en estas islas, con lo que a los científicos del Instituto de Prospección Antártica Británico (IPAB) ni siquiera se les ocurriría anotar la detección de un único individuo.

En la isla de San Pedro la caza de lobos marinos se remonta al menos al año 1786, y la codicia de los hombres llegó hasta tal punto que, en la década de 1830, los mamíferos se vieron al borde del exterminio. Después de esa fecha, la población se recuperó ligeramente, pero el repunte solo sirvió para que en los años setenta de ese mismo siglo XIX se asistiera a la reanudación de la matanza de focas, con lo que la especie volvió a rondar la desaparición. En 1960, la población de esta especie seguía siendo muy pequeña y fragmentada, pese a que el número de lobos marinos se hubiera recuperado levemente de la abismal caída que poco antes había situado su cifra total en torno a los doscientos ejemplares. Aún no se había puesto en marcha el proceso de su recuperación a gran escala. La sola idea de que en menos de sesenta años pudiera llegarse a los 3,5 millones de ejemplares habría dejado atónito a cualquier científico del IPAB.

Inigo, que ahora tiene algo más de ochenta años y vive en el sureste de Inglaterra, viajó por primera vez a la isla de San Pedro en 1964, a bordo del navío oceanográfico RRS *Shackleton*. Acababa de terminar la carrera. De niño disfrutaba buscando curiosidades en las pozas que se formaban en las peñas, y ya por entonces leía muchos libros relacionados con el océano (de entre los que destaca *The Open Sea,* de Alister Hardy). Todavía recuerda con todo lujo de detalles un documental que hablaba de la industria del arenque y que despertó su interés por la pesca. Sumadas, todas esas influencias le llevaron a centrar sus ambiciones en la biología marina. El director de su escuela trató de disuadirle del empeño debido a que en ese campo de estudios apenas había empleos. Sin embargo, él siguió adelante, y con el apoyo de uno de sus profesores de ciencias, decidió estudiar zoología y oceanografía en la Universidad de Bangor.

Esa ciudad galesa era el entorno ideal para un joven amante del mar. Inigo se pasaba los fines de semana buceando, nadando y hurgando en las charcas que la marea dejaba al descubierto entre los escollos de las numerosas bahías protegidas que jalonan los alrededores de Anglesey. Todo ello contribuyó a consolidar el papel central del océano en su manera de entender la vida. El trabajo que realizó en las vacaciones de verano en el Laboratorio de Pesca de Lowestoft amplió su formación y le permitió entrar en contacto con un colega, Nev Jones, que acababa de regresar del extremo sur del planeta. Jones le contó un sinfín de anécdotas y aventuras de la Antártida, y el joven Inigo supo definitivamente lo que deseaba hacer. Lo aceptaron para «estudiar los peces» en la remota isla Signy, en las Órcadas del Sur, al norte de la Antártida. Fue el comienzo de una vida dedicada al gran Océano Austral.

Inigo, que había pasado en el Reino Unido los veintidós años de su corta existencia, se embarcó así en el rompehielos RRS *Shackleton* rebosante de emociones e ideas románticas... Sin embargo, el barco en sí le decepcionó un poco.

> Vamos, que te plantas en Southampton, ves aquel modesto barquito y piensas: «Demonios, ¿para qué va a servirnos esto?». Luego echas a andar por el embarcadero, lo recorres de arriba abajo, y de repente caes en la cuenta de que no habrá más de cinco o seis metros entre el nivel del agua y el puente de la embarcación, así que te dices: «Este cascarón es una birria, ¿en qué me estoy metiendo? ¿Dónde voy a poner todo el equipo?».

El buque resultó ser tan sólido como el propio explorador al que honraba, de modo que cuatro semanas más tarde, Inigo llegaba sin novedad a la isla subantártica de San Pedro. Comprendió de inmediato que aquella era justamente la vida que tanto había deseado llevar. Le asombraron los escarpados paisajes, la naturaleza salvaje, que hasta entonces solo había podido entrever en los libros, y la gente que tuvo ocasión de conocer, como los balleneros japoneses que trabajaban en Grytviken y Leith.

No obstante, al echar ahora la vista atrás, Inigo se percata de que, en realidad, parte de la fauna marina de la región se hallaba en condiciones muy precarias: era raro avistar ballenas o lobos marinos. Estableció un régimen de pesca para el estudio anual que debía realizar y completó su trabajo con unas cuantas excursiones destinadas a examinar las colonias de pingüinos, págalos, focas y otros animales salvajes.

En 1965, hicieron escala en la isla dos pesqueros soviéticos, y el joven Inigo descubrió súbitamente los procesos que se empleaban en la pesca comercial, tanto de peces como de kril, en el Océano Austral. En 1970, los efectos de esas actividades quedaron bien patentes: Inigo intentó capturar unos cuantos peces en los bancos de algas a fin de pulir algunos detalles de sus estudios —cosa que había realizado sin dificultad alguna en 1967—, pero volvió de vacío. Los soviéticos se habían llevado más de quinientas mil toneladas. Un pez que poco antes se veía de forma habitual, se había vuelto de pronto extremadamente raro.

La investigación que Inigo y otros científicos estaban efectuando en las décadas de 1960 y 1970 terminaría revelándose crucial por dos razones: por un lado, fue fundamental para comprender qué tipo de animales vivían en el Océano Austral, y por otro sirvió para determinar el daño que podía causar la sobrepesca. En cualquier caso, esta investigación se adelantó notablemente a su tiempo, más incluso que otras similares llevadas a cabo en otras regiones del océano.

En estas islas nunca había habido poblaciones humanas indígenas, y eso significaba que no existían registros orales ni obras de artesanía, lo que tal vez hubiera permitido situar en un contexto temporal más amplio el aspecto que pudo haber presentado la vida marina antes de la llegada de los europeos, tanto en estas aguas como en sus inmediaciones. Los materiales documentales que más se aproximaban a ese ideal eran los cuadernos de bitácora de los exploradores de los siglos pasados, como el capitán Cook, o las anotaciones de los cazadores de focas y los balleneros. Los libros de cuentas en los que se dejaba constancia de las cifras de cada cacería permitieron que los científicos de las décadas posteriores supieran que, en otro tiempo, el número de focas de las islas subantárticas era muy superior. A pesar de todo ello, apenas se estaba empezando a tener una noción muy básica de los cambios que habían experimentado, de manera general, el medio marino y las cadenas tróficas. Y ahora, al añadirse a la ecuación la moderna pesca comercial, se hacía extraordinariamente necesario comprender la vida silvestre del Océano Austral a fin de poder gestionarla después.

No obstante, las décadas de investigaciones científicas e iniciativas de cooperación internacional que iban a sucederse a partir de los años sesenta del siglo XX consiguieron unos resultados espectaculares. A principios de la década de 2000, Inigo visitó la isla de San Pedro tras largos años de ausencia. Acudía en calidad de miembro de un estudio realizado junto a su colega del Instituto de Prospección Antártica Británico, Mark Belchier, y ambos quedaron atónitos al constatar la gran abundancia de ballenas que había en la zona. Así lo recuerda Mark:

> Es evidente que Inigo estaba al tanto de las informaciones científicas, que poseía una comprensión intelectual de los datos, y que estos llevaban tiempo mostrándole que las ballenas, los lobos marinos y otras muchas especies habían tenido una recuperación formidable. Pero una cosa es saber algo desde el frío rigor académico, y otra muy distinta encontrarse *in situ* y ver que una región que has conocido a fondo y en la que has vivido muchos años aparece de pronto repleta de ballenas ante tus propios ojos.

Desde aquel viaje con Inigo, Mark ha regresado en numerosas ocasiones a la isla de San Pedro y puede dar fe de que la recuperación no se ha detenido en ningún momento. Todo lo contrario. Aun así, las cifras suelo todavía tienen margen de mejora.

Así lo explica el propio Mark Belchier:

> Ahora hay muchas, muchísimas más... Si uno visita la zona en verano, observará que el agua bulle con la actividad de las ballenas jorobadas, los rorcuales comunes, las ballenas francas australes... Hay de todo, incluso alguna que otra ballena azul. En la mayor parte de los casos, el número de cetáceos es muy superior al de los censos que Inigo llevó a cabo en los años sesenta y setenta. Las poblaciones son incluso mayores que las que avistamos en el viaje de investigación que realizamos juntos a principios de la década de 2000.

¿Qué fue lo que promovió tan notable cambio? ¿Podría mejorar todavía más?

El factor que había frenado el declive de la fauna marina había sido la firma de dos grandes acuerdos internacionales, que ya hemos comentado en capítulos anteriores. El primero fue la prohibición de la caza de focas a mediados de la década de 1960, y el segundo la moratoria global impuesta en 1986 a la caza comercial de ballenas, que detuvo prácticamente en seco la matanza de las ballenas barbadas que acostumbran a pasar el verano en aguas subantárticas para darse grandes festines de kril. Ambos pactos fueron objeto de numerosos elogios, y con razón, pero tanto en uno como en otro caso las poblaciones de muchas de las especies de ballenas y focas afectadas eran ya tan reducidas que la recuperación se produjo con gran lentitud, al menos al principio. Las especies longevas pueden tardar mucho tiempo en recuperarse, máxime si su ritmo reproductivo es bajo, pero se había superado una etapa y cada año los números aumentaban. Había llegado el momento de examinar la evolución del resto del ecosistema. Afortunadamente, existía una potente plataforma en la que apoyarse para echar a andar: el Tratado Antártico. Ese convenio fue en su día (y sigue siéndolo en la actualidad) uno de los ejemplos más notables jamás alcanzados por medio de un concierto internacional, ya que es un modelo de pragmatismo y visión de futuro. El Instituto de Prospección Antártica Británico lo refleja con bastante exactitud:

> Pocos son los lugares de la Tierra que no hayan padecido nunca una guerra, que disfruten de un medio natural plenamente protegido, y

en el que la investigación científica sea el elemento prioritario. Sin embargo, esa es justamente la situación en que se encuentra la totalidad del continente antártico. Un territorio que los distintos firmantes del Tratado Antártico consideran una reserva natural consagrada a la paz y a la ciencia.

En el año 1980 llegó a su apogeo la Guerra Fría: un período en el que la política, la sospecha y el miedo dominaron las relaciones internacionales. No obstante, y a pesar de ese contexto global, Inigo fue actor y testigo (junto con un gran número de científicos y diplomáticos de la Unión Soviética, Estados Unidos, la Unión Europea y veinticuatro naciones más) de un acuerdo pensado para cooperar en la gestión, protección y explotación de estas aguas. Y decidieron además tomar todas las decisiones por consenso. El resultado del compromiso se concretó en la Convención para la Conservación de los Recursos de la Vida Marina Antártica. Este acuerdo rara vez recibe el reconocimiento que merece, pero, para cualquiera que recuerde los tiempos de la Guerra Fría, el simple hecho de leer la lista de los países participantes e imaginárselos reunidos en una misma sala —y lo que es más, dispuestos a aprobar un tratado concebido para el reparto de los recursos— se trató de un logro verdaderamente notable.

Durante las cuatro décadas siguientes, la CCRVMA, es decir, la Comisión internacional encargada de materializar los pactos alcanzados en la convención, habría de proporcionar el impulso necesario para las iniciativas prácticas, constituyéndose asimismo en el foro de debate y en la entidad capaz de aportar las estructuras imprescindibles para realizar trabajos científicos sólidos e introducir mejoras significativas en la gestión de los recursos del conjunto de la región —acertando de manera muy particular al centrar su misión en la administración global del ecosistema, en lugar de encargarse de una sola especie—. Buen ejemplo de ello es el hecho de que en 2008 sus integrantes prohibieran el uso de las redes de arrastre de fondo en toda la zona de alta mar incluida en el ámbito jurisdiccional de la CCRVMA.

Pese a que el trabajo de la CCRVMA abarque la totalidad de las aguas antárticas y sus miembros se vean inevitablemente obligados a hacer malabarismos con los numerosos intereses en liza, muchas veces distintos e incluso contrapuestos, el gobierno de las islas de San Pedro y Sandwich del Sur tiene las manos libres y la independencia necesarias para ir mucho más allá en la adopción de medidas aplicables a sus propias aguas territoriales. Y lo cierto es que sus autoridades no han dudado en hacerlo, promoviendo con ello una de las recuperaciones marinas más notables del planeta. La zona marina protegida de las islas de San Pedro y Sandwich del Sur, creada en 2012, cubre una superficie ligeramente superior al millón de kilómetros cuadrados. Para hacernos una idea más gráfica, valga decir que se trata de un área más de cinco veces superior a la de Gran Bretaña. En el interior de esa región, se ha prohibido por completo la extracción de minerales e hidrocarburos, la pesca de arrastre en los fondos marinos y el uso de buques con motores de aceite pesado.

Cerca de la cuarta parte de esta zona protegida disfruta de una veda total, lo que significa que no se puede pescar absolutamente nada dentro de sus límites. En este sentido, el factor crucial gira en torno al hecho de que abarque las zonas más sensibles e importantes desde el punto de vista biológico, es decir, todos los sistemas de aguas someras situados a menos de treinta kilómetros de la costa, los montes submarinos en su conjunto, y también, íntegramente, la banda de aguas profundas. Estos son precisamente los lugares cruciales para la reproducción, la migración y el crecimiento de la vegetación, y son asimismo aquellos, de todos los mares del mundo, que mayor presión pesquera suelen soportar por regla general.

Aun así, todos los implicados se apresuran a resaltar que el establecimiento de un área marina protegida no significa que se esté en contra de la pesca: antes al contrario, ya que lo que hace es sentar las bases de un método que nos permita capturar peces y restaurar al mismo tiempo la vida marina. Mark Belchier, que trabajó tanto para el Instituto de Prospección Antártica Británico como para el gobierno de la isla de San Pedro en el período de creación del parque, expone con conocimiento de causa las salvaguardas que se estipularon:

> En el interior del área marina protegida, la actividad pesquera está bien administrada y sujeta a estrictas regulaciones. Los barcos tienen la obligación de llevar a bordo observadores científicos independientes y permitirles la recopilación de datos; la ubicación de todos y cada uno de los buques debe transmitirse en tiempo real a una centralita a fin de conocer en todo instante dónde faenan; la temporada de pesca se fija siempre en las fases de desarrollo menos adversas para la vida silvestre, y todos los pesqueros deben utilizar una serie de medidas de mitigación destinadas a minimizar el daño a las aves marinas, las focas, las ballenas y otras posibles capturas accidentales.

No obstante, también hay que contemplar las realidades económicas:

> Todo el dinero que se recauda con las licencias de pesca revierte en la investigación que fundamenta el área marina protegida, empleándose asimismo en las labores de patrulla y protección de las aguas (con la vista invariablemente puesta en garantizar que no se produzcan actos de pesca ilegales o no sostenibles). Es una línea muy fina, pero si cerráramos toda la zona a la pesca, no tardaríamos en quedarnos sin fondos, hasta el punto de que ni siquiera podríamos disponer de una sola lancha patrullera.

Todo indica que los planteamientos pragmáticos —como el que defiende el propio Mark— son vitales si realmente queremos restaurar el océano, sobre todo en unas regiones del mundo en las que son muy pocos los residentes permanentes teóricamente dispuestos a considerar incentivadora la idea de gestionar y proteger sus aguas territoriales con vistas al futuro. Con independencia de la opinión que nos merezca este enfoque, lo cierto es que los resultados obtenidos en el área marina protegida de las islas de San Pedro y Sandwich del Sur son espectaculares.

Imagínese un pez de más de medio metro de largo, cuyo peso puede llegar a rondar los diez kilos. El apéndice que se aprecia en su espalda —la aleta dorsal— está dividido en dos partes. La sección delantera tiene de cuatro a siete espinas, pero la trasera exhibe más de treinta. La boca es ancha y se curva ligeramente hacia abajo. Unas vetas verdinegras de aspecto aterciopelado le recorren el cuerpo, pero el dibujo presenta formas más grandes en la cara, disgregándose en puntos más pequeños a medida que la piel se acerca a la cola. Se trata del bacalao antártico jaspeado, y vive en las zonas de profundidad relativamente baja (no superior a los trescientos cincuenta metros) que circundan las islas y las plataformas continentales del Océano Austral. Los lances por los que ha pasado la recuperación de esta especie han sido sin duda los menos seductores de esta iniciativa conservacionista, pero también pueden considerarse los más impresionantes.

El bacalao jaspeado fue la primera especie piscícola que despertó los intereses comerciales en estas aguas, y por ese motivo los buques soviéticos la sometieron a una presión pesquera particularmente intensa en las décadas de 1960 y 1970. En esa época, la isla de San Pedro se convirtió en el epicentro de dicha actividad, ya que, como hemos comentado, se estima que se capturaron más de quinientas mil toneladas en solo dos años. La población del bacalao en cuestión estuvo a punto de desaparecer. Se prohibió su pesca, pero el volumen de individuos era tan reducido que muchos pensaron que jamás lograría recuperarse. Otro de los factores que exacerbaba este pesimismo era el hecho de que el bacalao tarde seis años en alcanzar la madurez sexual y que únicamente desove una vez al año. Los científicos aguardaron ansiosamente, atentos a la más mínima señal de que la prohibición de la pesca no había llegado demasiado tarde. Sin embargo, pasaron dos décadas sin signos esperanzadores. Pese a todo, gracias a la garantía adicional del área marina protegida, los científicos cuentan al fin —por primera vez en mucho tiempo— con pruebas creíbles y bien documentadas de que la recuperación está en marcha. El bacalao jaspeado reaparece en las aguas antárticas con lentitud, pero a paso firme.

Una de las características clave de las islas subantárticas es precisamente su condición insular. Esto suena gracioso, pero la cuestión es que, en un territorio tan reducido, lo que sucede en tierra afecta directamente al mar. De hecho, muchas de las especies nativas de la isla de San Pedro son anfibias y dependen por igual de uno y otro reino. Se da además la circunstancia de que, en paralelo al progreso del área marina protegida, también se ha estado produciendo una transformación en tierra firme.

De todos los proyectos del mundo que han conseguido erradicar alguna especie invasora peligrosa, el mayor es sin duda el que se ha aplicado en la isla de San Pedro. Durante más de doscientos cincuenta años, las ratas y los ratones, llegados originalmente a estas tierras en los barcos balleneros, diezmaron la flora y la fauna silvestre de este frágil ecosistema insular. Al haber pasado milenios sin verse sometidos a la acción de los depredadores terrestres, un sinfín de generaciones de aves habían depositado los huevos en el suelo o en pequeñas oquedades sin verse expuestas a peligro alguno. Con la llegada de los roedores, tanto la puesta de estas aves como sus progenitores se convirtieron en presa fácil de los recién llegados. La población de estos últimos se disparó y la de las aves decayó en idéntica proporción. Este estado de cosas se prolongó por espacio de dos siglos y medio. No obstante, en 2018, tras un titánico esfuerzo de conservación destinado a eliminar la totalidad de los ratones y las ratas, se logró declarar libre de roedores la isla de San Pedro. En solo dos años, volvió a escucharse el piar de la bisbita subantártica. La bisbita, un pájaro de color pardo con rayas amarillentas y de tamaño similar al del gorrión, es el único pájaro cantor de la Antártida. Pequeñas bandadas de esta especie habían buscado refugio en los islotes situados justo enfrente de las playas de la isla de San Pedro. Sin embargo, la erradicación de los roedores supuso el regreso de las bisbitas a su antigua área de distribución.

En la actualidad, las costas repletas de focas, unidas a las manadas de ballenas que salen a la superficie en alta mar y a la alegre melodía de los pájaros que caldean con sus trinos la fresca y diáfana atmósfera, en cuya lejanía se aprecia el telón de fondo de las antiguas sierras y los restos desmoronados de las estaciones balleneras, hacen que la isla de San Pedro parezca habernos devuelto, reverdecido, el paraíso terrenal.

Ahora bien, ¿qué puede depararle el futuro a tan remoto y bello puesto avanzado de la conservación ecológica? En el interior del área marina protegida el proceso de recuperación de la vida debería seguir avanzando, pero aún no sabemos hasta dónde llegará ese restablecimiento. Es posible que el número de ballenas y bacalaos jaspeados continúe aumentando, pero, con el tiempo, podría suceder que el aumento de la población de focas empezara a incidir en las cifras del bacalao antártico. O quizá la regeneración de las ballenas acabe por consumir en exceso la comida de la que se nutren las especies que más tarde alimentarán a las focas, lo que a su vez reequilibrará la cifra total de estas últimas. Solo el tiempo podrá decírnoslo, pero lo más hermoso de esta inmensa área marina protegida, con sus vitales zonas de veda, es que proporciona a la naturaleza tiempo y espacio suficientes para recuperar un equilibrio más parecido al natural, sea cual sea.

Evidentemente, lo que muchos científicos se preguntan es cómo afectará el cambio climático al futuro del área marina protegida. Hoy en día existe el peligro potencial de que los nutrientes extra que vierten al océano los glaciares de la isla de San Pedro —cuyas lenguas de hielo retroceden con rapidez— estén estimulando artificialmente la recuperación de la cadena trófica, pero es probable que el aumento de la intensidad de las tormentas, el incremento de las precipitaciones y las avenidas, unidas a los efectos del calentamiento de las aguas, altere todavía más el equilibrio y la estabilidad del ecosistema. Conforme vayan ascendiendo las temperaturas de la zona, es muy posible que las especies de regiones ligeramente más templadas, como los pingüinos rey y papúa, vean mejorar sus condiciones de vida a corto plazo. En cambio, cabe presumir que los pingüinos algo más adaptados al clima antártico, como los de penacho anaranjado y los barbijos, tengan grandes dificultades.

¿Y qué pasa con el kril? Este diminuto crustáceo que sustenta la totalidad del ciclo alimenticio de las islas subantárticas, y en términos más generales, el conjunto de la red trófica del Océano

Austral, está siendo objeto de numerosas controversias. Los expertos que gestionan el área marina protegida de las islas de San Pedro y Sandwich del Sur creen que han logrado el equilibrio adecuado dentro de la zona en sí, ya que, pese a permitir que se pesque kril en pequeñas cantidades, la veda se abre únicamente en los meses de invierno, cuando la mayor parte de las ballenas ya han migrado. No obstante, son muchos los observadores que siguen preocupados por la situación reinante fuera de la región preservada, dado que existe la doble posibilidad de que las empresas dedicadas a la captura de kril estén compitiendo en determinados puntos por el mismo alimento que precisan las ballenas, y de que debido al cambio climático y a la acidificación de los océanos, la propia población de kril esté empezando a requerir una mayor protección. Lo único que está claro es que el éxito del área protegida que se encuentra en las inmediaciones de las islas de San Pedro y Sandwich del Sur ha conseguido aumentar la resiliencia del ecosistema y las esperanzas de los científicos. Sean cuales sean los efectos que terminen por materializarse en el futuro, ya sea a causa del cambio climático o de las actividades humanas en el conjunto del Océano Austral, lo cierto es que la zona tendrá hoy una mejor capacidad de responder a los nuevos retos de la que hubiera tenido antes de que se adoptaran las medidas de protección.

En cualquier caso, tal vez solo estemos ante el inicio de la gran recuperación global del Océano Austral. Puede que la CCRVMA logre sentar una vez más las bases para que sus miembros dejen a un lado las diferencias políticas actuales y amplíen el modelo de las áreas marinas protegidas iniciado por las islas de San Pedro y Sandwich del Sur. De ese modo, se podrá crear una red de recuperación y un santuario en todo el Océano Austral. De hecho, podría ocurrir igualmente que otros países y otras organizaciones siguieran el ejemplo de la isla de San Pedro y actuaran dentro de sus aguas territoriales, movidos por la esperanza de que el paso del tiempo acabe por rendir unos beneficios capaces de convencer a quienes hayan optado por una respuesta más lenta. Lo que sí sabemos es que, dondequiera que haya una protección marina bien gestionada, existen grandes probabilidades de que la vida del Océano Austral experimente una notable recuperación.

Podría tenerse la impresión de que las islas subantárticas se hallan muy alejadas del mundo moderno en el que nos desenvolvemos la mayoría de nosotros. Sin embargo, muchas de sus especies más emblemáticas, de la ballena al albatros, solo residen de manera temporal en esas latitudes, ya que abandonan el santuario de esta área protegida al ritmo de las estaciones, y en sus recorridos, de miles de kilómetros, tienen que cruzar regiones de aguas abiertas en las que su protección es muy escasa o nula. En sus viajes, se ven hoy expuestas a la acción de los aparejos de pesca, la contaminación y las eventuales colisiones con los grandes buques. Al llegar a su destino, además, es fácil que encuentren destruidas sus antiguas zonas de reproducción y agotadas las fuentes de las que obtienen alimento. Sin embargo, siempre existe la posibilidad de que el tiempo nos dé a todos la oportunidad de aprender alguna lección de la historia de estas islas. Hoy se despliegan ante nuestros propios ojos las repercusiones de los siglos que nos hemos pasado explotando la naturaleza, persiguiendo un conjunto de especies muy concretas, y poniendo las cadenas tróficas en una situación límite, realmente próxima al desmoronamiento. Sin embargo, también podemos observar los beneficios que estamos consiguiendo gracias a un estudio científico continuo y entregado, a la protección basada en pruebas objetivas, y a una actitud centrada en conceder al océano el tiempo y el espacio que necesita para recuperarse. La revitalización a la que asistimos es verdaderamente abrumadora, y queremos impulsarla todavía más.

Estas son las enseñanzas que pueden difundirse al mundo desde estas remotas islas del salvaje Océano Austral.

Tercera parte

EN UNA SOLA GENERACIÓN HUMANA

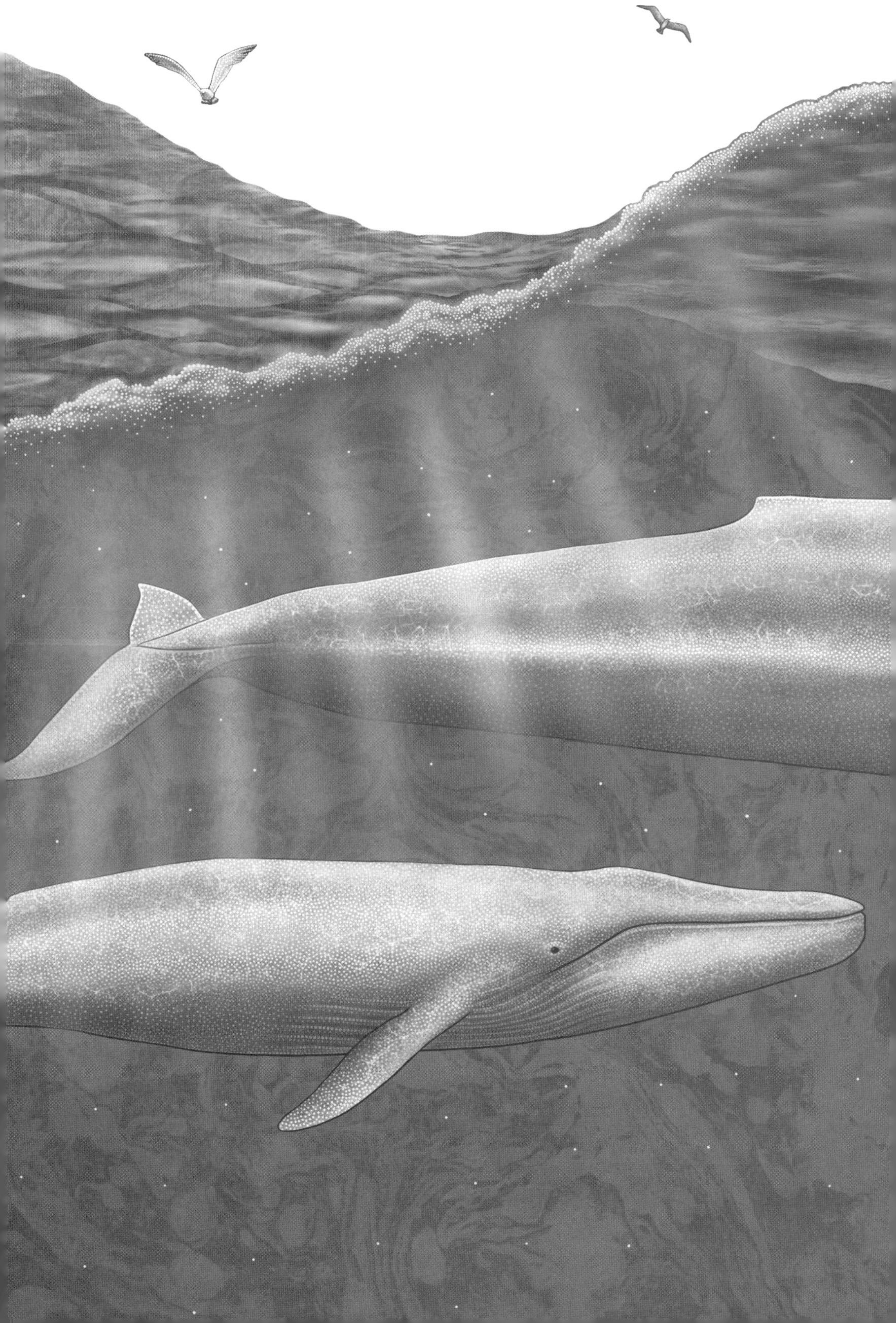

Hoy

Hay ocasiones en que, para contemplar de verdad el mar, es preciso mirar a tierra.

Frente a la costa, los alcatraces de El Cabo rivalizan entre sí y se zambullen lanzándose a un vertiginoso picado. Sus movimientos son tan frenéticos y caóticos que resulta difícil individualizar las evoluciones de cualquiera de los cientos de ejemplares que pugnan en la melé. El vuelo de estas grandes aves blanquinegras es demasiado veloz y errático para poder distinguir el amarillo dorado de sus distintivas coronas. Sin embargo, su propio tamaño, unido a la circunstancia de que se afanen en perseguir la estela de uno de los buques arrastreros que faenan en la costa del sur de África, basta para revelar su identidad.

Las aves marinas se agolpan en torno al pesquero. Tratan de hacerse con las piltrafas que se desprenden de las merluzas que la embarcación extrae del profundo lecho oceánico. A primera vista podría parecer la imagen misma de la abundancia, como si las vibrantes y abarrotadas redes aportaran sobrado sustento a pájaros y hombres. En tierra, sin embargo, los nidos transmiten una historia muy distinta.

En el puñado de islas que les ofrecen refugio frente a las costas de Sudáfrica y Namibia, los alcatraces de El Cabo arman nidos de barro y guano en las suaves pendientes arenosas de sus costas. Miles de nidos cubren el terreno hasta el límite de la pleamar, formando una alfombra de diminutos volcanes de conos y calderas derrumbadas. Sin embargo, el número de los que permanecen vacíos no para de crecer, y algunos de los que sí están ocupados muestran unos pobres polluelos desnutridos obligados a aguardar el regreso de sus padres, cuando no los crispados cadáveres de los que no tuvieron fuerzas para esperar más. Los alcatraces de El Cabo llevan miles de años anidando en estas islas. De hecho, se sabe que desde tiempos remotos los barcos pesqueros los seguían para localizar los bancos de peces. Sin embargo, ahora se vive una trágica inversión de los papeles.

Atraídos por la gran cantidad de sardinas de la zona, generaciones de alcatraces y pescadores han venido prosperando aquí hasta hace poco. No obstante, en la actualidad la pesca de la sardina ha bajado mucho, así que, en vez de buscar una presa menguante, los navíos han pasado a dedicarse a la merluza, cuya captura exige faenar en aguas más profundas. Y los alcatraces, por su parte, incapaces de llegar a tales profundidades, se contentan con picotear las sobras. La energía de los desechos de los pesqueros con los que se nutren los alcatraces con crías, cuando no logran encontrar cantidades suficientes de su alimento natural, apenas llega a la mitad de la que les proporcionarían las sardinas. Y como esto los deja en malas condiciones, muchos de sus polluelos crecen con lentitud o mueren. No sabemos con exactitud a quien es preciso atribuir la responsabilidad de la desaparición de las sardinas, pero probablemente haya que repartirla, en porcentajes que ignoramos, entre la sobrepesca y el cambio climático. Sea como fuere, la realidad es meridianamente clara: en esta región, la vitalidad del océano ha perdido la capacidad de sustentar la vida en tierra firme, a diferencia de lo que ocurría en épocas pasadas.

En los puntos en que la tierra y el mar confluyen, se están perdiendo generaciones de animales, y se trata de un problema de alcance global. En otro tiempo, las zonas que poseían ricos hábitats costeros atraían a los antepasados de las formas de vida actuales, pero la fauna de hoy se debate entre los fragmentados ecos de un mundo aparentemente acabado. En esos asentamientos de las franjas litorales, los individuos que recuerdan cómo eran antes las cosas conviven con los que acabarán asistiendo al futuro y el devenir del océano.

Un anciano pescador, en pie antes de las primeras luces, pues ya se sabe lo difícil que es abandonar las viejas costumbres, pasa distraídamente la mano por las ásperas piedras de un malecón. Las yemas de sus dedos palpan los bordes de los norayes de amarre mientras escudriña la playa de guijarros que conoce mejor que cualquier otro mortal. Salvo por los reclamos y graznidos de las aves marinas, el alba se despereza plácidamente. El curtido marinero recuerda los años en que, a esas mismas horas, el bullicioso ajetreo del muelle parecía hacerlo palpitar: los barcos que se aprestaban a salir preparaban los aparejos, mientras los del turno de noche regresaban a puerto y descargaban las bodegas, en un cruce de tareas no exento de bromas y discusiones. El pulso de la vida. En aquel entonces habría podido tomar una bebida caliente y un buen desayuno con sus compadres, y todos habrían bromeado con su hijo, preguntándole cuándo pensaba dar un respiro a su viejo y hacerse cargo del barco de la familia...

Hoy, sin embargo, las bromas han desaparecido. Señales no han faltado, desde luego. Llevan años parpadeando en rojo: arrastreros foráneos, redes medio vacías, peces cada vez más pequeños... Aunque también es verdad que el cambio ha sido taimado y sigiloso, gradual, diario y, por eso mismo, casi imperceptible. En general, la vida había seguido su curso, como siempre. Hasta que, de pronto, se detuvo. La generación siguiente apenas encontraba ya incentivos para trabajar tan duramente por tan poco. Los barcos dejaron de entrar en carena. El sosiego se apoderó de las mañanas.

Han transcurrido treinta años y pasado ya a otra generación. El añoso pescador ya es abuelo, y su hijo el hombre de la casa. La mayor parte de los chiquillos que hoy observa jugar en la playa han venido de la ciudad y se limitan a pasar aquí las vacaciones o a hacer una visita a los familiares que, por exceso de optimismo o por simple tozudez, han preferido no marcharse.

Pero el cambio flota en el ambiente, los acontecimientos se precipitan... Ese estado de cosas no puede durar. Su larga experiencia marinera le dice que, cuando esos chavales lleguen a la edad adulta, todo habrá vuelto a transformarse.

Mañana

El lapso de tiempo que media entre una y otra generación humana, unos veinticinco o treinta años, constituye un práctico punto de comparación: por un lado, es tiempo suficiente para que se produzca un cambio real, pero por otro no se interna lo bastante en las brumas del futuro para carecer de sentido a los ojos de quienes conviven con los jóvenes.

Es posible que los niños que hoy trastean en la playa estén llamados a vivir el período más trascendental que le haya tocado en suerte a la especie humana en los últimos diez mil años. Cuando alcancen eso que da en llamarse la mediana edad, habrán averiguado de primera mano si la humanidad ha logrado detener el cambio climático o si, por el contrario, ha aceptado que nos sepulte; sabrán si hemos conseguido restaurar el orden natural o permitido que se desestabilicen sus cimientos; comprobarán si el océano continúa siendo un aliado o se revuelve y se convierte en un enemigo.

Como ya hemos visto, el océano tiene una gran capacidad de recuperación. Los manglares y los bosques de quelpos «pueden» rebrotar, las ballenas «pueden» regresar, y las agonizantes comunidades costeras «pueden» volver a florecer. La posibilidad de recuperación latente es de tal magnitud que resulta perfectamente factible limitar las pérdidas a una sola generación. «Nosotros» podríamos ser el caso atípico, los humanos que, sin sospecharlo, tomaron mucho y protegieron poco. Si quienes nos precedieron pudieron vivir junto a un océano rebosante de energía y vitalidad, los jovencitos actuales podrían ser testigos de su resurgimiento en los años que los separan de la madurez.

Quizá sean muchos los temores que adivinamos en el porvenir, pero también podríamos hallarnos a las puertas del período más emocionante que le haya tocado vivir al ser humano, porque ahora no solo sabemos de qué manera hemos de solucionar muchos de los más graves problemas que se nos plantean como especie, también tenemos detrás siglos de progreso en los que hallar inspiración. Lo cierto es que nos han bastado los últimos cien años para reducir drásticamente la mortalidad infantil, suprimir buena parte de las enfermedades que más nos aterraban, aumentar el acceso a la educación y la atención sanitaria, adquirir conocimientos científicos capaces de transformar la comprensión del mundo, y alcanzar cotas nunca vistas de cooperación en cuestiones globales. Por supuesto, todavía hay muchas cosas que debemos mejorar en nuestro mundo, pero existen buenas razones para creer que disponemos de la «capacidad» de hacerlas. La pregunta consiste en saber si también tenemos la voluntad y la previsión de llevarlas efectivamente a cabo.

Así las cosas, cabe hacerse una pregunta: ¿qué pueden significar para el océano los próximos treinta años? Cualquier intento de responder a este interrogante deberá plantearse la incerteza, pues no en vano todo el que haya acumulado una cierta experiencia de la vida sabe bien lo descabellado que es ponerse a predecir el futuro. Al mismo tiempo, sin embargo, si no somos capaces de imaginar la situación en que se hallará el océano de aquí a tres décadas, será muy difícil proponernos los cambios que precisa su regeneración. En cualquier caso, lo que «sí» podemos hacer, desde el punto de vista racional, es valernos de los descubrimientos y conocimientos adquiridos. De ese modo podremos utilizarlos para trazar una hoja de ruta plausible que nos permita alcanzar esa restauración. Y por lo demás, tenemos igualmente en nuestra mano la posibilidad de controlar el rumbo que emprendamos, a fin de ir ajustándolo en función de las nuevas pruebas que vayan surgiendo.

Lo primero que debemos aceptar es que muchos de nosotros estamos lejos de conocer cómo es la vida en el mar. Si decidimos comprar o consumir mariscos, tendemos a hacerlo en los supermercados o los restaurantes, y por lo general será muy poco lo que sepamos del proceso que los ha llevado hasta nuestra mesa. Sin embargo, en todo el mundo hay decenas de millones de personas que encuentran un medio de vida en la pesca, y todas las labores relacionadas con esa actividad constituyen un aspecto importante de su comunidad y su economía. Eso por no mencionar que sus capturas son, para ellos, una fuente de proteínas verdaderamente vital. Pese a que haya demandas que puedan parecer una obviedad moral, como la de exigir cambios a los gobiernos o a las grandes empresas que obtienen beneficios gracias al océano, no hay que olvidar que existen muchas sociedades costeras cuya capacidad de obtener alimentos del mar no es opcional, sino una forma esencial de ganarse la vida. Esta es la razón de que debamos proceder con cautela, y asegurarnos de que las acciones que emprendamos para restaurar el océano redunden en beneficios para esas comunidades sin incrementar las presiones a las que ya tienen que hacer frente. Hay buenas razones para pensar que es una meta alcanzable.

Tanto las décadas de estudios científicos que llevamos a la espalda como algunos maravillosos ejemplos de protección del medio marino nos han mostrado que la vida en el océano puede recuperarse, y muchas veces con una rapidez que no se constata en tierra firme. Pero hay que darle tiempo y espacio suficientes para que consiga el milagro. En la Conferencia de las Naciones Unidas sobre Biodiversidad, celebrada en Montreal en 2022, cerca de doscientos países acordaron tener protegido el 30% del océano en el año 2030. La protección del medio marino y sus habitantes puede permitir la restauración de la vida salvaje, y mantener al mismo tiempo la captura de peces (o incluso aumentarla). Este objetivo, englobado bajo el distintivo de «30x30», podría ser un punto de inflexión para el océano. No obstante, debemos considerar con lucidez el esfuerzo que va a ser preciso efectuar para lograrlo.

Hablar del 30% de la superficie del océano es delimitar un área de unos 120 millones de kilómetros cuadrados, aproximadamente. Como punto de comparación, valga señalar que el célebre espacio marino protegido de Hawái, el de Papahānaumokuākea (cuyas dimensiones son enormes para este tipo de reservas), apenas cubre 1,5 millones de kilómetros cuadrados. Esto nos muestra con claridad que el 30% del océano es un área realmente inmensa.

Pese a que las magnitudes espaciales sean muy relevantes en el caso de los océanos, la protección del medio marino no depende únicamente del tamaño. Muchas de las áreas marinas protegidas en la actualidad no están ubicadas en las partes de mayor importancia biológica del océano, como quizá cabría suponer, sino en aquellas regiones en que su creación encuentra menos impedimentos. Además, en la mayor parte de los parques marinos protegidos nadie vigila si se cumplen o no las restricciones: de hecho, resulta chocante constatar que muchísimas de esas zonas protegidas continúan permitiendo que se utilicen dentro de sus límites los métodos de pesca que más perjuicios causan (como el arrastre de fondo). Por mucho que, sobre el papel, sean muy numerosas las reservas aparentemente protegidas, los beneficios que puedan derivarse para la vida marina son frecuentemente cuestionables.

La buena noticia estriba, una vez más, en el hecho de que la modificación del *statu quo* es una cuestión que depende más de la voluntad política y la economía que de aguardar la futura irrupción de nuevas invenciones o tecnologías (dado que siempre existe la posibilidad de que no lleguen a producirse). Contamos con pruebas fiables de que las áreas marinas protegidas pueden tener éxito. Hay que admitir que es muy posible que no todas operen exactamente igual ni abarquen cabalmente el período de tiempo necesario, y desde luego no todas aplican sus principios en idéntico grado, pero funcionan. La puesta en práctica de la estrategia «30x30» ya puede hacerse con la tecnología que hoy poseemos, y si elegimos las áreas que más se presten a una apropiada protección —y supervisión—, sería razonable esperar que el océano experimente grandes mejoras, y en un período de tiempo relativamente corto.

No obstante, el océano es un sistema dinámico e interrelacionado, y esto nos sitúa frente a un gran número de elementos complejos. Por ejemplo, dará igual que protejamos estupendamente el 30% de los mares si esquilmamos sin complejos el otro 70%, puesto que de este modo es poco probable que los planes tengan la efectividad pretendida. En consecuencia, muchos científicos sugieren que asumamos un doble compromiso: el de proteger el 30 % del océano, pero gestionando simultáneamente de manera sostenible el 70 % restante.

Ahora bien, ¿qué significa una pesca sostenible?

Según la definición estándar, la noción de «sostenibilidad» implica «satisfacer las necesidades de los individuos presentes sin comprometer las de las generaciones futuras». Hay quien afirma que muchos de los caladeros actuales son «sostenibles», puesto que su meta pasa por obtener lo que se conoce como «máximo rendimiento sostenible», cosa que consiste, en esencia, en pescar todo lo que se pueda a lo largo del año sin que eso implique abandonar la esperanza de capturar el mismo volumen de peces en la siguiente temporada. No obstante, este planteamiento suscita grandes desacuerdos. Si se contempla la situación desde este punto de vista, las estimaciones señalan que la explotación de las dos terceras partes de las poblaciones piscícolas resulta sostenible, ya que da efectivamente la impresión de que, año a año, estamos capturando cantidades similares de muchas poblaciones de peces. Pero existen argumentos en contra: el volumen de los recursos pesqueros en los que hoy se trabaja al «máximo rendimiento sostenible» es aproximadamente la mitad del que habrían tenido antes de que se los sometiera a dicho sistema. Los datos relativos a las pesquerías son incompletos y se basan en buena medida en lo que se captura, no en lo que realmente hay en el océano. Además, los datos de que disponemos no tienen adecuadamente en cuenta algunos factores relevantes, como las capturas incidentales, las redes fantasma o las repercusiones perjudiciales que sufren a largo plazo los ecosistemas más frágiles debido al empleo de métodos agresivos, como la pesca de arrastre de fondo.

Solo este debate daría para escribir un libro entero. Si lo hiciéramos, nos adentraríamos en cuestiones pertinentes pero complejas, como la que intenta valorar si un determinado tipo de pez (o una particular población piscícola) ha de existir en virtud de su propio valor intrínseco o simplemente por el interés que tiene como recurso para los seres humanos. Para los propósitos de este libro, las cuestiones clave son las siguientes: ¿cómo pescar de forma sostenible? O, dicho de otro modo, ¿qué presión pesquera puede ejercerse, qué medios cabe emplear, y en qué lugares conviene hacerlo, para conseguir al mismo tiempo que el océano esté sano y que las comunidades que dependen de los productos del mar cuenten con una calidad de vida decente?

No hay respuestas sencillas ni de aplicación universal, pero «conocemos» los parámetros. Sabemos que algunos métodos de pesca, sobre todo los que emplean artes de arrastre y sistemas de dragado, son especialmente dañinos. Y asimismo sabemos «dos» cosas más: que el océano resistirá mejor las consecuencias del cambio climático si la vida que lo habita es fecunda, diversa y abundante, y que esas mismas fauna y flora del mar gozarán de mejor salud si las especies que pueblan sus distintos hábitats se hallan adecuadamente equilibradas, ya se trate de un bosque de mangles, de un arrecife de coral, de una espesura de quelpos o de una vasta pradera submarina. Todas las pruebas que hemos obtenido sugieren que hay tres medidas potencialmente capaces de lograr una drástica restauración de la vida marina: la protección de extensas regiones del océano, la prohibición de los métodos de pesca más perjudiciales, y las inversiones económicas destinadas a realizar seguimientos independientes y detallados de las poblaciones de peces.

No obstante, en un mundo tan complejo, ¿cabe en verdad pensar que la solución pueda venir sin más de la creación de áreas marinas debidamente protegidas en el 30% del océano y de la simultánea prohibición del uso de las técnicas de pesca más perniciosas en el conjunto del planeta? La respuesta es que sí... pero también que no. Lo cierto es que lograríamos una mejora espectacular aun en el caso de que decidiéramos incidir tan solo en esos dos aspectos a partir de hoy mismo. Pero hay factores imprevisibles.

El cambio climático ya es un hecho. El calentamiento del agua y las olas de calor marinas derriten ahora mismo la banquisa, perturban las corrientes oceánicas, blanquean los arrecifes de coral y provocan la migración de las especies que pueblan los mares. Según parece, el ritmo de la migración climática está produciéndose, en general, mucho más deprisa en el océano que en tierra firme —debido probablemente a que hay menos barreras que dificulten los movimientos—. De hecho, muchas especies oceánicas ya se están alejando del ecuador y ascendiendo al norte, o bajando al sur, en busca de aguas más frías. Pondré un ejemplo: las rutas migratorias que sigue la ballena franca del Atlántico Norte junto a las costas de Canadá se han desplazado a zonas más septentrionales en los últimos años, posiblemente en respuesta al calentamiento de las aguas y a la modificación de las presas disponibles. Este cambio de los recorridos migratorios hace que las ballenas se internen en regiones en las que el tráfico marítimo es más intenso, una circunstancia que está poniendo ante un nuevo desafío a cuantos trabajan en la protección de esta especie, que se halla en peligro de extinción. Esto es solo la muestra de una única variación, pero es probable que la suma de esos cambios termine dando lugar a la reorganización de todo el océano. Dado que ya tenemos prácticamente la certeza de que el clima acabará experimentando un calentamiento no solo mayor, sino bastante significativo (hasta la fecha, la influencia de nuestras emisiones en el sistema climático global todavía no ha llegado a su clímax), es posible que los lugares que hoy consideramos ideales para la protección marina sean distintos de los que juzguemos convenientes dentro de una o dos décadas. Tendremos que supervisar de forma ininterrumpida la evolución del estado de cosas, y estar dispuestos a adaptar nuestro enfoque.

Es más: hay una estrecha relación recíproca entre la voluntad de frenar el cambio climático y la determinación de mejorar la salud del océano. Cuanto más rápido reduzcamos nuestras emisiones, menos daño causará el cambio climático a la vida marina, y cuanto más sano esté el océano, más contribuirán sus aguas y sus especies a detener el vuelco meteorológico. En este sentido, podemos aprovechar las ventajas que nos ofrece la situación y salir ganando todos. No obstante, para lograrlo, necesitaremos abordar los dos términos de la ecuación a velocidades y ritmos muy superiores a los que han regido los esfuerzos efectuados hasta el momento.

En los últimos cien años, la especie humana ha pasado de constituir una simple población «extensa» o «dominante» a convertirse en la mayor fuerza transformadora de la Tierra. Nuestro impacto en la biosfera es tan profundo que, si lo comparamos con lo ocurrido en los distintos períodos geológicos, la magnitud del deterioro que hemos causado es equivalente al provocado por los cinco grandes episodios de extinción masiva que ha conocido la historia del planeta, incluido el que acabó borrando del mapa a casi todos los dinosaurios. Sin embargo, a la parte de la humanidad que goza de riqueza y buena fortuna —que es la responsable de gran parte de los problemas— le resulta sumamente fácil ignorar los daños. Nos damos la gran vida. No tememos quedarnos sin comida ni agua. Los pájaros cantan en los árboles que decoran el frontal de nuestros domicilios. Si las condiciones atmosféricas alcanzan extremos de frío o calor, podemos retirarnos al interior de la casa y disfrutar de una relativa comodidad. Y dado que al realizar nuestras actividades cotidianas el mundo no presenta tintes apocalípticos, los incentivos capaces de animarnos a abrazar los cambios que deberíamos hacer se nos antojan superfluos y lejanos...

Sin embargo, los antiguos marcos de referencia han perdido toda validez. Durante buena parte de nuestra historia como especie, el impacto de las actividades humanas ha estado restringido al ámbito local, y hasta hace poco, además, las amenazas que hemos debido afrontar han sido básicamente evidentes o han obedecido a causas y soluciones perfectamente ajenas a nuestra capacidad de acción, ya que se entendían como «actos de Dios». No obstante, y a pesar de que los seres humanos seamos físicamente muy similares a los que hollaron la Tierra hace cien mil años, lo cierto es que en todos los demás aspectos hemos cambiado hasta resultar irreconocibles. Hoy somos una especie auténticamente global y capaz de moldear el planeta: tanto es así que los mayores peligros que se ciernen sobre nosotros surgen precisamente de una desestabilización antropogénica de la biosfera. Los más pobres sufren las consecuencias de estos cambios y amenazas desde hace ya bastante tiempo, pero los que vivimos en las naciones prósperas no nos hemos dado cuenta hasta ahora de que nuestra riqueza relativa no va a mantenernos indefinidamente aislados. Si queremos responder a estos desafíos inéditos y tener una verdadera oportunidad de restaurar el océano y estabilizar el planeta, no basta con encapsular los cambios en la esfera de las decisiones políticas, es necesario modificar nuestro punto de vista. Es preciso que nos veamos tal como realmente somos.

«Si» conseguimos reprogramar nuestra perspectiva y admitir que los seres humanos, pese a tener la capacidad de concebir inventos maravillosos, dependemos enteramente de la estabilidad de la biosfera; «si» sabemos aceptar que somos una especie que forma parte de la naturaleza, no una suerte de rama aparte, liberada de las meras contingencias naturales en virtud su gran inteligencia; «si» acertamos a comprender que ya tenemos la posibilidad de alterar la biosfera y vulnerarla... «también» podremos convenir en que la única manera de salir de este atolladero consiste en cooperar y resolver nuestros problemas comunes como corresponde a una especie de tan indudable carácter global como la nuestra.

Es posible que la materialización de los acuerdos de alcance planetario avance con mucha lentitud; está claro que, una vez logrados, resulta difícil hacer cumplir esos pactos, y también que en muchos casos es preciso transigir y moderar los objetivos originalmente convenidos... Sin embargo, todos estos tira y afloja son ahora fundamentales si realmente deseamos generar un cambio a gran escala. Por fortuna, hemos desarrollado unas cuantas características útiles. Poseemos unas aptitudes comunicativas inigualables, lo que, unido a nuestra capacidad de compartir datos científicos, pruebas y buenas prácticas, podría redundar en nuestro favor. Basta pensar en el Tratado Antártico o en la imposición de una moratoria a la caza de ballenas para saber que «existe» la posibilidad de lograr compromisos significativos y susceptibles de cambiar el mundo. ¿Hay que juzgar entonces exagerada la expectativa de hacer funcionar la estrategia «30x30» o el Tratado de

Alta Mar? ¿Supera nuestras posibilidades la idea de llegar a un consenso con el que prohibir la explotación minera de las regiones abisales? ¿Seremos incapaces de reducir la contaminación de los océanos? ¿Nos resultará imposible sumar esfuerzos en pro de la acuicultura y exigir el cumplimiento de las buenas prácticas en ese ámbito?

Sea como sea, cambiar nuestro ángulo de visión a fin de asumir que las actividades humanas tienen repercusiones de envergadura planetaria no significa restar relevancia a las pequeñas acciones locales: lo cierto es que debemos hacer más bien lo contrario. Y no se trata solo de que los ejemplos locales aparentemente aislados o únicos nos proporcionen modelos y datos comprobados aplicables a iniciativas de mayor calado, es que, de hecho, las vivencias individuales contribuyen a modificar la forma en que nos vemos como especie.

A los seres humanos siempre nos han gustado los relatos. Esta tendencia ha sido el factor que ha moldeado nuestra cultura, forjado nuestra identidad y definido lo que consideramos importante desde el arranque mismo de las civilizaciones. Las historias que compartimos han creado religiones y naciones, son el plano de sustentación de la política, crean la percepción de nuestra identidad y seleccionan las tribus con las que tendemos a relacionarnos. No es fácil pensar en cualquiera de los grandes cambios sociales de la historia moderna —de los derechos civiles a las relaciones entre personas del mismo sexo— sin constatar que han sido configurados o urgidos por los relatos de injusticia o esperanza de los individuos que los promovieron. Y lo mismo puede decirse de la transición que nos lleva a dejar de ser una especie que explota y saquea el océano para convertirnos en otra decidida a restaurarlo y protegerlo.

Lo cierto es que la tarea de trasladar al público en general los relatos que nos advierten de la desaparición de especies y del desmoronamiento marino ha sido hasta ahora tan eficaz que somos ya muchos los que alcanzamos a imaginar sin dificultad que el futuro del océano pueda estar marcado por el blanqueamiento de los arrecifes de coral, la asfixia de las tortugas en las inmensas marañas de redes que flotan a la deriva, la presencia de tóxicas columnas de aguas residuales, los enjambres de medusas, y la transformación de las antiguas y vitales localidades pesqueras en pueblos fantasma... No obstante, si queremos seguir avanzando hemos de entender que nuestras narrativas de innovación, esperanza y heroísmo tienen idéntica relevancia, ya que están destinadas a mostrarnos quiénes somos y a darnos al mismo tiempo ánimos para transfigurarnos y convertirnos en la humanidad que aún estamos a tiempo de llegar a ser.

No estamos ante la crónica previsible de un remoto porvenir, sino frente a una realidad que está al alcance de las generaciones actuales. Pensemos por un instante en un par de chiquillos entregados al juego en una playa de nuestros días: puede que se entretengan haciendo montoncitos de guijarros, chapoteando entre las olas que se arrojan mansamente a sus pies o dando miguitas de pan a los peces que sus abuelos pescaban. Al crecer, nuestros muchachos tendrán ocasión de asistir al desenlace de esta historia y podrán ver qué rumbo han tomado nuestras decisiones. Si optamos por valernos de nuestros grandes descubrimientos, si aplicamos nuestra singularísima inteligencia y orientamos nuestras incomparables dotes comunicativas y nuestra capacidad de resolver problemas a la recuperación del océano, entonces los hijos que puedan tener nuestros jóvenes protagonistas se encontrarán en un mundo en el que la especie humana haya superado el mayor desafío que se le haya presentado jamás. Los niños de este ejemplo serán así testigos de las sucesivas décadas de resarcimiento y restauración que presidirán ese proceso. Verán bancos de peces, nidos de aves marinas y manadas de ballenas más densos y saludables de los que jamás hayamos alcanzado a divisar quienes hoy habitamos el planeta. Presenciarán el renacimiento de las comunidades costeras y vivirán el punto de inflexión llamado a señalar el inicio de la estabilización del clima. Pero lo más importante es que se desenvolverán en un mundo en el que nuestra especie, la más inteligente que jamás haya hollado la Tierra, habrá dejado atrás la etapa de la conquista de los mares y aprendido a prosperar en armonía con el mayor espacio indómito del globo.

Epílogo

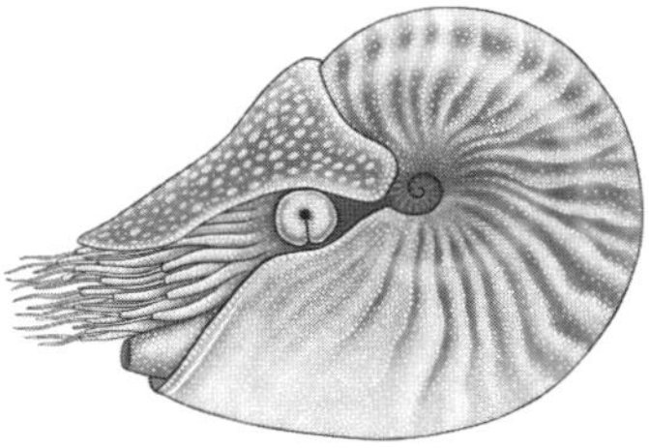

De todas las frases que han ido tejiendo el presente libro, la que más me gusta es la que cabría encuadrar en el epígrafe de «lo que sigue siendo desconocido». Y es que, en efecto, esa expresión, que se desprende de muchas de las situaciones y circunstancias que aparecen descritas en estas páginas, contiene en todos los casos la estimulante promesa de los descubrimientos que nos aguardan, de las nuevas especies que alcanzaremos a conocer, y de un futuro repleto de ideas y revelaciones.

La experiencia de descubrir algo es una de las grandes dichas que nos depara la exploración del mundo natural y puede presentarse de múltiples maneras: tras una afanosa búsqueda, tras el encuentro casual con una realidad nunca vista, o incluso en uno de esos maravillosos momentos en que uno acierta a encajar una nueva pieza del rompecabezas y comprende de pronto el funcionamiento de un determinado rasgo de la naturaleza. De hecho, en los últimos cien años, el estudio del océano ha traído consigo hallazgos de todo tipo. Es más: en el tiempo que ha exigido la redacción de esta obra, los científicos han dado a conocer una larga serie de descubrimientos increíbles, íntimamente vinculados con la vida en el océano.

Pero no hay que olvidar que de la comprensión nace la responsabilidad. Actualmente sabemos que el océano ha sufrido grandes daños, pero ¿tenemos realmente una clara idea de qué clase de océano queremos en el futuro? Lo cierto es que puede resultar difícil imaginar cómo debería ser ese océano venidero, porque las personas que hoy habitan el planeta no han tenido ocasión de ver cómo son de hecho los mares auténticamente feraces y prósperos. Es normal que pensemos que el mundo salvaje que tuvimos ocasión de contemplar en la niñez representa la forma «natural» de los espacios agrestes, y que no alcancemos a valorar las mejorías o pérdidas que vengan a experimentar esos ámbitos sino en función de esa impresión de partida. Sin embargo, resulta evidente que esa vara de medir es necesariamente inexacta. El océano en el que me zambullía hace cosa de treinta años, en mi primera juventud, era espectacular... Sin embargo, la profusión de vida que me ofrecía era ya muy inferior a la que David tuvo ante los ojos seis décadas antes... Y la degradación continúa...

Pese a todo, no hay ningún motivo fatal que nos aboque a la prolongación de esa tendencia. Pese a que sean muchas las maravillas que todavía nos quedan por descubrir, lo importante es que hemos conseguido entender al fin todo cuanto precisábamos saber para restaurar la diversidad de los océanos. Ya disponemos de los conocimientos imprescindibles, pero lo mejor es que también contamos con algo todavía más importante: la prueba de que podemos mejorar las cosas.

Hemos reunido evidencias palpables que nos muestran que nos hallamos en situación de aspirar a metas muy superiores a las de contentarnos con ralentizar sin más el deterioro de los océanos o estabilizar las condiciones actuales, porque, de hecho, el descubrimiento más importante de los últimos años ha sido el que nos ha permitido confirmar que la capacidad de regeneración de los océanos es realmente pasmosa. Unas cuantas comunidades adelantadas a su tiempo han protegido distintas regiones marinas en el conjunto del globo, preservando condiciones y hábitats de todo tipo. Y siempre que se han adoptado esas medidas de protección, la recuperación de la vida oceánica ha resultado verdaderamente espectacular.

Demasiadas veces se ha querido pintar la salvación de los océanos como un pulso entre los movimientos de conservación y las actividades pesqueras, pero hemos visto en todo el mundo que el hecho de que los mares gocen de buena salud no solo redunda en beneficio de las poblaciones que se dedican a la pesca, sino que también se revela positiva para la vida silvestre. La revitalización del océano permite proporcionar alimento y medios de vida a la sociedad, además de facilitar el secuestro del carbono atmosférico, proporcionar estabilidad climática al planeta y otras muchas cosas... de entre las cuales tal vez merezca la pena destacar aquí la de que acaso nos brinde algunas de las secuencias más impactantes que pudieran desearse en el rodaje de un documental. Al compartir el relato de estos descubrimientos, no solo esperamos suscitar un sentimiento de fascinación en el lector, también quisiéramos hacerle cobrar conciencia de la relevancia de esta recuperación, y contribuir con ello a resaltar los extraordinarios dones que el océano nos procura a todos.

COLIN BUTFIELD
Febrero de 2025

Agradecimientos

Podría resultar poético imaginar a un escritor (o a más de uno, como en este caso) refugiado en algún recóndito lugar, decidido a concentrarse en la ardua elaboración de aquello que desea contar al mundo... Desde esa perspectiva, cabría imaginarlo torturado por el difícil alumbramiento de todas y cada una de las frases de un bien meditado texto, dispuesto a no ceder al desaliento hasta que no consiga tenerlo rematado y listo para entregarlo a la imprenta. En esta ocasión, por fortuna, el proceso ha sido notablemente distinto. Lo cierto es que el presente libro —resultado de cientos de conversaciones— no solo se basa en los conocimientos de decenas de expertos, sino que, como tantas otras veces, debe su misma posibilidad a la paciencia de amigos y familiares.

La idea original de este *Océano* surgió de forma cuasi marginal durante el rodaje de una película sobre el océano que llegará a las pantallas en 2025. Pese a que este libro incluya historias y temas que difieren bastante de los que componen este documental de larga duración, la verdad es que brota de una esperanza muy similar: la de animar al público a comprender, amar, y, en definitiva, valorar nuestro océano. Agradecemos profundamente el impulso creativo de Toby Nowlan y Keith Scholey, así como el talento de Doug Anderson, Sam Cooke, Philippa Edwards, Olly Scholey, Kate Streather, Toby Strong y Gavin Thurston. Nos une igualmente un vínculo de gratitud con los equipos de Open Planet Studios y Silverback Films, que han efectuado un trabajo maravilloso en la concreción de la cinta, hasta tal punto que su ejemplo ha logrado servirnos de constante inspiración en los largos meses que ha requerido la concreción de este libro.

Una cosa es reflexionar sobre la mejor forma de pulir las ideas destinadas a completar un libro y charlar varios meses sobre el particular, y otra muy distinta obtener los apoyos y estímulos necesarios para iniciar en serio la redacción de la obra. Llegados a este punto, debemos reconocer la deuda de gratitud que hemos contraído con Robert Kirby y Michael Ridley, que apostaron desde el principio por este proyecto, permitiéndonos colaborar una vez más con los componentes de la editorial John Murray. Nick Davies, Kate Hewson y Caroline Westmore han cooperado con nosotros en todo momento, guiándonos con gran sosiego y aportando también la colaboración de colegas, igualmente expertos, de entre los que quisiéramos destacar los nombres de Sarah Arratoon, Helena Dorée, Rebecca Folland, Rosie Gailer, Alice Graham, Hilary Hammond, Louise Henderson-Clark, Alice Herbert, Sophie Jackson, Amanda Jones, Zoë King, Sara Marafini, Janette Revill, Charlotte Robathan, David Roper, Tim Ryder, Megan Schaffer, Ellie Wheeldon, Graham Wild and Corinna Zifko. A todos ellos les damos las gracias, tanto por su apasionada implicación en el trabajo como por el cuidado que han puesto para hacer realidad este libro.

También nos han ayudado a encontrar colaboradores de talento que han enriquecido enormemente esta publicación. Cabe destacar en especial la creatividad de Yeachin Tsai, cuya hermosa portada atrae el interés inicial del lector; el talento de nuestra ilustradora, Jennifer Smith, y la encomiable labor de los numerosos fotógrafos y camarógrafos que nos han permitido utilizar sus imágenes (obtenidas con grandísimos esfuerzos), lo que es muy de agradecer.

Las narraciones y relatos que aparecen en estas páginas provienen de personas, comunidades y expediciones totalmente reales: no exageramos al decir que debemos estas historias a auténticos paladines del océano. Gracias a todos por no haber escatimado ni tiempo ni dedicación al hablar con nosotros y confiarnos esas experiencias, que hoy compartimos con la comunidad lectora. Esperamos darles la satisfacción de haber expuesto fielmente cuanto nos han contado. Estamos igualmente en deuda con los innumerables amigos y colegas que nos han ayudado a encontrar esos relatos y a ahondar en nuestras investigaciones: todos ellos han tenido la amabilidad de responder a nuestra solicitud de datos y precisiones, y no han dudado en compartir con nosotros sus contactos.

No obstante, y como siempre, son nuestras familias las que merecen el mayor de los agradecimientos. Escribir un libro puede ser una tarea frustrante, pero es probable que convivir con quienes los redactan lo sea todavía más. A Sophia, Connor y Josh: siento mucho los fines de semana perdidos y mil gracias por vuestro respaldo.

Créditos de las ilustraciones

Primera sección

Página 1: © Alex Mustard; pp. 2-3: Olly Scholey: © Open Planet Studios / Silverback Films; p. 4: Doug Anderson © Open Planet Studios / Silverback Films.

Segunda sección

Página 1: © Atlantic Productions, imagen procedente de *La Gran Barrera de coral*, serie documental para la BBC, narrador: David Attenborough (fotografía de Freddie Claire); pp. 2-3: cortesía de la Oficina Nacional Estadounidense de Administración Oceánica y Atmosférica, Gabinete de Santuarios Marinos, expedición Hohonu Moana, 2016; p. 4 arriba y abajo: © Oficina Nacional Estadounidense de Administración Oceánica y Atmosférica / Ocean Exploration Trust.

Tercera sección

Páginas 1 y 2-3: © Olly Scholey; p. 4: Doug Anderson © Open Planet Studios / Silverback Films.

Cuarta sección

Páginas 1 y 4: Doug Anderson © Open Planet Studios / Silverback Films; pp. 2-3: © Alex Mustard.

Quinta sección

Página 1: Connect Images / Alexander Semenov / Getty Images; pp. 2-3 y 4, arriba: © Paul Nicklen Photography Inc; p. 4, abajo: Rodney Bursiel Photography Inc.

Sexta sección

Página 1: © Ammar Alsayed Ahmed; pp. 2-3: © Jillian Morris; p. 4: © Dhritiman Mukherjee.

Séptima sección

Página 1: imagen por cortesía de la Oficina Nacional Estadounidense de Administración Oceánica y Atmosférica, Programa de exploración oceánica, 2021, Piedras pasaderas del Atlántico Norte: montes submarinos de Nueva Inglaterra y de Corner Rise; pp. 2-3: © Olly Scholey; p. 4: © Cristina Mittermeier Photography.

Octava sección

Página 1, arriba: © Ben Osbourne / Silverback Films; p. 1, abajo: © Olly Scholey; pp. 2-3: Hector Skevington-Postles © Open Planet Studios / Silverback Films; p. 4: © Jeff Miller / Getty Images.

De las ilustraciones intercaladas en el texto: © Jennifer N. R. Smith.

Fuentes bibliográficas y lecturas recomendadas

1. Los arrecifes de coral

Aretz, M., y Nudds, J., «The Coral Fauna of the Holkerian / Asbian Boundary Stratotype Section (Carboniferous) at Little Asby Scar (Cumbria, England) and Its Implications for the Boundary», *Stratigraphy* 2, 2005, pp. 167-190.

Bollati, E., *et al.*, «Green Fluorescent Protein-like Pigments Optimise the Internal Light Environment in Symbiotic Reef-building Corals», *eLife* 11, 2022, e73521.

Bourne, D. G.; Morrow, K. M., y Webster, N. S., «Insights into the Coral Microbiome: Underpinning the Health and Resilience of Reef Ecosystems», *Annual Review of Microbiology* 70, 2016, pp. 317-340.

Cooper, T. F.; O'Leary, R. A., y Lough, J. M., «Growth of Western Australian Corals in the Anthropocene», *Science* 335(6068), 2012, pp. 593-596.

Cornwall, C. E., *et al.*, «Resistance of Corals and Coralline Algae to Ocean Acidification: Physiological Control of Calcification Under Natural pH Variability», *Proceedings of the Royal Society B* 285(1884), 2018, 20181168.

CTI-CFF Regional Secretariat, *Regional Plan of Action 2.0: Coral Triangle Initiative on Coral Reefs, Fisheries and Food Security 2021-2030* (Manado, Indonesia, Coral Triangle Initiative on Coral Reef, Fisheries and Food Security, 2022).

Darwin, Charles R., *The Structure and Distribution of Coral Reefs. Being the first part of the geology of the voyage of the Beagle, under the command of Capt. Fitzroy, R. N. during the years 1832 to 1836* (primera edición, Smith, Elder and Co., Londres, 1842) [hay traducción al castellano: *La estructura y distribución de los arrecifes de coral. Primera parte del viaje geológico del Beagle*, Los Libros de la Catarata, Madrid, 2006].

Doney, S. C., *et al.*, «Ocean Acidification: The Other CO2 Problem», *Annual Review of Marine Science* 1, 2009, pp. 169-192.

Elise, S., *et al.*, «An Optimised Passive Acoustic Sampling Scheme to Discriminate Among Coral Reefs' Ecological States», *Ecological Indicators* 107, 2019, 105627.

Eyal, G., *et al.*, «Spectral Diversity and Regulation of Coral Fluorescence in a Mesophotic Reef Habitat in the Red Sea», *PLOS ONE* 10, 2015, e0128697.

Eyre, B. D., *et al.*, «Coral Reefs Will Transition to Net Dissolving Before End of Century», *Science* 359(6378), 2018, pp. 908-911.

Frieler, K., *et al.*, «Limiting Global Warming to 2 ºC Is Unlikely to Save Most Coral Reefs», *Nature Climate Change* 3, 2013, pp. 165-170.

Goffredo, S., *et al.*, «Colony and Polyp Biometry and Size Structure in the Orange Coral *Astroides calycularis* (Scleractinia: Dendrophylliidae)», *Marine Biology Research* 7(3), 2011, pp. 272-280.

Gruber, N., *et al.*, «The Oceanic Sink for Anthropogenic CO2 from 1994 to 2007», *Science* 363(6432), 2019, pp. 1193-1199.

Grupo intergubernamental de expertos sobre el cambio climático, *Climate Change 2021 - The Physical Science Basis: Working Group I Contribution to the Sixth Assessment Report of the Intergovernmental Panel on Climate Change* (primera edición, Cambridge University Press, Cambridge, 2023).

Harborne, A. R., *et al.*, «Multiple Stressors and the Functioning of Coral Reefs», *Annual Review of Marine Science* 9, 2017, pp. 445-468.

Hawkins, J. P., y Roberts, C. M., «Effects of Artisanal Fishing on Caribbean Coral Reefs», *Conservation Biology* 18(1), 2004, pp. 215-226.

Hoegh-Guldberg, O., y Bruno, J. F., «The Impact of Climate Change on the World's Marine Ecosystems», *Science* 328(5985), 2010, pp. 1523-1528.

Hughes, T. P., *et al.*, «Coral Reefs in the Anthropocene», *Nature* 546, 2017, pp. 82-90.

—, «Spatial and Temporal Patterns of Mass Bleaching of Corals in the Anthropocene», *Science* 359(6371), 2018, pp. 80-83.

Lapid, E.; Wielgus, J., y Chadwick-Furman, N., «Sweeper Tentacles of the Brain Coral *Platygyra daedalea*: Induced Development and

Effects on Competitors», *Marine Ecology Progress Series* 282, 2004, pp. 161-171.

Lin, T.-H., *et al.*, «Exploring Coral Reef Biodiversity via Underwater Soundscapes», *Biological Conservation* 253, 2021, 108901.

McClanahan, T. R., y Shafir, S. H., «Causes and Consequences of Sea Urchin Abundance and Diversity in Kenyan Coral Reef Lagoons», *Oecologia* 83, 1990, pp. 362-370.

Matsuda, S. B., *et al.*, «Temperature-Mediated Acquisition of Rare Heterologous Symbionts Promotes Survival of Coral Larvae under Ocean Warming», *Global Change Biology* 28, 2022 (2006-2025).

Mourier, J., *et al.*, «Extreme Inverted Trophic Pyramid of Reef Sharks Supported by Spawning Groupers», *Current Biology* 26(15), 2016 (2011-2016).

Mumby, P. J., *et al.*, «Marine Reserves, Fisheries Ban, and 20 Years of Positive Change in a Coral Reef Ecosystem», *Conservation Biology* 35(5), 2021, pp. 1473-1483.

Roberts, C. M., «Effects of Fishing on the Ecosystem Structure of Coral Reefs», *Conservation Biology* 9(5), 1995, pp. 988-995.

Roopin, M., y Chadwick, N. E., «Benefits to Host Sea Anemones from Ammonia Contributions of Resident Anemonefish», *Journal of Experimental Marine Biology and Ecology* 370(1-2), 2009, pp. 27-34.

Sabine, C. L, *et al.*, «The Oceanic Sink for Anthropogenic CO2», *Science* 305(5682), 2004, pp. 367-371.

Sakai, K., «Effect of Colony Size, Polyp Size, and Budding Mode on Egg Production in a Colonial Coral», *Biological Bulletin* 195(3), 1998, pp. 319-325.

Sheppard, C., *Coral Reefs: A Natural History* (Princeton University Press, Princeton, 2021).

Simpson, S., *et al.*, «Attraction of Settlement-Stage Coral Reef Fishes to Reef Noise», *Marine Ecology Progress Series* 276, 2004, pp. 263-268.

—, «Homeward Sound», *Science* 308(5719), 2005, p. 221.

Smith, E. G., *et al.*, «Screening by Coral Green Fluorescent Protein (GFP)-like Chromoproteins Supports a role in Photoprotection of Zooxanthellae», *Coral Reefs* 32, 2013, pp. 463-474.

Souter, D., *et al.* (comps.), *Status of Coral Reefs of the World: 2020* (Global Coral Reef Monitoring Network e International Coral Reef Initiative, 2021, identificador de objeto digital (*doi*): 10.59387/WOTJ 9184).

Spalding, M. D.; Ravilious, C., y Green, E. P., *World Atlas of Coral Reefs* (University of California Press, Berkeley, California, 2001).

Tebbett, S. B.; Connolly, S. R., y Bellwood, D. R., «Benthic Composition Changes on Coral Reefs at Global Scales», *Nature Ecology and Evolution* 7, 2023, pp. 71-81.

Van Oppen, M. J. H., y Blackall, L. L., «Coral microbiome Dynamics, Functions and Design in a Changing World», *Nature Reviews Microbiology* 17(9), 2019, pp. 557-567.

Wilson, E. C., «Permian Corals from the Spring Mountains, Nevada», *Journal of Paleontology* 65(5), 1991, pp. 727-741.

Wisshak, M., *et al.*, «Ocean Acidification Accelerates Reef Bioerosion», *PLOS ONE* 7, 2012, e45124.

Zapalski, M. K., *et al.*, «Coralliths of Tabulate Corals from the Devonian of the Holy Cross Mountains (Poland)», *Palaeogeography, Palaeoclimatology, Palaeoecology* 585, 2022, 110745.

2. Las regiones abisales

Alfaro-Lucas, J., *et al.*, «Trophic Structure and Chemosynthesis Contributions to Heterotrophic Fauna Inhabiting an Abyssal Whale Carcass», *Marine Ecology Progress Series* 596, 2018, pp. 1-12.

Anderson, T. R., y Rice, T., «Deserts on the Sea Floor: Edward Forbes and His Azoic Hypothesis for a Lifeless Deep Ocean», *Endeavour* 30(4), 2006, pp. 131-137.

Ausubel, J. H.; Trew Crist, D., y Waggoner, P. E., *First Census of Marine Life 2010: Highlights of a Decade of Discovery* (Secretariado internacional del Censo de la vida marina, Washington, D. C., 2010).

Bianchi, D., y Mislan, K. A. S., «Global Patterns of Diel Vertical Migration Times and Velocities from Acoustic Data: Global Patterns of Diel Vertical Migration», *Limnology and Oceanography* 61, 2016, pp. 353-364.

Bolstad, K. S. R., *et al.*, «In-Situ Observations of an Intact Natural Whale Fall in Palmer Deep, Western Antarctic Peninsula», *Polar Biology* 46(4), 2023, pp. 123-132.

Bouchet, P., *et al.*, «Marine Biodiversity Discovery: The Metrics of New Species Descriptions», *Frontiers in Marine Science* 10, 2023, 929989.

Boyd, P. W., *et al.*, «Multi-faceted Particle Pumps Drive Carbon Sequestration in the Ocean», *Nature* 568, 2019, pp. 327-335.

Brierley, A. S., «Diel Vertical Migration», *Current Biology* 24, 2014, R1074-R1076.

Cailliet, G. M., *et al.*, «Age Determination and Validation Studies of Marine Fishes: Do Deep-Dwellers Live Longer?», *Experimental Gerontology* 36(4-6), 2001, pp. 739-764.

Corliss, J. B., *et al.*, «Submarine Thermal Springs on the Galápagos Rift», *Science* 203(4385), 1979, pp. 1073-1083.

Etter, W., y Hess, H., «Reviews and Syntheses: The First Records of Deep-Sea Fauna — a Correction and Discussion», *Biogeosciences* 12(21), 2015, pp. 6453-6462.

Foley, N. S.; Van Rensburg, T. M., y Armstrong, C. W., «The Rise and Fall of the Irish Orange Roughy Fishery: An Economic Analysis», *Marine Policy* 35, 2011, pp. 756-763.

Giering, S. L. C., *et al.*, «Reconciliation of the Carbon Budget in the Ocean's Twilight Zone», *Nature* 507, 2014, pp. 480-483.

Global Ocean Science Report: The Current Status of Ocean Science Around the World (UNESCO Publishing, París, 2017).

Glover, A. G., y Smith, C. R., «The Deep-Sea Floor Ecosystem: Current Status and Prospects of Anthropogenic Change by the Year 2025», *Environmental Conservation* 30(3), 2003, pp. 219-241.

Harris, P. T., *et al.*, «Geomorphology of the Oceans», *Marine Geology* 352, 2014, pp. 4-24.

Hein, J. R.; Koschinsky, A., y Kuhn, T., «Deep-Ocean Polymetallic Nodules as a Resource for Critical Materials», *Nature Reviews Earth & Environment* 1, 2020, pp. 158-169.

Jónasdóttir, S. H., *et al.*, «Seasonal Copepod Lipid Pump Promotes Carbon Sequestration in the Deep North Atlantic», *Proceedings of the National Academy of Sciences of the United States of America* 112(39), 2015, pp. 12122-12126.

Jones, E., *The Challenger Expedition: Exploring the Ocean's Depths* (Royal Museums Greenwich, Londres, 2022).

Kelley, D. S., *et al.*, «An Off-Axis Hydrothermal Vent Field Near the Mid-Atlantic Ridge at 30º N», *Nature* 412, 2001, pp. 145-149.

Kobayashi, T.; Nagai, H., y Kobayashi, K., «Concentration Profiles of 10Be in Large Manganese Crusts», *Nuclear Instruments and Methods in Physics Research Section B: Beam Interactions with Materials and Atoms* 172, 2000, pp. 579-582.

Levin, L. A.; Amon, D. J., y Lily, H., «Challenges to the Sustainability of Deep-Seabed Mining», *Nature Sustainability* 3, 2020, pp. 784-794.

Mayer, L., *et al.*, «The Nippon Foundation — GEBCO Seabed 2030 Project: The Quest to See the World's Oceans Completely Mapped by 2030», *Geosciences* 8, 2018, p. 63.

Paulus, E., «Shedding Light on Deep-Sea Biodiversity — A Highly Vulnerable Habitat in the Face of Anthropogenic Change», *Frontiers in Marine Science* 8, 2021, 667048.

Pitcher, T. J., *et al.* (comps.), *Seamounts: Ecology, Fisheries and Conservation* (Blackwell, Oxford, 2007).

Purser, A., *et al.*, «Association of Deep-Sea Incirrate Octopods with Manganese Crusts and Nodule Fields in the Pacific Ocean», *Current Biology* 26, 2016, R1268-R1269.

Roark, E. B., *et al.*, «Extreme Longevity in Proteinaceous Deep-Sea Corals», *Proceedings of the National Academy of Sciences of the United States of America* 106(13), 2009, pp. 5204-5208.

Robison, B. H., «Bioluminescence in the Benthopelagic Holothurian *Enypniastes eximia*», *Journal of the Marine Biological Association of the United Kingdom* 72(2), 1992, pp. 463-472.

Sala, E., *et al.*, «The Economics of Fishing the High Seas», *Science Advances* 4 (6), 2018, eaat2504.

Simon-Lledó, E., *et al.*, «Biological Effects 26 Years after Simulated Deep-Sea Mining», *Scientific Reports* 9, 2019, 8040.

Smith, C. R.; Roman, J., y Nation, J. B., «A Metapopulation Model for Whale-Fall Specialists: The Largest Whales Are Essential to Prevent Species Extinctions», *Journal of Marine Research* 77(2), 2019, pp. 283-302.

Spiess, F. N., *et al.*, «East Pacific Rise: Hot Springs and Geophysical Experiments», *Science* 207(4438), 1980, pp. 1421-1433.

Tarling, G. A., *et al.*, «Carbon and Lipid Contents of the Copepod Calanus finmarchicus Entering Diapause in the Fram Strait and Their Contribution to the Boreal and Arctic Lipid Pump», *Frontiers of Marine Science* 9, 2022, 926462.

Thiel, H., *et al.*, «The Large-scale Environmental Impact Experiment DISCOL — Reflection and Foresight», *Deep Sea Research Part II: Topical Studies in Oceanography* 48(17-18), 2001, pp. 3869-3882.

Thomas, K. N.; Robison, B. H., y Johnsen, S., «Two Eyes for Two Purposes: In Situ Evidence for Asymmetric Vision in the Cockeyed squids *Histioteuthis heteropsis* and *Stigmatoteuthis dofleini*», *Philosophical Transactions of the Royal Society B* 372(1717), 2017, 20160069.

Wölfl, A.-C., *et al.*, «Seafloor Mapping — The Challenge of a Truly Global Ocean Bathymetry», *Frontiers of Marine Science* 6, 2019, p. 283.

Yin, K.; Zhang, D., y Xie, W., «Experimental Whale Falls in the South China Sea», *Ocean-Land-Atmosphere Research* 2(2), 2023, 0005.

3. El mar abierto

Asamblea General de las Naciones Unidas, Acuerdo en el marco de la Convención de la ONU sobre el Derecho del mar relativo a la conservación y el uso sostenible de la diversidad biológica marina de las zonas situadas fuera de la jurisdicción nacional, Nueva York, 19 de junio de 2023.

Block, B. A., *et al.*, «Tracking Apex Marine Predator Movements in a Dynamic Ocean», *Nature* 475, 2011, pp. 86-90.

Branch, T. A., *et al.*, «Past and Present Distribution, Densities and Movements of Blue Whales *Balaenoptera musculus* in the Southern Hemisphere and Northern Indian Ocean», *Mammal Review* 37(2), 2007, pp. 116-175.

Carmine, G., *et al.*, «Who Is the High Seas Fishing Industry?», *One Earth* 3(6), 2020, pp. 730-738.

Carwardine, M., *et al.*, *Handbook of Whales, Dolphins and Porpoises* (Bloomsbury, Londres, 2020).

Chiba, S., *et al.*, «Human Footprint in the Abyss: 30 Year Records of Deep-Sea Plastic Debris», *Marine Policy* 96, 2018, pp. 204-212.

Clukey, K. E., *et al.*, «Investigation of Plastic Debris Ingestion by Four Species of Sea Turtles Collected as Bycatch in Pelagic Pacific Longline Fisheries», *Marine Pollution Bulletin* 120, 2017, pp. 117-125.

Davies, T. E., *et al.*, «Multispecies Tracking Reveals a Major Seabird Hotspot in the North Atlantic», *Conservation Letters* 14(5), 2021, e12824.

—, «Tracking Data and the Conservation of the High Seas: Opportunities and Challenges», *Journal of Applied Ecology* 58(12), 2021, pp. 2703-2710.

Duncan, E., *et al.*, «A Global Review of Marine Turtle Entanglement in Anthropogenic Debris: A Baseline for Further Action», *Endangered Species Research* 34, 2017, pp. 431-448.

—, «Microplastic Ingestion Ubiquitous in Marine Turtles», *Global Change Biology* 25(2), 2019, pp. 744-752.

García-Alegre, A., *et al.*, «Seabed Litter Distribution in the High Seas of the Flemish Pass Area (NW Atlantic)», *Scientia Marina* 84, 2020, p. 93.

Hong, S.; Lee, J., y Lim, S., «Navigational Threats by Derelict Fishing Gear to Navy Ships in the Korean Seas», *Marine Pollution Bulletin* 119, 2017, pp. 100-105.

Houghton, J. D. R., *et al.*, «The Role of Infrequent and Extraordinary Deep Dives in Leatherback Turtles (*Dermochelys coriacea*)», *Journal of Experimental Biology* 211(16), 2008, pp. 2566-2575.

Jarvis, R. M., y Young, T., «Pressing Questions for Science, Policy, and Governance in the High Seas», *Environmental Science & Policy* 139(3), 2023, pp. 177-184.

Johnson, C. M., *et al.*, *Protecting Blue Corridors: Challenges and Solutions for Migratory Whales Navigating National and International Seas* (Fondo Mundial para la Naturaleza, 2022).

Kühn, S., y Van Franeker, J. A., «Quantitative Overview of Marine Debris Ingested by Marine Megafauna», *Marine Pollution Bulletin* 151, 2020, 110858.

Laist, D. W., «Impacts of Marine Debris: Entanglement of Marine Life in Marine Debris Including a Comprehensive List of Species with Entanglement and Ingestion Records», en: J. M. Coe y D. B. Rogers (comps.) *Marine Debris* (Springer, Nueva York, 1997, pp. 99-139).

Lebreton, L., *et al.*, «Industrialised Fishing Nations Largely Contribute to Floating Plastic Pollution in the North Pacific Subtropical Gyre», *Scientific Reports* 12, 2022, 12666.

Letessier, T. B., *et al.*, «Remote Reefs and Seamounts are the Last Refuges for Marine Predators Across the Indo-Pacific», *PLOS Biology* 17, 2019, e3000366.

Lohmann, K. J.; Lohmann, C. M. F., y Endres, C. S., «The Sensory Ecology of Ocean Navigation», *Journal of Experimental Biology* 211(11), 2008, pp. 1719-1728.

Montecalvo, I., *et al.*, «Ocean Predators: Squids, Chinese Fleets and the Geopolitics of High Seas Fishing», *Marine Policy* 152, 2023, 105584.

Mouritsen, H., «Long-Distance Navigation and Magnetoreception in Migratory Animals», *Nature* 558, 2018, pp. 50-59.

Mucientes, G., y Queiroz, N., «Presence of Plastic Debris and Retained Fishing Hooks in Oceanic Sharks», *Marine Pollution Bulletin* 143, 2019, pp. 6-11.

Nelms, S. E., *et al.*, «Investigating Microplastic Trophic Transfer in Marine Top Predators», *Environmental Pollution* 238, 2018, pp. 999-1007.

—, «Plastic Pollution and Marine Megafauna: Recent Advances and Future Directions», en: Alice Horton (comp.), *Plastic Pollution in the Global Ocean* (World Scientific, Singapur, 2023, pp. 97-138).

Pacoureau, N., *et al.*, «Half a Century of Global Decline in Oceanic Sharks and Rays», *Nature* 589, 2021, pp. 567-571.

Pérez Rodam, M. A., *A Third Assessment of Global Marine Fisheries Discards* (Organización de las Naciones Unidas para la Alimentación y la Agricultura, Roma, 2019).

Richardson, K.; Hardesty, B. D., y Wilcox, C., «Estimates of Fishing Gear Loss Rates at a Global Scale: A Literature Review and Meta-analysis», *Fish and Fisheries* 20(6), 2019, pp. 1218-1231.

Rocha Jr., R. C.; Clapham, P. J., e Ivashchenko, Y., «Emptying the Oceans: A Summary of Industrial Whaling Catches in the 20th Century», *Marine Fisheries Review* 76(4), 2015, pp. 37-48.

Romeo, T., *et al.*, «First Evidence of Presence of Plastic Debris in Stomach of Large Pelagic Fish in the Mediterranean Sea», *Marine Pollution Bulletin* 95(1), 2015, pp. 358-361.

Sala, E., *et al.*, «The Economics of Fishing the High Seas», *Science Advances* 4(6), 2018, eaat2504.

Santos, R. G., *et al.*, «Debris Ingestion by Juvenile Marine Turtles: An Underestimated Problem», *Marine Pollution Bulletin* 93(1-2), 2015, pp. 37-43.

Senko, J., *et al.*, «Understanding Individual and Population-Level Effects of Plastic Pollution on Marine Megafauna», *Endangered Species Research* 43, 2020, pp. 234-252.

Spotila, J. R., *Sea turtles: A Complete Guide to Their Biology, Behavior, and Conservation* (Johns Hopkins University Press, Baltimore, Maryland, 2004).

Sumaila, U. R., *et al.*, «Winners and Losers in a World Where the High Seas Is Closed to Fishing», *Scientific Reports* 5, 2015, 8481.

Unger, B., *et al.*, «Large Amounts of Marine Debris Found in Sperm Whales Stranded Along the North Sea Coast in Early 2016», *Marine Pollution Bulletin* 112(1-2), 2016, pp. 134-141.

Zantis, L. J., *et al.*, «Assessing Microplastic Exposure of Large Marine Filter-Feeders», *Science of the Total Environment* 818, 2022, 151815.

4. Los bosques de quelpos

Cerda, O.; Hinojosa, I. A., y Thiel, M., «Nest-Building Behavior by the Amphipod *Peramphithoe femorata* (Krøyer) on the Kelp *Macrocystis pyrifera* (Linnaeus) C. Agardh from Northern-Central Chile», *Biological Bulletin* 218(3), 2010, pp. 248-258.

Clendenning, K. A., «Organic Productivity in Kelp Area», en: W. A. North (comp.), *The Biology of Giant Kelp Beds (Macrocystis) in California* (Editorial Von J. Cramer, Lehre, Alemania, 1974, pp. 259-263).

Daub, C. D., *et al.*, «Fucoidan from *Ecklonia maxima* Is a Powerful Inhibitor of the Diabetes-Related Enzyme, α-glucosidase», *International Journal of Biological Macromolecules* 151(8), 2020, pp. 412-420.

Davis, R. W., y Pagano, A. M. (comps.), *Ethology and Behavioral Ecology of Sea Otters and Polar Bears* (Editorial Springer, Cham, Suiza, 2021).

Duarte, C. M., *et al.*, «Global Estimates of the Extent and Production of Macroalgal Forests», *Global Ecology and Biogeography* 31(7), 2022, pp. 1422-1439.

Feehan, C. J.; Filbee-Dexter, K., y Wernberg, T., «Embrace Kelp Forests in the Coming Decade», *Science* 373(6557), 2021, p. 863.

Hobday, A., «Abundance and Dispersal of Drifting Kelp *Macrocystis pyrifera* Rafts in the Southern California Bight», *Marine Ecology Progress Series* 195, 2000, pp. 101-116.

—, «Persistence and Transport of Fauna on Drifting Kelp (*Macrocystis pyrifera* [L.] C. Agardh) Rafts in the Southern California Bight», *Journal of Experimental Marine Biology and Ecology* 253(1), 2000, pp. 75-96.

Jayathilake, D. R. M., y Costello, M. J., «A Modelled Global Distribution of the Kelp Biome», *Biological Conservation* 252, 2020, 108815.

—, «Version 2 of the World Map of Laminarian Kelp Benefits from More Arctic Data and Makes it the Largest Marine Biome», *Biological Conservation* 257, 2021, 109099.

Jorgensen, S. J., *et al.*, «Killer Whales Redistribute White Shark Foraging Pressure on Seals», *Scientific Reports* 9, 2019, 6153.

Krause-Jensen, D., y Duarte, C. M., «Substantial Role of Macroalgae in Marine Carbon Sequestration», *Nature Geoscience* 9, 2016, pp. 737-742.

Krumhansl, K. A., *et al.*, «Global Patterns of Kelp Forest Change over the Past Half-Century», *Proceedings of the National Academy of Sciences of the United States of America* 113(48), 2016, 13785-13790.

Li, H., *et al.*, «Transcriptomic Responses to Darkness and the Survival Strategy of the Kelp *Saccharina latissima* in the Early Polar Night», *Frontiers of Marine Science* 7, 2020, 592033.

Lissner, A. L., y Dorsey, J. H., «Deep-Water Biological Assemblages of a Hard-Bottom Bank-Ridge Complex of the Southern California Continental Borderland», *Bulletin of the Southern California Academy of Sciences* 85, 1986, pp. 87-101.

Mabate, B., *et al.*, «Fucoidan Structure and Its Impact on Glucose Metabolism: Implications for Diabetes and Cancer Therapy», *Marine Drugs* 19(1), 2021, p. 30.

Martínez, E. A.; Cárdenas, L., y Pinto, R., «Recovery and Genetic Diversity of the Intertidal Kelp *Lessonia nigrescens* (Phaeophyceae) 20 Years after El Niño 1982/83», *Journal of Phycology* 39(3), 2003, 504-508.

Perissinotto, R., y McQuaid, C., «Deep Occurrence of the Giant Kelp *Macrocystis laevis* in the Southern Ocean», *Marine Ecology Progress Series* 81, 1992, pp. 89-95.

Pessarrodona, A., *et al.*, «Carbon Sequestration and Climate Change Mitigation Using Macroalgae: A State of Knowledge Review», *Biological Reviews* 98(6), 2023, pp. 1945-1971.

Qin, Y., «Alginate Fibres: An Overview of the Production Processes and Applications in Wound Management», *Polymer International* 57, 2008, pp. 171-180.

Rogers-Bennett, L., y Catton, C. A., «Marine Heat Wave and Multiple Stressors Tip Bull Kelp Forest to Sea Urchin Barrens», *Scientific Reports* 9, 2019, 15050.

Schiel, D. R., y Foster, M. S., *The Biology and Ecology of Giant Kelp Forests* (University of California Press, Oakland, California, 2015).

Schiel, D. R.; Steinbeck, J. R., y Foster, M. S., «Ten Years of Induced Ocean Warming Causes Comprehensive Changes in Marine Benthic Communities», *Ecology* 85(7), 2004, 1833-1839.

Smith, S. D. A., «Kelp Rafts in the Southern Ocean», *Global Ecology and Biogeography* 11, 2002, pp. 67-69.

Spalding, H.; Foster, M. S., y Heine, J. N., «Composition, Distribution, and Abundance of Deep-Water (>30 m) Macroalgae in Central California», *Journal of Phycology* 39(2), 2003, pp. 273-284.

Starko, S.; Wilkinson, D. P., y Bringloe, T. T., «Recent Global Model Underestimates the True Extent of Arctic Kelp Habitat», *Biological Conservation* 257, 2021, 109082.

Towner, A., *et al.*, «Fear at the Top: Killer Whale Predation Drives White Shark Absence at South Africa's Largest Aggregation Site», *African Journal of Marine Science* 44(2), 2022, pp. 139-152.

Vergés, A., y Campbell, A. H., «Kelp Forests», *Current Biology* 30(16), 2020, R919-R920.

Wernberg, T., *et al.*, «Climate-Driven Regime Shift of a Temperate Marine Ecosystem», *Science* 353(6295), 2016, 169-172.

5. El Ártico

Albert, C., *et al.*, «Seasonal Variation of Mercury Contamination in Arctic Seabirds: A Pan-Arctic Assessment», *Science of the Total Environment* 750, 2021, 142201.

Boltunov, A., *et al.*, «Persistent Organic Pollutants in the Pechora Sea Walruses», *Polar Biology* 42, 2019, pp. 1775-1785.

Davis, R. W., y Pagano, A. M. (comps.), *Ethology and Behavioral Ecology of Sea Otters and Polar Bears* (Editorial Springer, Cham, Suiza, 2021).

Dietz, R., *et al.*, «Current State of Knowledge on Biological Effects from Contaminants on Arctic Wildlife and Fish», *Science of the Total Environment* 696, 2019, 133792.

Higdon, J. W., y Ferguson, S. H., «Loss of Arctic Sea Ice Causing Punctuated Change in Sightings of Killer Whales (*Orcinus orca*) Over the Past Century», *Ecological Applications* 19, 2009, pp. 1365-1375.

Higdon, J. W.; Hauser, D. D. W., y Ferguson, S. H., «Killer Whales (*Orcinus orca*) in the Canadian Arctic: Distribution, Prey Items, Group Sizes, and Seasonality», *Marine Mammal Science* 28(2), 2012, E93-E109.

Jay, C. V., *et al.*, «Walrus Haul-out and in Water Activity Levels Relative to Sea Ice Availability in the Chukchi Sea», *Journal of Mammalogy* 98(2), 2017, pp. 386-396.

Kinnard, C., *et al.*, «Reconstructed Changes in Arctic Sea Ice over the Past 1,450 Years», *Nature* 479, 2011, pp. 509-512.

Kwok, R., «Arctic Sea Ice Thickness, Volume, and Multiyear Ice Coverage: Losses and Coupled Variability (1958-2018)», *Environmental Research Letters* 13(10), 2018, 105005.

Laidre, K. L., *et al.*, «Interrelated Ecological Impacts of Climate Change on an Apex Predator», *Ecological Applications* 30(4), 2020, e02071.

Letcher, R. J., *et al.*, «Exposure and Effects Assessment of Persistent Organohalogen Contaminants in Arctic Wildlife and Fish», *Science of the Total Environment* 408, 2010, 2995-3043.

Lewis, K. M.; van Dijken, G. L., y Arrigo, K. R., «Changes in Phytoplankton Concentration Now Drive Increased Arctic Ocean Primary Production», *Science* 369(6500), 2020, pp. 198-202.

Macdonald, R. W.; Harner, T., y Fyfe, J., «Recent Climate Change in the Arctic and Its Impact on Contaminant Pathways and Interpretation of Temporal Trend Data», *Science of the Total Environment* 342(1-3), 2005, pp. 5-86.

Nansen, F., *Farthest North: Being the Record of a Voyage of Exploration of the Ship "Fram" 1893-96 and the Fifteenth Months' Sleigh Journey (George Newnes, by Arrangement with Archibald Constable)* (Cambridge University Press, Cambridge, 1898) [hay traducción al castellano: *Hacia el Polo. Relato de la expedición del Fram de 1893 a 1896*, Interfolio, Madrid, 2010].

Notz, D., y Stroeve, J., «Observed Arctic Sea-Ice Loss Directly Follows Anthropogenic CO2 Emission», *Science* 354(6313), 2016, pp. 747-750.

Pedro, S., *et al.*, «Blubber-Depth Distribution and Bioaccumulation of PCBs and Organochlorine Pesticides in Arctic-Invading Killer Whales», *Science of the Total Environment* 601-602, 2017, pp. 237-246.

Posdaljian, N., *et al.*, «Changes in Sea Ice and Range Expansion of Sperm Whales in the Eclipse Sound Region of Baffin Bay, Canada», *Global Change Biology* 28(12), 2022, pp. 3860-3870.

Previdi, M.; Smith, K. L., y Polvani, L. M., «Arctic Amplification of Climate Change: A Review of Underlying Mechanisms», *Environmental Research* Letters 16(9), 2021, 093003.

Programa de vigilancia y evaluación del Ártico (AMAP, según sus siglas en inglés), *Arctic Pollution Issues: A State of the Arctic Environment Report* (AMAP, Tromsø, Noruega, 1997).

—, *Assessment 2020: POPs and Chemicals of Emerging Arctic Concern: Influence of Climate Change* (AMAP, Tromsø, Noruega, 2021).

—, *Assessment 2021: Mercury in the Arctic* (AMAP, Tromsø, Noruega, 2021).

Rantanen, M., *et al.*, «The Arctic Has Warmed Nearly Four Times

Faster than the Globe since 1979», *Communications Earth & Environment* 3, 2022, p. 168.

Rose, G. A., «Capelin (*Mallotus villosus*) Distribution and Climate: A Sea "Canary" for Marine Ecosystem Change», *ICES Journal of Marine Science* 62(7), 2005, pp. 1524-1530.

Savinov, V., *et al.*, «Persistent Organic Pollutants in Ringed Seals from the Russian Arctic», *Science of the Total Environment* 409(14), 2011, pp. 2734-2745.

Scheuhammer, A. M., *et al.*, «Effects of Environmental Methylmercury on the Health of Wild Birds, Mammals, and Fish», *AMBIO: A Journal of the Human Environment* 36(1), 2007, pp. 12-19.

World Wildlife Fund, «The Tallurutip Imanga National Marine Conservation Area», *The Circle* 4, 2020, pp. 14-15.

Yurkowski, D. J., *et al.*, «A Temporal Shift in Trophic Diversity among a Predator Assemblage in a Warming Arctic», *Royal Society Open Science* 5(10), 2018, 180259.

6. Los manglares

Armitage, A. R., *et al.*, «The Contribution of Mangrove Expansion to Salt Marsh Loss on the Texas Gulf Coast», *PLOS ONE* 10, 2015, e0125404.

Atwood, T. B., *et al.*, «Global Patterns in Mangrove Soil Carbon Stocks and Losses», *Nature Climate Change* 7, 2017, pp. 523-528.

Bunting, P., *et al.*, «Global Mangrove Extent Change 1996-2020: Global Mangrove Watch Version 3.0», *Remote Sensing* 14(15), 2022, 3657.

—, «Global Mangrove Watch: Updated 2010 Mangrove Forest Extent, v2.5)», *Remote Sensing* 14(15), 2022, p. 1034.

Donato, D. C., *et al.*, «Mangroves Among the Most Carbon-Rich Forests in the Tropics», *Nature Geoscience* 4(5), 2011, pp. 293-297.

Elhassan, I., «Occurrence of the Green Sawfish *Pristis zijsron* in the Sudanese Red Sea with Observations on Reproduction», *Endangered Species Research* 36, 2018, pp. 41-47.

Frias-Torres, S., y Luo, J., «Using Dual-Frequency Sonar to Detect Juvenile Goliath Grouper *Epinephelus itajara* in Mangrove Habitat», *Endangered Species Research* 7, 2009, pp. 237-242.

Gaos, A. R., *et al.*, «Living on the Edge: Hawksbill Turtle Nesting and Conservation Along the Eastern Pacific Rim», *Latin American Journal of Aquatic Research* 45(3), 2017, pp. 572-584.

—, «Shifting the Life-History Paradigm: Discovery of Novel Habitat Use by Hawksbill Turtles», *Biology Letters* 8(1), 2012, pp. 54-56.

Goldberg, L., *et al.*, «Global Declines in Human-Driven Mangrove Loss», *Global Change Biology* 26(10), 2020, pp. 5844-5855.

Hogarth, P. J., *The Biology of Mangroves and Seagrasses* (Oxford University Press, Oxford, 2015).

Hollensead, L., *et al.*, «Assessing Residency Time and Habitat Use of Juvenile Smalltooth Sawfish Using Acoustic Monitoring in a Nursery Habitat», *Endangered Species Research* 37, 2018, pp. 119-131.

Igulu, M. M., *et al.*, «Mangrove Habitat Use by Juvenile Reef Fish: Meta-Analysis Reveals that Tidal Regime Matters more than Biogeographic Region», *PLOS ONE* 9, 2014, e114715.

Kanno, S., *et al.*, «Mangrove Use by Sharks and Rays: A Review», *Marine Ecology Progress Series* 724, 2023, pp. 167-183.

Khan, M. M. H., «Species Diversity, Relative Abundance and Habitat Use of the Birds in the Sundarbans East Wildlife Sanctuary, Bangladesh», *Forktail* 21, 2005, pp. 79-86.

Kristensen, E., *et al.*, «Organic Carbon Dynamics in Mangrove Ecosystems: A Review», *Aquatic Botany* 89(2), 2008, pp. 201-219.

Leal, M., y Spalding, M. D., *The State of the World's Mangroves 2022* (Global Mangrove Alliance, 2022).

McKee, K. L.; Cahoon, D. R., y Feller, I. C., «Caribbean Mangroves Adjust to Rising Sea Level through Biotic Controls on Change in Soil Elevation», *Global Ecology and Biogeography* 16(5), 2007, pp. 545-556.

Mcleod, E., *et al.*, «A Blueprint for Blue Carbon: Toward an Improved Understanding of the Role of Vegetated Coastal Habitats in Sequestering CO_2», *Frontiers in Ecology and the Environment* 9, 2011, pp. 552-560.

Menéndez, P., *et al.*, «The Global Flood Protection Benefits of Mangroves», *Scientific Reports* 10, 2020, p. 4404.

Mumby, P. J., *et al.*, «Mangroves Enhance the Biomass of Coral Reef Fish Communities in the Caribbean», *Nature* 427, 2004, pp. 533-536.

Nagelkerken, I., *et al.*, «The Habitat Function of Mangroves for Terrestrial and Marine Fauna: A Review», *Aquatic Botany* 89(2), 2008, pp. 155-185.

Naha, D., *et al.*, «Ranging, Activity and Habitat Use by Tigers in the Mangrove Forests of the Sundarban», *PLOS ONE* 11, 2016, e0152119.

Polidoro, B. A., *et al.*, «The Loss of Species: Mangrove Extinction Risk and Geographic Areas of Global Concern», *PLOS ONE* 5, 2010, e10095.

Saha, S., *et al.*, «Shark Diversity in the Indian Sundarban Biosphere», *Journal of Fish Taxonomy* 23, 2022, pp. 54-58.

Sanderman, J., *et al.*, «A Global Map of Mangrove Forest Soil Carbon at 30 M Spatial Resolution», *Environmental Research Letters* 13(5), 2018, 055002.

Shah, S., *Pandemic: Tracking Contagions, from Cholera to Ebola and Beyond* (Editorial Picador, Nueva York, 2017).

Spalding, M. D.; Kainuma, M., y Collins, L., *World Atlas of Mangroves* (Editorial Earthscan, Londres, 2010).

Spalding, M. D., *et al.*, *Mangroves for Coastal Defence: Guidelines for Coastal Managers & Policy Makers* (Wetlands International y The Nature Conservancy, 2014).

Tomlinson, P. B., *The Botany of Mangroves* (segunda edición, Cambridge University Press, Nueva York, 2016).

Wedemeyer-Strombel, K. R., *et al.*, «Fishers' Ecological Knowledge and Stable Isotope Analysis Reveal Mangrove Estuaries as Key Developmental Habitats for Critically Endangered Sea Turtles», *Frontiers in Conservation Science* 2, 2021, 796868.

Worthington, T., y Spalding, M., *Mangrove Restoration Potential: A Global Map Highlighting a Critical Opportunity* (Apollo — University of Cambridge Repository, 2018, DOI: 10.17863).

7. Las islas oceánicas y los montes submarinos

Afonso, P., *et al.*, «The Azores: A Mid-Atlantic Hotspot for Marine Megafauna Research and Conservation», *Frontiers of Marine Science* 6, 2020, p. 826.

Bessudo, S., *et al.*, «Residency of the Scalloped Hammerhead Shark, *Sphyrna lewini*) at Malpelo Island and Evidence of Migration to Other Islands in the Eastern Tropical Pacific», *Environmantal Biology of Fishes* 91(2), 2011, pp. 165-176.

Bo, M., *et al.*, «Persistence of Pristine Deep-Sea Coral Gardens in the Mediterranean Sea (SW Sardinia)», *PLOS ONE* 10, 2015, e0119393.

Booth, D. T., *et al.*, «Egg Viability of Green Turtles Nesting on Raine Island, the World's Largest Nesting Aggregation of Green Turtles», *Australian Journal of Zoology* 69, 2021, pp. 12-17.

Carreiro-Silva, M., *et al.*, «Variability in Growth Rates of Long-Lived Black Coral Leiopathes sp. from the Azores», *Marine Ecology Progress Series* 473, 2013, pp. 189-199.

Clark, M. R.; Tittensor, D., y Rogers, A., *Seamounts, Deep-Sea Corals and Fisheries: Vulnerability of Deep-Sea Corals to Fishing on Seamounts Beyond Areas of National Jurisdiction* (Programa de las Naciones Unidas para el Medio ambiente, Centro Mundial de Vigilancia de la Conservación, Cambridge, Reino Unido, 2006).

Davies, T. E., *et al.*, «Multispecies Tracking Reveals a Major Seabird Hotspot in the North Atlantic», *Conservation Letters* 14(5), 2021, e12824.

Finley, C., «The Industrialization of Commercial Fishing, 1930-2016», en: *Oxford Research Encyclopedia of Environmental Science* (edición electrónica, Oxford University Press, 2016, DOI: 10.1093/acrefore/9780199389414.013.31).

Fock, H. O., *et al.*, «Diel and Habitat-Dependent Resource Utilisation by Deep-Sea Fishes at the Great Meteor Seamount: Niche Overlap and Support for the Sound Scattering Layer Interception Hypothesis», *Marine Ecology Progress Series* 244, 2002, pp. 219-233.

Foley, N. S.; van Rensburg, T. M., y Armstrong, C. W., «The Rise and Fall of the Irish Orange Roughy Fishery: An Economic Analysis», *Marine Policy* 35(6), 2011, pp. 756-763.

Isaacs, J. D., y Schwartzlose, R. A., «Migrant Sound Scatterers: Interaction with the Sea Floor», *Science* 150(3705), 1965, pp. 1810-1813.

Jensen, M. P., *et al.*, «Environmental Warming and Feminization of One of the Largest Sea Turtle Populations in the World», *Current Biology* 28(1), 2018, pp. 154-159.

Kerry, C. R.; Exeter, O. M., y Witt, M. J., «Monitoring Global Fishing Activity in Proximity to Seamounts Using Automatic Identification Systems», *Fish and Fisheries* 23(3), 2022, pp. 733-749.

Leitner, A. B.; Neuheimer, A. B., y Drazen, J. C., «Evidence for Long-Term Seamount-Induced Chlorophyll Enhancements», *Scientific Reports* 10, 2020, 12729.

Letessier, T. B., *et al.*, «Remote Reefs and seamounts Are the Last Refuges for Marine Predators Across the Indo-Pacific», *PLOS Biology* 17, 2019, e3000366.

McCauley, D. J., *et al.*, «Wealthy Countries Dominate Industrial Fishing», *Science Advances* 4(6), 2018, eaau2161.

Mashayek, A., *et al.*, «On the Role of Seamounts in Upwelling Deep-Ocean Waters Through Turbulent Mixing», *Proceedings of the National Academy of Sciences of the United States of America* 121(27), 2024, e2322163121.

Morato, T., *et al.*, «Seamounts Are Hotspots of Pelagic Biodiversity in the Open Ocean», *Proceedings of the National Academy of Sciences of the United States of America* 107(21), 2010, pp. 9707-9711.

Pitcher, T. J., *et al.* (comps.), *Seamounts: Ecology, Fisheries & Conservation* (Editorial Blackwell, Oxford, 2007).

Prouty, N., *et al.*, «Growth Rate and Age Distribution of Deep-Sea Black Corals in the Gulf of Mexico», *Marine Ecology Progress Series* 423, 2011, pp. 101-115.

Roark, E., *et al.*, «Radiocarbon-Based Ages and Growth Rates of Hawaiian Deep-Sea Corals», *Marine Ecology Progress Series* 327, 2006, pp. 1-14.

Rowden, A. A., *et al.*, «Paradigms in Seamount Ecology: Fact, Fiction and Future», *Marine Ecology* 31, serie 1, 2010, pp. 226-241.

Schmidt Ocean Institute, «Four New Seamounts Discovered in the High Seas, 2024», comunicado de prensa, 8 de febrero de 2024.

Servicio Estadounidense de Pesca marina de la Administración Nacional Oceánica y Atmosférica, Gabinete de Santuarios Marinos, *2020 State of Papahānaumokuākea Marine National Monument: Status and Trends 2008-2019* (Departamento de Comercio de Estados Unidos, Silver Spring, Maryland, 2020).

Silva, M. A., *et al.*, «Spatial and Temporal Distribution of Cetaceans in the Mid-Atlantic Waters Around the Azores», *Marine Biology Research* 10(2), 2014, pp. 123-137.

Tsukamoto, K., «Spawning of Eels Near a Seamount», *Nature* 439, 2006, p. 929.

8. El Océano Antártico

Atkinson, A., *et al.*, «A Re-appraisal of the Total Biomass and Annual Production of Antarctic Krill», *Deep Sea Research Part I: Oceanographic Research Papers* 56(5), 2009, pp. 727-740.

Basberg, B., y Headland, R. K., «The 19th Century Antarctic Sealing

Industry: Sources, Data and Economic Significance», NHH Departamento de Economía de la Escuela Económica de Noruega, documento de trabajo n.º 21, 2008, DOI: 10.2139/ssrn.1553751.

Branch, T. A., *et al.*, «Past and Present Distribution, Densities and Movements of Blue Whales *Balaenoptera musculus* in the Southern Hemisphere and Northern Indian Ocean», *Mammal Review* 37(2), 2007, pp. 116-175.

Busch, B. C., *The War Against the Seals: A History of the North American Seal Fishery* (McGill-Queen's University Press, Montreal, 1987).

Cheng, L., *et al.*, «Past and Future Ocean Warming», *Nature Reviews Earth & Environment* 3, 2022, pp. 776-794.

Clarke, A., y Johnston, N. M., «Antarctic Marine Benthic Diversity», en: R. N. Gibson y R. J. A. Atkinson (comps.), *Oceanography and Marine Biology: An Annual Review* (Taylor & Francis, Londres, 2003, pp. 47-114).

Costa, D. P., y Crocker, D. E., «Marine Mammals of the Southern Ocean», en: E. E. Hofmann *et al.* (comps.), *Antarctic Research Series* (American Geophysical Union, Washington, D. C., 1996, pp. 287-301).

Donohue, K. A., *et al.*, «Mean Antarctic Circumpolar Current Transport Measured in Drake Passage», *Geophysical Research Letters* 43, 2016.

Forcada, J., *et al.*, «Ninety Years of Change, from Commercial Extinction to Recovery, Range Expansion and Decline for Antarctic Fur Seals at South Georgia», *Global Change Biology* 29(24), 2023, pp. 6867-6887.

Fraser, C., *et al.*, «An Ocean Like No Other: The Southern Ocean's Ecological Richness and Significance for Global Climate», *The Conversation*, 6 de diciembre de 2020.

Frölicher, T. L., *et al.*, «Dominance of the Southern Ocean in Anthropogenic Carbon and Heat Uptake in CMIP5 Models», *Journal of Climate* 28(2), 2015, pp. 862-886.

Gobierno de Nueva Zelanda, «Ross Sea Region Marine Protected Area», comunicado de prensa, 26 de octubre de 2016; disponible en: https://www.mfat.govt.nz/en/environment/antarctica-and-the-southern-ocean/ross-sea-region-marine-protected-area (última consulta efectuada el 25 de mayo de 2024).

Grupo Intergubernamental de Expertos sobre el Cambio Climático, *The Ocean and Cryosphere in a Changing Climate: Special Report of the Intergovernmental Panel on Climate Change* (primera edición, Cambridge University Press, Cambridge, 2022) [hay traducción al castellano: *Informe especial sobre el océano y la criosfera en un clima cambiante*, Portal electrónico de la Misión de adaptación al cambio climático de la Unión Europea].

Hamabe, K.; Matsuoka, K., y Kitakado, T., «Estimation of Abundance and Population Dynamics of the Antarctic Blue Whale in the Antarctic Ocean South of 60° S, from 70° E to 170° W», *Marine Mammal Science* 39, 2023, pp. 671-687.

Hindell, M. A., *et al.*, «Circumpolar Habitat Use in the Southern Elephant Seal: Implications for Foraging Success and Population Trajectories», *Ecosphere* 7, 2016, e01213.

—, «Tracking of Marine Predators to Protect Southern Ocean Ecosystems», *Nature* 580, 2020, pp. 87-92.

Hückstädt, L. A., *et al.*, «Projected Shifts in the Foraging Habitat of Crabeater Seals Along the Antarctic Peninsula», *Nature Climate Change* 10, 2020, pp. 472-477.

Johnson, C. M., *et al.*, «Protecting Blue Corridors — Challenges and Solutions for Migratory Whales Navigating National and International Seas», Fondo Mundial para la Naturaleza, 2022.

Khatiwala, S., *et al.*, «Global Ocean Storage of Anthropogenic Carbon», *Biogeosciences* 10(4), 2013, pp. 2169-2191.

Kim, B.-M., *et al.*, «Antarctic Blackfin Icefish Genome Reveals Adaptations to Extreme Environments», *Nature Ecology and Evolution* 3, 2019, pp. 469-478.

Laborie, J., *et al.*, «Estimation of Total Population Size of Southern Elephant Seals (*Mirounga leonina*) on Kerguelen and Crozet Archipelagos Using Very High-Resolution Satellite Imagery», *Frontiers of Marine Science* 10, 2023, 1149100.

LaRue, M., *et al.*, «Insights from the First Global Population Estimate of Weddell Seals in Antarctica», *Science Advances* 7(39), 2021, eabh3674.

Leaper, R., y Miller, C., «Management of Antarctic Baleen Whales Amid Past Exploitation, Current Threats and Complex Marine Ecosystems», *Antarctic Science* 23(6), 2011, pp. 503-529.

Li, Q., *et al.*, «Abyssal Ocean Overturning Slowdown and Warming Driven by Antarctic Meltwater», *Nature* 615, 2023, pp. 841-847.

Lyne, M., «Deep Ocean Currents Around Antarctica Headed for Collapse, Study Finds», Universidad de Nueva Gales del Sur, 31 de marzo de 2023; disponible en: www.sciencedaily.com/releases/2023/

03/230330102327.htm (última consulta efectuada el 15 de mayo de 2024).

Matsuoka, K., y Hakamada, T., «Estimates of Abundance and Abundance Trend of the Blue, Fin and Southern Right Whales in the Antarctic Areas IIIE-VIW, South of 60os, Based on JARPA and JARPAII Sighting Data», 2014; disponible en: https://www.icrwhale.org/pdf/SC-F14-J05.pdf.

Meyer, B., «The Overwintering of Antarctic krill, *Euphausia superba*, from an Ecophysiological Perspective», *Polar Biology* 35(1), 2012, pp. 15-37.

Moran, A. L., y Woods, H. A., «Why Might They Be Giants? Towards an Understanding of Polar Gigantism», *Journal of Experimental Biology* 215(12), 2012, pp. 1995-2002.

Nicol, S., y Robertson, G., «Ecological Consequences of Southern Ocean Harvesting», en: N. Gales (comp.), *Marine Mammals: Fisheries, Tourism and Management Issues* (CSIRO Publishing, Collingwood, Australia, 2003, pp. 48-61).

Pallin, L. J., *et al.*, «A Surplus No More? Variation in Krill Availability Impacts Reproductive Rates of Antarctic Baleen Whales», *Global Change Biology* 29(8), 2023, pp. 2108-2121.

Rankin, J. C., y Tuurala, H., «Gills of Antarctic Fish», *Comparative Biochemistry and Physiology Part A: Molecular & Integrative Physiology* 119, 1998, pp. 149-163.

Rocha Jr., R. C.; Clapham, P. J., e Ivashchenko, Y., «Emptying the Oceans: A Summary of Industrial Whaling Catches in the 20th Century», *Marine Fisheries Review* 76(4), 2015, pp. 37-48.

Rowlands, E., *et al.*, «The Effects of Combined Ocean Acidification and Nanoplastic Exposures on the Embryonic Development of Antarctic Krill», *Frontiers of Marine Science* 8, 2021, 709763.

Savoca, M. S., *et al.*, «Baleen Whale Prey Consumption Based on High-Resolution Foraging Measurements», *Nature* 599, 2021, pp. 85-90.

Shishido, C. M., *et al.*, «Polar Gigantism and the Oxygen-Temperature Hypothesis: A Test of Upper Thermal Limits to Body Size in Antarctic Pycnogonids», *Proceedings of the Royal Society B* 286(1900), 2019, 20190124.

Sidell, B. D., y O'Brien, K. M., «When Bad Things Happen to Good Fish: The Loss of Hemoglobin and Myoglobin Expression in Antarctic Icefishes», *Journal of Experimental Biology* 209(10), 2006, pp. 1791-1802.

Siegel, V., «Krill Stocks in High Latitudes of the Antarctic Lazarev Sea: Seasonal and Interannual Variation in Distribution, Abundance and Demography», *Polar Biology* 35(8), 2012, pp. 1151-1177.

Tarling, G., *et al.*, «Growth and Shrinkage in Antarctic krill *Euphausia superba* is Sex-Dependent», *Marine Ecology Progress Series* 547, 2016, pp. 61-78.

En una sola generación humana

Grémillet, D., *et al.* «Radar Detectors Carried by Cape Gannets Reveal Surprisingly Few Fishing Vessel Encounters», *PLOS ONE* 14(2), 2019, e0210328.

Sherley, R. B., *et al.*, «The Status and Conservation of the Cape Gannet *Morus capensis*», *Ostrich, 90* 4, 2019, pp. 335-346.

Tew Kai, E., *et al.*, «Are Cape Gannets Dependent upon Fishery Waste? A Multi-scale Analysis Using Seabird GPS-Tracking, Hydro-Acoustic Surveys of Pelagic Fish and Vessel Monitoring Systems», *Journal of Applied Ecology* 50(3), 2013, pp. 659-670.

Índice analítico

Índice